食農倫理学の長い旅

〈食べる〉のどこに倫理はあるのか

From Field to Fork
Food Ethics for Everyone

Paul B. Thompson
ポール・B・トンプソン 著
太田和彦 訳

勁草書房

食農倫理学の長い旅

——〈食べる〉のどこに倫理はあるのか

ユードラ・バスケス（*Eudora Vasquez*）に捧ぐ

謝　辞

本書は第7章を除いて、すべて書下ろしである。第7章は『倫理・飢餓・グローバル化――適切な政策を求めて』(*Ethics, Hunger and Globalization: In Search of Appropriate Policies*. Pinstrup-Andersen and Peter Sandøe, eds., Dordrecht, NL: Springer, 2007, pp. 215-235) に掲載した「倫理・飢餓・遺伝子組換え作物」("Ethics, Hunger and the Case for Genetically Modified (GM) Crops") を大幅に加筆・訂正したものだ。

私は、客員研究員としてポートランド州立大学（ＰＳＵ）のサステイナブルソリューション研究所（ＩＳＳ）で一年間の研究休暇を過ごしたときから、本書の執筆に本格的に取り組み始めた。ＩＳＳに私が滞在できるよう取り計らってくださった、ＩＳＳディレクターのジェニファー・アレン氏、私のスポンサーであるデビッド・アービン氏、そしてＩＳＳ創設者であるロバート・コスタンザ氏には、感謝の意を表したい。ＰＳＵのキム・ヘブンナー氏にも、私の滞在を助けていただいた。また、議長職に就いた私を支援し、ミシガン州立大学にご寄付いただいたＷ・Ｋ・ケロッグ財団にも御礼を申し上げなくてはならない。さらに、長年にわたり友人と同僚から学んだことはあまりにも多く、本書に影響を与えたすべての人々に感謝の意を捧げることは難しい。ただ、一〇年以上前に逝去されたグレン・Ｊ・ジョンソン先生には触れておきたい。一九八〇年、私がテキサスＡ＆Ｍ大学の助教として初めて食農倫理学の分野に取り組みはじめたとき、先生はミシガン州立大学で農業経済学の教授をされていた。私が農業従事者や農学研究者の世界で体面を保てるように、グレン先生が割いてくださった時間の膨大さには恐縮するばかりである。この時、グレン先生は以下の二つのことだけは決して譲らなかった。第一に、農業科学や食料生産を専門として働く人々は、すでに倫理についてよく考えているということ。第二に、しかし同時に、人々は諸々の課題を乗り越えるために哲学の研究を必要としていることである。グレン先生は、二つ目の点について注力しているときでも、一つ目の点を忘れないよう注意してくださった。

私ははじめから食と農業に強い関心があったわけではなく、食農倫理学に至ってはほぼ眼中になかった。私が哲学研究を志したのは、同世代の多くの人々がそうであったように、地球を存続させるためには、私たちの価値観の再構築が不可欠であるとする環境保護主義に共感したからである。私はリスクアセスメントと原子力エネルギーに関する論文を完成させた後、倫理と農業の新しいコースを教える人間を探していたテキサスA&M大学の元哲学科長のジョン・J・マクダーモット先生と、農学部長のH・O・クンケル先生に誘われて、同大学で教鞭を執ることになった。三メートルの炎が立ちのぼるバーベキューの最中、ジョン先生の家の裏庭で腰かけながら、食農倫理学がどのように未来の潮流になるかという先生のお話を楽しませていただいたのを思い出す。そのとき私は（当然ながら）食農倫理学の重要性について懐疑的だった。あれは一九八一年のことで、当時は世界の飢餓問題と、肉食の是非に関する倫理色の強い文献が出始めていた。このような議論を学生に教えることはそれほど難しいことではなかったが、自分がこの研究分野に大きな貢献ができるとは思えなかった。

しかし、『アグラリアンの洞察』（*The Agrarian Vision*）で詳述したように、私はリスク関連の研究の一部の位置付けを見直すことで、食農倫理学に強く惹かれることとなった。私が原子力に関して研究してきた哲学的問題の多くは、当時まだ目新しかった農作植物や家畜への遺伝子導入技術についての議論と通底していたことに気が付いた。そのうち、持続可能性とヨーロッパの伝統農法の文化的意義への関心が生まれ、土壌学者のリチャード・ヘインズ（Richard Haynes）氏らとも友人になった。また、W・K・ケロッグ財団が一連の会議を始めるにあたって手を貸してくれ、これは後に「農業・食物・人間の価値」協会（私はこの第二代会長を務めた）に発展し、いろいろなことが動き出した。協会の活動は「未来の潮流」ではなかったかもしれないが、沈思に値する興味深い問題と、倫理と科学技術哲学からアイディアを絞り出して農業科学の分野に適用する機会に溢れていた。私の主要論文は、*Mind*（『マインド』）や*Synthese*（『シンセシーズ』）よりもむしろ*Plant Physiology*（『植物生理学』）や*Journal of Animal Science*（『動物科学ジャーナル』）によく掲載され、私はそのことにとても満足していた。

年月が経つにつれ、私は食べものと農業のあり方についてご教示くださったグレン先生に対する感謝の念が強まっていった。エリック・シュローサー（Eric Schlosser）の『ファストフードが世界を食いつくす』、マリオン・ネスル（Marion Nestle）の『フード・ポリティクス：肥満社会と食品産業』、マイケル・ポーラン（Michael Pollan）の『雑食動物のジレンマ』などの著書が人気を博してから、食べものはより多くの人々に訴える問題になっていった。私は次第に、フードシステムに関わる職業の専門家に倫理学的な観点を紹介するよりも、食べものに興味はあるが、食料生産に仕事等で関わることがない次世代の人々に、私が学んだ農業についてどうすれば伝えられるかを考え始めた。地場産の食品への美意識や小さな農場の熱い志に刺激された人もいれば、純粋に環境の観点から食べものと農業について考える人もいた。当時、多くの人々が、私の二人の子と同じく幼い頃からベジタリアンになり、その方面への興味を深めていた。さらに、公民権やフェミニズム、環境正義に取り組んでいた人々が、食の問題に注目するようになった。私と同様に、このような人々のほとんどは農業との関わりがなく、後年になってから食の問題に興味を持つようになったのだ。少なからぬ人々が、自分たちの食についての哲学的な省察を求めるようになったが、「食農倫理学」の講義で教科書として使用されるのはフード・ドキュメンタリーの本がほとんどだった。哲学書を必要とする読者のために執筆をする機は熟していた。

当初、私は本書を、農業従事者やビジネスマン、食や農業関連の専門家に向けて書くつもりはなかった。関係者には当たり前だが、食について倫理学の観点から初めて考える人々にはすぐに理解しづらい事柄をまとめるつもりでいた。しかし、この方針は変更を余儀なくされた。例えば、食や農業に携わる友人のうち、トマス・アクィナスが『神学大全』(*Summa Theologica*)の中で大食いについて触れたくだりを知っている者がどれだけいるだろう。哲学の基本的な知見を、フードスタディーズや農業科学の基本的な知見と組み合わせることで、本書が誰にとっても読みごたえのある内容となっていれば幸いである。

本書の刊行にあたり顕彰されるべき人はいくらでもいるが、責められるべき人は私を除いて他にはいない。草稿や要約の一部を読んだり、各章の草稿の口頭発表を聞いた同僚は、幅広い批評や手短なコメントをくれたが、いずれも非常に有益なものであった。以下に諸氏の名前を挙げさせていただく：ミヒール・コーサルズ、フレッド・ギフォード、スティーブン・エスキス、サンドラ・バティ、パトリシア・ノリス、レベッカ・グルメット、デビッド・シュミッツ、エリン・マッケナ、ダリル・メイサー、ローレンス・ブッシュ、ジョン・ストーン、クラーク・ウルフ、エリザベス・グラフィ、レイモンド・アンソニー、ジョイ・メンチ、ルース・ニューベリー、ジャニス・スワンソン、カイル・ホワイト（敬称略）。私はきっと多くの人々を忘れていると思う。ミカエラ・フィッシャー、ケイト・リンコック、ザッカリー・ハルステッド、ナグワン・ザーリー、ファイケ・スー、ザッカリー・ピソ、イアン・ヴェルクハイザー（敬称略）。私はきっと多くの人々を忘れていると思う。マリオン・ネスル、ホームズ・ロルストン三世、ブライアン・ノートン、ピーター・サンデー（敬称略）の皆様には、清書原稿の最後から二番目の草稿を読んで、有益な提案をしていただいた。マリオン・ネスル、ホームズ・ロルストン三世、ブライアン・ノートン、ピーター・サンデー（敬称略）のお三方には、最終草稿を読んで、励ましの言葉と締め切り直前の重要な修正をしていただいた。数字に関連する仕事をしてくださったエリン・アンダーソン氏にも感謝申し上げる。ミシガン州立大学のジュリー・エッキンガー氏には原稿作成上のさまざまな技術的側面において、いつも助けていただいた。そして、オックスフォード大学出版のルーシー・ランドール氏にはたえず手引きと支援をいただいた。拙稿に間違いを見つけ、読みやすくなるように多くの提案をしてくださった原稿編集者であるヘザー・ハンブルトン氏と、ニュージェン・ナレッジ・ワークスのプロジェクトマネジャー、モーリー・モリソン氏にも心から御礼申し上げる。また、インデックスの作成を手伝ってくださったケン・マーラブル氏にも感謝の意を捧げる。そして、最後に読者諸氏に御礼申し上げたい。誰かの新しい発想のために自分の時間を費やすことは、一人の人間がもう一人の人間に捧げることのできる最高の贈り物の一つである。

日本語版序文

『〈土〉という精神：アメリカの環境倫理と農業』に続き、農業と食に関する私の著作の翻訳に力を注いでくれた太田和彦さんに感謝の意を表したい。もともと私は、環境倫理学を志す若い哲学教授としてこの仕事に携わることとなった。私の初期の研究は、エネルギー技術、特に原子力発電に関するものだったが、教職を務めるなかで、次第に農業に関心を持つようになった。私はすぐに、食というテーマは哲学的考察のための多くの機会を提供することと、他の環境哲学者たちがその機会を見落としていることに気がついた。

二〇世紀後半の英語圏の環境哲学者は皆、菜食主義以外の食の問題を扱ってこなかった。特にアメリカの環境哲学者たちは、農業と食についてほとんど関心を持っていなかった。その背景には、農業は自然の一部ではないという確固たる見方があった。別の言い方をすれば、農作が行われている景観には、環境保護主義者が興味を持つような独自の価値はなかったのである。公衆衛生が産業公害から、野生の生態系が資源採取から保護される必要があるのと同じように、自然は農業から保護される必要があるものだったのだ。この姿勢は、自然保護区の設立や、大気や水の汚染を防ぐための法規制、原生自然や絶滅危惧種を保護しようとする取り組みから生まれた。農業は、野生生物の生息地の保全を目的とした土地に多大な影響を与える活動であり、化学農薬と合成肥料による汚染源と見なされていた。

　フードシステムのエコロジカル・フットプリントを制限することは、確かに環境倫理学が取り組むべき問題である。しかし、私は環境倫理学の主流に欠けていた視点に気付いた。それが農業だった。かねてより多くの哲学者は、農業を、自然の中に人間が溶け込むことを理解するための重要な活動として位置付けていた。しかし、二〇世紀後半の哲学者たちが食料生産の議論を避けてきたことは、大きな変化を表している。過去世代が農業を話題の中心に据えていたのに対し、現在の世代は、農業を工業生産のプラットフォームとして捉え、製造業や交通機関、医療などの産業経済における一分野に過ぎないと考えたのである。また、農業は他の産業分野と同様の倫理観に基づいて行われるべきであると考え、農業と食における環境問題や社会問題にも、それに応じたアプローチをしてきた。

　しかし、二一世紀の最初の一〇年間で、フードシステムに関する一般向けの書籍が次々と刊行されるようになった。レストランは地元の生産者とのつながりを築きはじめ、ファーマーズ・マーケットに人が集まるようになった。コミュニティ支援型農業のモデルは、日本から輸入されたものである。二〇一〇年までに、多くのアメリカの大学は食農倫理学に関するコースを新設し、学生の活動のための農場（実際には農園）を造るようになった。それまでの私の著作は、フードシステムの関係者や環境哲学者を対象にしていたが、『食農倫理学の長い旅』は、このような新しい読者のために書かれたものである。食農倫理学を初めて学ぶ人が手にとれる一冊になるよう心がけたつもりだ[*1]。

　原書の序文にあるように、私は本書を、農家や研究者、その他のフードシステムの専門家と一緒に働いてきた三〇年の間に学んだ多くのことを、より広く、一般の人々に届けるために執筆した。私の知る哲学研究者たちがそうであったように、読者諸氏も、農業のことを、工場のラインや、発電所や、鉱山のような、バラバラに存在している生産拠点の一つであるように捉えているのではないかと思っている。食農倫理学は、次の一つの質問から出発する。「この生産拠点が生産する製品や、それらを生産するための方法は、周囲にどのような影響を与えますか?」。この影響には、汚染、食生活の変化による有害な影響、労働者の処遇、そしてもちろん動物の処遇も含まれる。おそらく読者諸氏は、これらの質問への答えは、エネルギー分野、医療分野、交通機関など、産業社会の他の形態の社会倫理とよく似たものであると考えるだろう。本書は、そのような思い込みと闘うのではなく、そのような思い込みについて考察することを目指している。

私はこの本が、特に北米で受け入れられたことに満足している。かつてマーサ・ヌスバウム、アマルティア・セン、ラヘル・ジャエギにも贈られた、北米社会哲学協会の栄えある賞「ブック・オブ・ザ・イヤー」に選出された。本書の読者の中には、フードシステムで働く人たち、特に農家の人々が直面している課題や展望に共感された人もいると思う。出版社の報告によれば、この本の売れ行きは悪くないそうだ。しかし、本書は私自身の哲学的懸念を十全に表していない。第6章「地場産の魅惑」を除いて、フードシステムにおける倫理的な問題が、食以外の分野（エネルギー分野、医療分野、交通機関など）における倫理的な問題と根本的に同じであるという見解に、異議を唱えてはいない。人々が食料を生産し、流通させ、消費することを通じて、人間性を自然に深く結びつけていると見なしていたかもしれないカントやヘーゲル以前の哲学者たちに読者の関心を向けるものにもなっていない。

アジアの状況、特に日本の状況は、欧米諸国とは異なっているかもしれない。日本や中国の伝統的な思想を持つ哲学者たちと語り合ってわかったのは、私と同世代の著名な環境思想家たちは、農業について考えることへの抵抗感をほとんど持っていないということだ。これが正しければ、コミュニティ支援型農業が日本で生まれたのは偶然ではないし、アメリカやカナダの生産者がビジネスとしてはあまりにも小規模であると思うような農場を、日本人が今も大切にしているのも偶然ではない。私もまた、多くのアメリカ人のように、日本で大切にされてきたフードシステムから多くのことを学んだ。その日本で、本書が紹介されることを心から嬉しく思う。本書の最後の文章で述べたとおり、この本が、技術と自然の間、農業と産業の想像力の間、そしてもちろん、東洋と西洋の人々の間の、より深い対話への招待状として読まれることを願っている。

二〇二〇年五月六日　ミシガン州ランシング

ポール・B・トンプソン

目次

凡例

・本書は Thompson, P. B. (2015). *From field to fork:Food ethics for everyone.* Oxford University Press. の全訳である。但し、Notes と Bibliography の重複箇所に関しては著者の了解のもと、表記を簡略化した。

・記号類の対応関係は以下のとおりである。

1. テキスト本文のイタリック体は傍点を付した。
2. 括弧（ ）、ハイフン -、スラッシュ／、ダッシュ——はテキスト本文に準ずる。ただし、文意を明確にするために省略している箇所もある。
3. 文献名は『 』で示した。
4. 〔 〕は訳者による短い補足説明を行った箇所に用いられている。

・文章脇の1、2……は原注番号を、＊1、＊2……は訳注番号を示す。原注と訳注は巻末に一括してまとめた。

・ルビは原語を示すために用いられている。

・人名、文献名については、初出において原文表記を記した。

・本文中に頻出する food という語については、文脈に応じて訳語を変えている。例えば、一般的な意味合いでは「食べもの」、品物として売買の対象となる場合には「食品」、資源や安全保障の文脈においては「食料／食糧」、一分野として論じられる場合には「食」としている。

はじめに——倫理学についての概略を添えて

大都市圏郊外の五エーカーの土地に住むドリーは、非常勤講師として主な収入を得ながら、春には農作業の時間を確保し、夏には果物や野菜を地元のシェフに卸したり、一般の人に販売したりしている。中でも、有機農法で栽培されたイチゴが特に有名だ。近所で同じく有機農法でイチゴを栽培している隣人と共同で、都市のファーマーズ・マーケットに出店し、交代で二人のイチゴを販売するのだ。店先に立つのが二人のどちらであろうと、美味しいそのイチゴを求めて客は購入していく。

さて、この話の中でドリーは何か倫理に反することをしていただろうか？　こう尋ねると、特に倫理に反する行動があったとは思えないため、多くの人が驚くだろう。しかし、実は、都市の多くのファーマーズ・マーケットでは、出店者に対して、自分の畑で栽培した作物だけを販売するよう規則で定めており、ドリーはこれに違反している可能性が高い。この規則は、農家に経済的機会を与えるために定められたものだが、同時に、ファーマーズ・マーケットの客は、栽培した本人から直接食品を買いたいと考えているからでもある。ドリーのケースでは、この規則について厳格に取り締まる必要はないように思われるかもしれないが、二〇一一年にオレゴン州で、実際にこの例と非常によく似た取引が行われ、大腸菌に汚染されたイチゴによる食中毒事件が起きた。最終的に汚染源は、ファーマーズ・マーケットでイチゴを販売した農家ではなく、その農家にイチゴを販売した別の農園に入り込んだ鹿であることが突き止められた[1]。問題は、大腸菌による汚染そのものというよりも、衛生管理局が食中毒を起こした顧客が購入した農家の取引をたどるうちに、問題のイチゴがどの農園から出荷されたものかを突き止める捜査が難航したことにあった。

次の例として、都市部の大学でミールパス［学生の欠食を防ぐ目的の定額券］を利用している学生、ウォーカーについて考えてみよう。ウォーカーは健康志向のベジタリアンで、キャンパスの食堂で昼と夜に提供されるメニューや、おやつ分の割当てとして売店で購入できるアメやスナック菓子、ジャーキーや菓子パンなどの加工食品を食べることはほとんどない。彼と同じように健康志向の友人の一人が、同じような状況の同級生に呼びかけて、おやつの割当分を使用して購入した加工食品を地元のフードバンクに寄付する取り組みを始めた。フードバンクの利用者は、このような加工食品が大好きなので、フードバンク側も歓迎している。しかし、ウォーカーは迷っている。食料に困っている人々への援助には賛成だし、利用状況に関係なく既にミールパスにお金を支払っている。しかし、自分が食べたくもないようなものを貧しい人々に与えることは、はたして倫理的な行動と言えるのだろうか？

私は勤務先の学生と話してウォーカーが抱いた悩みを知った。実は、現地のフードバンクや慈善事業を運営するマネージャーは、まさにこのような疑問に直面している。今でも「フードスタンプ」の名で親しまれている公共政策の補助的栄養支援プログラム（Supplemental Nutrition Assistance Program: SNAP）にもこの疑問は当てはまる。スナック菓子やアメ、清涼飲料水ばかりの食生活が健康的であるとは、誰も思わない。このような食品の製造業者でさえ、同意するだろう。それでも、ほどほどに食べる分には健康的な食生活の一部となりうる。フードバンクのクライアントがこのような加工食品を扱わないということは、利用者が貧しかったり苦境にあるという理由だけで、彼らの選択を信頼していないと言うようなもので、善人面した一種の差別だ。古い諺にあるように、「物乞いには選ぶ権利はない」のか？ それとも、ウォーカーのような食料支援プログラムに参同する人は、自分たちの価値観に従ってプログラムをつくるべきだと、教会や政府機関、慈善団体などの運営側に主張する権利を持っているのだろうか？

それでは最後に、雇用と税収のため豚肉生産に大きく依存している合衆国の地方議員、カミーユについて取り上げよう。カミーユは、自分の選挙区の住民の一人である養豚業者と次のような会話をした。彼の話によれば、近所の養豚場で夏の間雇われていた大学生が、こっそりウォッカを持ち込んで養豚場の社員数名と飲み、酔った社員に豚を捕虜に見立ててアブグレイブ刑務所でのイラク人捕虜虐待のシーンを再現させていた。これを発見したオーナーは激怒して、学生を解雇、社員を減給処分にし、このようなことが二度とないようにと厳重に注意した。ところが、実はその学生は動物愛護運動家だったらしく、彼が撮影した偽の虐待シーンの動画がYouTubeで拡散されている。それを地元のＴＶ局が取り上げ、その地域の養豚場ではいつも虐待が起きているかのように報道されてしまったという。隣人からその話を聞いたその養豚業者は、許可なく入手した画像や動画の配布や複製を取りしまる法律の可決をカミーユに支持して欲しいと望んでいる。

しかし、カミーユにはよく分からない。「Ag-gag」[*1]法と呼ばれるこのタイプの法律は、アメリカ合衆国の中西部の農地帯一帯で、さまざまな形で州議会によって可決されてきた。今回被害を受けた隣人に同情するのは（彼が真実を語っているとすれば）簡単だが、そのような画像や動画をアップロードすることは、動物愛護団体によるれっきとした政治的活動の一環だ。カミーユは、この養豚業者のような農業を営む保守派の人々からの、自分たちの訴えが政府に届いていないのではないかという疑いの目を感じている。それに、件の動画がヤラセであるとどうやって確かめることができるだろう？　この養豚場の虐待は真実かもしれないが、彼女はこれまでの活動から、この種の虐待は存在してはいるがケースとしては稀であることに満足しているのだ。このような動画が公開されると、業界全体にとっての打撃となる。そのどこに正義があるというのか？

　ドリー、ウォーカー、カミーユは、それぞれ食農倫理学的に何をなすべきかという難問に苦しんでいるが、世間で食にまつわる問題は、それほど難しいものだとは思われていない。中国当局は二〇〇九年、工業用の接着剤とプラスチックの成分であるメラミンを混ぜたものが、乳児用の粉ミルクとして故意に偽造されていたという事件を明らかにした。その結果、少なくとも三人の乳児が死亡し、一部の推定によれば三〇万人がその被害に遭った。被害者らは長期にわたり健康に影響を受ける可能性がある。この事件の首謀者が稼いだと見られる数百万ドルと引き替えに、かけがえのない命と多くの未来の可能性が犠牲となった。[2]ドリー、ウォーカー、カミーユが直面した問題とは異なり、ここでは何がなされるべきか迷うことはない。自分たちが何を食べ、それがどのように生産・流通しているか常に明確であると信じたいが、その思いと同じくらい、毎日口にする食べものの生産と消費は、曖昧模糊で、論争の機会に満ちている。一人が倫理的な選択をすることは明快で誤解の余地がないと考えている一方で、もう一人はそうではないと考えているときにこそ最も深刻で根深い意見の対立は生じる。

食農倫理学の旅の始まり

ドリー、ウォーカー、カミーユのエピソードは、哲学的な思考実験、すなわち倫理的問題への洞察を得るために作られたストーリーであるが、彼らの状況は、本書を通じて議論する問題の典型例である。多くの人々にとって、食農倫理学はより良い食事を選択することを意味する。あなたの選択は健康面でより良いものであったり、他者にとってより良い環境的・社会的結果を生み出すかもしれない。食選択は、その選択が複雑なサプライチェーンを通じて、他者や人間以外の動物、環境にとって良い結果や悪い結果をもたらす場合、倫理的な問題となる。*2 これは、比較的新しい考え方であると、念を押しておこう。ファーマーズ・マーケットに対する熱意と、人道的な方法で生産された畜産物、フェアトレード認証を受けたコーヒーや紅茶、ココアは、この一〇年間で急速に広まり、手に入れやすくなった。また同時に、糖尿病や心疾患などの生活習慣病が食生活と深く関連していることについても、私たちは認識を深めてきた。これらのことは、食農倫理学には、一人ひとりがより良い食選択をすることだけでなく、人々のより良い食選択を促すような仕組み――飲食店のメニューや公共政策、さらには都市設計に至るまで――を考案するという課題が含まれていることを意味している。ご覧いただいたとおり、ドリー、ウォーカー、カミーユが直面した食農倫理学的な問題は、単純な食選択という問題の範疇に留まるものではない。

食べものを巡る倫理的なジレンマに陥る状況は、食品の生産・流通における重要な産業開発や商業的発展と期を同じくして増加している。歴史家が示してきたように、二〇世紀初頭の数十年間に食品製造会社とスーパーチェーンが出現した。この間、多くの要因により、消費者は店頭に並ぶ食品がどこから来たのかまったく知らされず、したがって、倫理的な理由に基づいた選択ができないというフードシステムが作られた。一方で、都市の人々は、一世紀前はどこでも目にすることができた食料生産に関わる個人的体験を失った。また一方で、鉄道輸送と食品加工における技術的な変化は、より長いサプライチェーンを生み出し、季節による食品の流通量の増減を緩和した。消費者が加工食品の品質に相応の確実性を求めたことからブランド食品が生まれ、ブランド化によって食品広告が生まれた。家政学者は缶詰や包装食品の使用を「進歩的」と呼んで推進し、より多くの女性が労働力に加わるにつれて、自宅での食事のための購入や調理にかける時間の節約が必要になった。このようなトレンドは一九六〇年代までに、外食数の急速な増加によって拡大していった。[3]

マーケティングと流通において二〇〇年間にわたる変革の過程として起きたこのような発展は、先進国経済の農業部門では既に完成していた。特に、第二次世界大戦後の数年間は、農作物に対する病気や害虫駆除のための農薬の使用の急速な拡大と、集中家畜飼養施設（ＣＡＦＯ）[*3]——評論家たちはその特徴から「工場式畜産」と名付けた——の開発に至った。[4] 無知な消費者にテクノロジーの複雑な発展が相まって、二〇世紀初頭の数十年間における食品の粗悪化は、一九六二年のレイチェル・カーソン（Rachel Carson）の告発本『沈黙の春』（*Silent Spring*）に代表されるような様々な問題を引き起こしてきた。消費者は、工業的に生産され流通される食品が健康と環境に及ぼす影響に敏感になり、このような流れへの反発がカウンターカルチャーの中で高まり始めた。時にこの反発は代替的なフードシステムを生み出そうと試みる小規模農場や食料協同組合の形態をとったが、一番よく見られたのは、経済的に成功している農家と定評のある食品会社が「代替的《オルタナティブ》」[*4]な価値に訴える製品を開発・販売することであった。一九七〇年代、食品は「自然」が売り文句とされていたが、消費者はもっと価値のあるものとして、「オーガニック」に目を向けるようになっていった。その後、「人道的［に飼育された］」や「フェアトレード」の表記が代替《オルタナティブ》食品を表わす用語として認知されるようになった。二一世紀初頭までには、大手の食品会社の用語の乱用に懐疑的になった消費者が、より倫理的な食選択の方法として「地場産」の食品を探し始めるようになった。[5]

本書ではこのような話題を取りあげるが、何を食べたら良いかを提示する意図はない。第1章では、食農倫理学の興りに関する最近の歴史を、一九七〇年代に出現した独自の視点に重きを置きながら、より詳細に検討している。テーマの一つは、一方に、サプライチェーンとその社会環境的影響に焦点を当てた食農倫理学、もう一方に、自身の食選択という観点から構築された倫理があり、この両者の相違点について説明することである。本書はそこから、食農倫理学のいくつかの大きなテーマにもっと深く切り込んでいく。第2章の焦点は、フードシステムにおける社会的不公正である。食が関わる社会的公正の事例には、何か新しい知見があるのか、それとも、それは単に公正について既存の一般的な哲学的観念を応用するだけで足りるのかを検討していく。第3章では、食生活の倫理と健康について、古代社会における節制の徳という概念から、現代社会における肥満という危機に至るまでを追って説明する。第4章では、食農倫理学における「根本的な問題」と私が呼ぶものを取り上げる。それは、発展途上国の貧しい農家の利益と、成長していく都心部の空腹な大衆との、永遠に変わらぬ関係である。菜食主義《ベジタリアニズム》の事例については第5章で手短に論じるが、主な焦点は食用動物の生産における倫理的な問題であり、これは人類全員がベジタリアンになるまでに可能な取り組みについての考察である。第6章の主題は、フードシステムの環境的持続可能性について扱い、第7章では、緑の革命型開発プロジェクトを倫理的な観点からどのように評価するべきかについて検討するために、発展途上国に話を戻す。最終章となる第8章では、遺伝子組み換え食品をめぐる議論におけるいくつかの問題の検討をつうじて、リスクと個人の食生活、倫理的思考の本質そのものというテーマについて再考する。さらに、「食農倫理学」という見出しの下に入りうる問題の縮図を提供する。それぞれの事例の中で、私は、政策への提起や個人的選択への助言よりも、むしろ現代のフードシステムについて行われている倫理分析を、もっと複雑にすることにこそ力を注ぐ。本書で扱いきれなかった話題は、まだまだたくさんある。

倫理学とは何か

私は、倫理学とはより良い問いを投げかけるための学術分野であると考えている。[*5] 俗に「倫理」は「正しく行動する」ことと同一視される。そして、倫理学について教えたり執筆したりしている多くの大学教授がそうであるように、私はある人物やグループがやらかしたとんでもないエピソードを披露する人によく悩まされる。その長ったらしい話は「ところで、これは倫理的ですか」という質問で締めくくられる。まるで彼らは専門家に自分の意見の正当性を保証してもらいたがっているかのようだ。問題の行動が、本当にとんでもないものであるときには、同意するのはたやすい。しかし、哲学的倫理は、画一的に他人を裁く訓練よりも、もっと知的で想像的な倫理的思考に役立つ語彙と思索を深めることに向いている。本節と次節では、哲学者が、倫理にアプローチする方法について簡単に紹介する。これは、食べものにまつわる問題に強い関心を持っているが、哲学的倫理についてはほとんど予備知識がないままに本書を手にした読者諸氏に、気持ちを楽にしていただくためである。ここで述べる事柄は、専門知識のない読者諸氏に概要を示し、基礎的な用語をカバーするが、注意していただきたいのは、私は「倫理とは何か」という疑問に答える際、哲学科で研究されているさまざまな倫理の学派や理論についての最終的な説明は、あえてしないようにしているという点である。

さて、意思決定状況における重要な要素を非常にシンプルな用語で説明した図から、話を始めよう。図1（一一頁）は、何らかの行動をとるか、または何らかの活動をしようとしている行為者、個人またはグループを表している。自分がこの立場にあると考えてもいいが、この図は企業や政党などの組織を表しているかもしれないし、社会全体を表しているとも解釈できるかもしれない。これから取りかかる活動は、意識的な選択や意図され計算された選択の結果かもしれないし、そうではないかもしれない。この非常に一般化された「意思決定者」の状況を確認することで私たちは、倫理的な熟考や評価の対象となりうる人間の行為の重要な要素に着目することができる。これらの要素に注目した後、私たちは個人としての行為、あるいは組織やグループ、または無作為なグループ（群衆など）で行動する人々の複合的な活動についても同様に熟考する。

人間の活動は、常にさまざまな形で「制約」されている。物理学や化学の法則に背くため不可能なことがある。例えば、人は忽然と姿を消すことはできない。生物学的、あるいは物理学的制約は、人の食べものの生産と流通の可能性をある程度決定する。図1では、そのような「制約」がテクノロジーと名づけたリングで表されている。物理学・化学・生物学の法則は私たちを強く制限はするものの、私たちは物質的な環境を、ある程度であれば柔軟に変えることができる。実際、食料と農業のテクノロジーは、一九世紀の人間が直面していた生物学的・物理学的な制約を劇的に変えた。食品技術のさらなる進歩を求めるにあたり研究費をどのように投資するべきかは、食農倫理学の重要な課題である。

もっとも、一般的に倫理学の主な焦点は、二つのソフトなタイプの制約に置かれている。第一の「制約」が、法律と政策である。私たちの行動が法律に違反している場合や、たとえば、雇用条件に違反している場合に制限される。第二の「制約」は、慣習や規範である。生物学的・物理学的には可能な行動で、法律にも違反していないが、それらをしてはならないと十分に認識されているものである。典型的な意思決定において、人はこの二つの「制約」を徹底して内在化させているため、この制約を侵害するような行動は思いつきもしないのである。

最終的に、人は——行為者は行動を起こす。レストランで深く考えずに注文したり、仕事を辞めてオレゴンで有機栽培のワイナリーを始めるといった、人生を変える意思決定を行ったりする。企業は商品開発や営業戦略に着手するときに行動する。また、群衆も行動する。暴動がその一例だろうが、新製品があたった時、あるいはハズれた時に、「大衆」が動いたと私たちは言う。どのような行動や活動が実行または開始されても、この図では「行為」と呼ぶ。それはマッシュポテトを作ることかもしれないし、店でスナック菓子を買うことかもしれない。また、それは食品の安全性に関する新法案の採択かもしれ

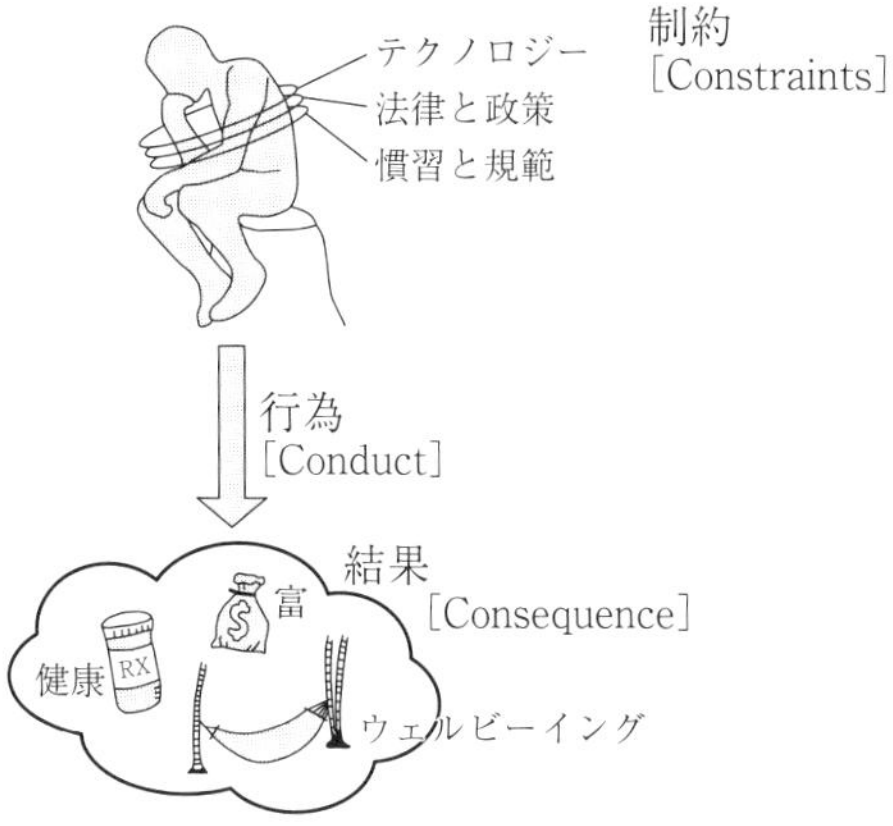

図１　意思決定状況における重要な要素

ないし、試験管で肉を生産する試験的な事業への数百万ドルの投資かもしれない。企業なら、チーズケーキの製造やオンライン販売のためのマーケティングかもしれない。個人やグループが行うことのいかなる説明も、それがいかに幅広くまたは狭く構成されていても、「行為」とみなすことができる。このような形態の「行為」のすべてに「結果」が伴うことに気づいたとき、私たちは人間の状況についてのこの非常に一般的な描写が、倫理とある程度の関連性を持つことに気づき始める。ここで、「結果」とは、行為者自身（あるいは、場合によっては行為者自体）を含む、「行為」の影響を受けるすべての関係者の健康と富、ウェルビーイングの変化や影響である。明快な倫理的思考の観点からすれば、「行為」を、その影響や「結果」と区別することが重要である。影響を受けるすべての関係者の健康と富、ウェルビーイングに生じたすべての結果を総合したものを「結果」と呼ぶ。倫理的に意義深い行動や活動を説明するために、より詳細で繊細な用語を開発することは可能だろうが、当面の理解のためにはこのシンプルなモデルで十分だろう。

行為者の意思決定状況の各要素には倫理的な重要性がある場合があり、この重要性の本質は特有の用語で表される。倫理的に重要な「結果」は、利益やコスト、または害《ハーム》と言い表される。もし、行為者が他の誰かの健康や富、ウェルビーイングに良い影響を及ぼす何かをした場合、それは利益とみなすことができる。もし、その人に悪影響を及ぼすならば、それは害《ハーム》である。私たちは、一般に悪影響をコストと呼ぶが、経済学者の誤解を招く恐れがあるので、そのような使用は避ける。一方で法や政策、他方では慣習や規範という形態をとる倫理的に重要な「制約」は、権利と義務の観点から説明されることもある。誰かがある権利を持っているとき、私たちはその権利を尊重するために行動を制限する。その人の権利を侵害する行動は、一線を越えているとみなされる。（契約か約束によって）義務を負っている場合も、行動は同様に制限される。つまり、その義務の達成に沿った活動のみ、実行することを考えても構わないのである。一般に、権利と義務は対になっていると考えられる。もし、私に権利があるならば、他の人はそれを尊重する義務がある。最後に、倫理的な意味合いをほのめかす言葉で名付けられている「行為」が、嘘つき、不正直、不誠実だ。これらは大別すると、一つの「行為」についての同義語だ。また、真実、正直、誠実はその反対の行為を表す。このような言葉は、権利や義務を引き合いに出したり、利害を見越したりすることなく、ある「行為」を倫理的意義に直接結びつける。美徳または悪徳の観点から「行為」を分類しているのだ。

哲学的倫理とは組織化された実践である。その実践者は、何よりもまず、行動や活動が倫理的に重要だとみなせるかを三つの軸［権利と義務、利益と害、美徳と悪徳］に焦点を合わせて判断する。権利または義務として機能する「制約」に留意し、その「結果」が誰にどのような利益と害をもたらすかに慎重に注意を払いながら、美徳と悪徳の観点から「行為」を検討することによって、その正しい点と間違っている点をまとめ、明示し、それについて議論する方法を研究する。権利と義務、利益と害、美徳と悪徳との関連性の観点から評価基準を説明できない場合は、倫理的な重要性がないと言っても過言ではない。要約すれば、食農倫理学とは、食べものの製造、加工、流通、消費の方法について、権利と義務、利益と害、美徳と悪徳という観点から検討する学問なのである。

哲学者の方法について——権利論、美徳理論、功利主義

過去約二〇〇〇年にわたり、学術的な修練を積んだ哲学者は、行動や活動が倫理的に正しいと見なすことができるか、言い換えれば、倫理的に正当化できるか、いくつかの学派を取り入れて自分の考えをまとめる傾向があった。何がある行動を正しいものにし、別の行動を間違ったものにするかについての理論的説明が試みられてきたのである。こういった説明は倫理学の理論と呼ばれている。強い影響力を持つ理論には、上で説明した要素のうちの一つだけに焦点を当てていることが多い。例えば、功利主義は、[*6]究極的には「結果」だけが問題であると主張する理論（実際には理論群）である。権利と義務についての主張は、突きつめれば利益と害に集約できる。例えば、義務とは単に、それを慎重に果たせば、最高の「結果」、つまり利益と害を総合的に見た観点から手にし得る最善の結果を導く法則と言えるのかもしれない。古典的功利主義は、倫理的に正しい行動とは、「最大多数の」（影響を受ける、できる限り多く

の関係者の）「最大幸福」（最大の純利益）を達成するものであると規定した。この規定は「潜在的なパレート改善」（すなわち、害よりも多くの利益を達成する）あらゆる行動を是認しようとする厚生経済学者[*7]によって修正された。この功利主義に簡単にコメントするなら、誰がまたは何が関係者に含まれるのか述べていないことに留意されたい。それはただ一人の市民なのか、それとも人類すべてなのか。人間以外の動物についてはどうか。生態系や絶滅危惧種の利益になったり、それらに害を及ぼしたりする可能性はあるのか。他にも細々した検討事項がある。すべての有害事象が道徳的に重大な害とみなされるわけではないことは明らかだ。例えば、私があなたにモノポリーやスクラブルで負かされたときに、私が道徳的にひどく傷つけられたと主張できるかどうかは怪しい。しかし、経済的競争に負けた者についてはどうだろう。雇用主が倒産したためにあなたが失業することは、単に（スクラブルで負けたときのように）「諦めが肝心」の一言で済むのか、あるいは、道徳的に重要な害であるのか。ここには意見の相違があり、私たちがこれから見るように、この意見の食い違いが食農倫理学においては問題になる。今のところは、ただ、倫理学の理論の詳細を本格的に説明することは非常に複雑な作業になることにだけ留意しておかれたい。

この章で重要なことは、「結果」に対する功利主義者のレーザー光線のごとき着眼と、権利と義務に焦点を当てたアプローチとの対比である。そのような理論を、ここでは単に権利論と呼ぶことにするが、それは行動が他者の権利によってどのように「制約」を受けるのかについて説明を導くものでなくてはならない。これは（ふたたび）非常に複雑になってしまうかもしれないが、ここで二つの一般的な戦略を指摘することは価値のあることだ。一つのアプローチは契約主義（または、ときに社会契約論）と呼ばれる。このアプローチは、権利が、私たちが互いに交わす約束に基づいていることを前提としている。もし、私が五時にパブで待ち合わせる約束をあなたとすれば、あなたは私がその約束を守ることを期待する権利があり、私には約束を守る義務がある。私たち（または私たちの代理人）が法律を制定したり方針を設定したりするとき、私たちは事実上、権利と義務のシステムに従って行動することを前提にしている。より一般的には、私たちは社会的交流を一連の暗黙の了解としており、「私たちはどのような約束事によって、私たちの交流の仕方を決定づけることを望んでいるのだろうか？」と互いに尋ね合うことによって、私たちの倫理学の理論を発展させることができる。歴史的に、「理性的な人が受け入れるであろう社会契約、すなわち権利と義務のシステムとは何か」という疑問は、しばしば合理性と結びつけられてきた。契約主義者のアプローチをとる人は、所与の社会的契約（すなわち、権利と義務のシステムまたは構造）が生み出すと期待できる利益と害よりも、むしろそのような構造がどうして合理的に許容されると思われるかという理由の方に注視する。

権利へのこのもう一つのアプローチは、人間の自由の本質について懸命に考えることによってこそ、私たちは拘束力のある権利と義務一式を得ることができることを示唆している。長い間行われてきた奴隷制の慣行は、基本的な人権という考え方とあい入れないと人々が感じるようになったことが転換点となった。もちろん、真に自由な人は情熱の奴隷にもならない。情熱は、善意や道徳的な意志によって管理（あるいは束縛）されている。この観点において、私たちは「行為」の「制約」を認識する（あるいは、自分自身に与える）ことによって、自由を破壊する情熱への支配感――自律性［autonomy］という用語によって示される自由のとらえ方――を得ることができる。イマヌエル・カント（Immanuel Kant）は倫理学の理論に対するこのアプローチのもっとも広く知られている考え方を提起し、提案された「制約」が普遍的な法則——常にすべての人々を拘束する義務の原則——として扱われることを受け入れるかどうかを自身に問うことによって、私たちは自分自身に正しい道徳的制約を課すことができると論じた。人間の自由の意味を探る権利論へのアプローチは、しばしばカント主義（またはカント自身の見解からある程度外れていることを考慮して新カント主義）とみなされる。ここでもまた、理論の内実を詳述すれば、私たちはさらなる複雑な道に足を踏み入れることになるので話を戻そう。ここで重要なのは、カントの倫理学の理論を理解することではない。ここで理解していただきたいのは、カント主義者（または新カント主義者）の発する問いは、倫理とは、利益と害を足し引きした正味価値を算出することで十分に理論化されると考える者［功利主義者］の発する問いとは、かなり異なるという点である。

これだけではない。一方で権利と義務、他方で結果についての議論を好む哲学では、特定の種類の「行為」が善または悪であるという主張の意味を、本当に捉えることはできない。美徳の話は、倫理的思考を具体的な指示——すなわち、どの行動が本当に正しいかについての明確な記述——に至らしめる力はあまりないようだが、それでも、ある「行為」や習慣が、たとえそれらがそれほど熟慮せずになされた場合であっても、それが道徳的に重要か否かについてを明確にする。美徳（あるいは徳性《アレテー》——アリストテレスなら、こう主張したかもしれない）の強調は、一つの選択よりもむしろ行動の全般的なパターンこそが道徳的に重要であるときに特に有用であるかもしれない。美徳理論の支持者の中には、所与の決定が規則に準拠しているかどうかではなく、個人の性格や気質を重視する者もいる。あるいは、美徳をなすことは、気づかない形で私たちの行動を形成している環境や文化に依存していると言う者もいる。

有徳であれと促すことは、私たちが些事にとらわれることなく本当に重要な事柄について内省しやすくなるように、行動や社会的交流を形作ることと関係しているのかもしれない。そうすれば、私たちは自動操縦のように、安心して習慣に身を任せることができる。だから、何か一つの行動に関連して生じる結果や権利を綿密に精査する代わりに、美徳理論を擁護する哲学者もいる。

現代の哲学者の間では、倫理の理論におけるこれら三つの立場のどれか一つを選ぶ必要があるかどうかについては、見解がわかれている。ある者はそれぞれの考え方が一種の部分的な真実を達成しているとみなす多元主義者かもしれない。また、ある者はユルゲン・ハーバーマス（Jürgen Habermas）の立場を支持しているかもしれない。ハーバーマスは、当面のケースにおける合意点を見つけようと議論を交わす対話や議論の中で、倫理的推論が成り立つプロセスに焦点を当てるべきであると論じている（ハーバーマスは討議倫理と呼ぶ）。私は、現代の功利主義や権利論、美徳理論のどれよりも、ハーバーマスの理論に大いに賛同している。私は以下の食農倫理学を巡る旅においては、いずれの理論的アプローチについても、これ以上詳細な説明をするつもりはない。しかしながら、倫理的な議論がこういった三つの少しずつ異なる方法でどのように機能するかについて注意を払うことは、食にまつわる様々な議論についての理解を助けることだろう。私たちがある行動を選択するとき、その理由はあるときは行動の結果に基づいており、またあるときは、社会的慣習によって、あるいは本当の自由を求める私たちの本質によって、行動が制約されるべきであるという見解に基づいている。何かをする理由や、習慣的にしていることの理由が、かなり漠然とはしているが明らかに存在する美徳の感覚に基づいていることがある。

こういった類の推論が本書では時折出てくるが、この手短な要約が読者の皆さんの見取り図となれば幸いである。

私の方法について――探究と学習サイクル

本書における私のアプローチは、スキュラとカリュブディスに挟まれた小道へと読者を誘導すること、つまり、グリーンピースとマッシュポテトをいつも別の皿に盛るような明確さのもとで考えるか、それともその場その場において正しいと思われるものであれば何でも混ぜて合理化してしまうような柔軟さのもとで考えるか、という選択の小道へと読者諸氏を誘導することを狙いとしている。言い換えると、本書で私は哲学者らしく、明解かつ独特な観念への偏好を随所でお見せしているが、それをあくまで過度にならない程度に抑えた。倫理学の理論［権利論、功利主義、美徳理論など］については、私たちが直面している状況を叙述したり説明したりするときに代替的《オルタナティブ》な（ときには補完的な）方法を発見しやすくする形式として扱っている。これらの形式を用いることで、私たちが個人として、何人かの集まりとして、またはきちんと構造化された組織として行動するときに要求される、感情や習慣、制度的構造について説明できるようになる。私は、倫理学の仕事の一つは、ある要求が生じる状況を調査し、その要求を精緻に分析することだと考えている。こういった要求は行動を起こしたい人々によって主張されることが多いが、主張される要求がつねに明確、または明示的に説明されるわけではない。

私は、過去二五年間にわたってフードシステムにおける倫理的問題を調査するなかで、探究、

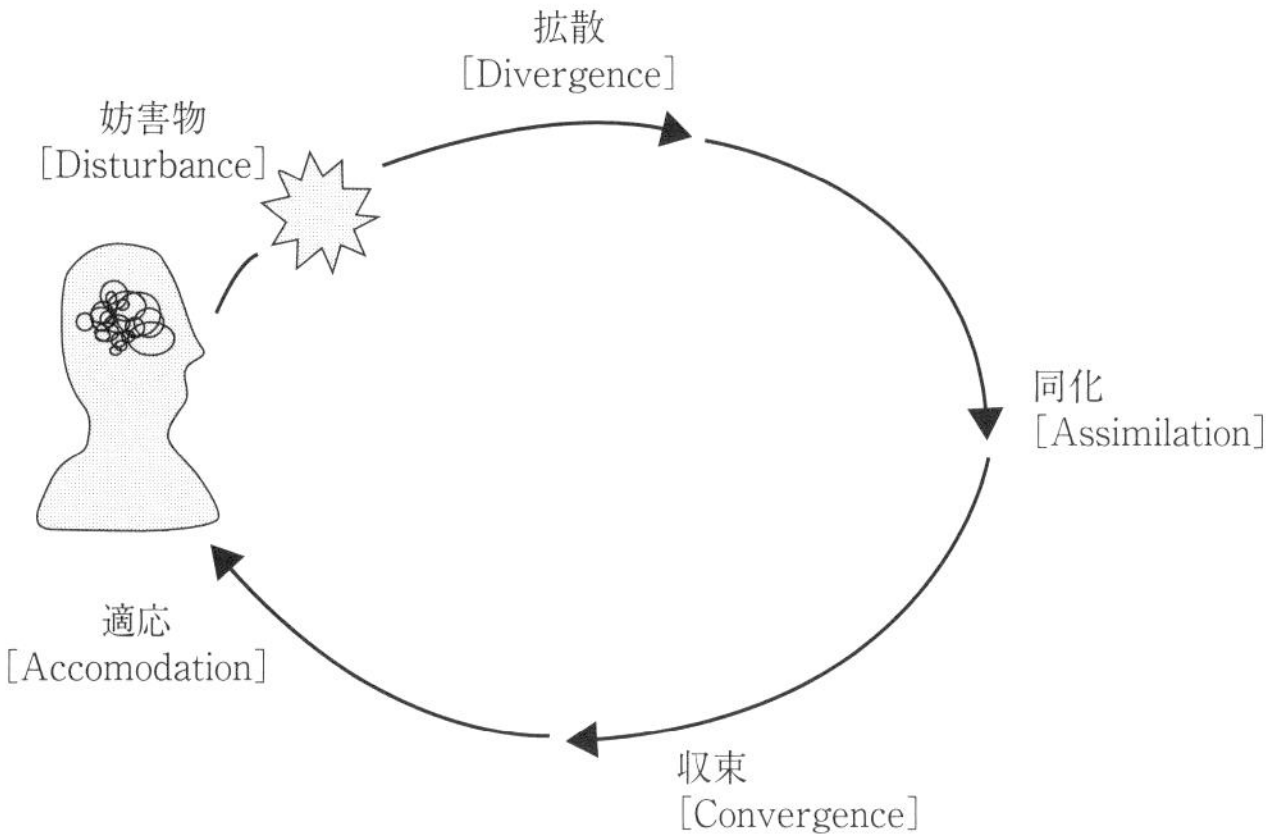

図２　探究と学習サイクルの４つの段階

［inquiry］に取り組んできたと思っている。探究とは、何らかの動揺や混乱に反応して生じた、苦痛や好奇心を出発点として、それらの問題を解決するか、少なくともそれに対する積極的な反応のもとで結論を出すことを期待する、ゆるく構造化された活動という意味である。私は、フードシステムにおける問題を、正しいやり方で考えようとしてきた。私はそれを「一般通念として」正しく行っていると誓うが、その際に、倫理学や自然科学の理論の観点のもとで問題をフレーミングすることまでは約束しない。私はフードシステムにおける問題を、社会的構造や生物学的動因の働きとして描写することには、もともと興味がない。それは、食料問題を扱ういくつもの方法のうちの二つだけを特別扱いすることになる。二つの観点のどちらかが私の探究に役立つ場合があるかもしれないが、私は理論的な構成概念を切り売りするためにここにいるのではない。倫理的な探究を始めるにあたっては、始めたときよりも、より良く、より正しい答えにたどり着きたいものである。哲学における、影響力のある伝統においては、探究にあたっては、

「物事を正しく行う」とは何を意味するかについて、事前に何らかの考えを持っていなければならないとされているが、私自身の見解では、「物事を正しく行う」とは何を意味するかについてのいかなる考えもそれ自体が探究の産物なのである。したがって、この序文を締めくくるにあたり、探究自体についての私の見解を述べておいた方が良いだろう。

ジョン・デューイ（John Dewey）が、一八九六年の論文「心理学における反射弧の概念」で説明した、探究の基本概念を取り上げよう。ある男性が椅子に心地よく腰掛け、読書に集中していたとき、突然の大きな物音に驚いたという場面を考えよう。

彼の最初の反応は、妨害物に注意を向け直すので、注意は拡散している。それから、「風が吹いて窓が開いた」と仮説を立てる。次に、「立ち上がって窓を閉めよう」とプランを立てる。最後に、実際に立ち上がって窓を閉め、仮説の証明とプランの実行、そして妨害物への対処を同時に行うことにより探究を終了する。デューイにとって、探究を説明する実例は、注意の拡散の部分と窓を閉めるという身体的活動そのものも含めた、一連の出来事全体である。[6] 教育心理学者のデビッド・コルブ（David Kolb）は、四つの段階（全体を始動する妨害物もカウントすれば五つの段階）から成るデューイの学習理論の概略図を提供している（図2参照）。全体的な方向づけを求める、そわそわした探索は「拡散」である。ふらふらと焦点の合わない拡散段階が、解答を求めるより構造化され組織化された探索へとまとまると、仮説形成すなわち「同化」が始まり、妨害物の説明または説明となるモデルを構築し始める。いったん同化に入れば、条件付きの if-then 構文の構成要素を定式化することができるようになり、今度はその構成要素がプラン、つまりコルブが「収束」と呼ぶプロセスを提案する。最後に、計画を実行するときには、仮説では予想されなかった多くの要素に対処する必要が生じる。人は実際に椅子から立ち上がらなくてはならず、そのためには本を置く場所を見つける必要がある。窓を閉めるには、力を込めてバンと閉じたりする必要があるかもしれない。こういった仮説への補足には、コルブが「適応」と呼ぶ積極的で熱中する類の知性が関与する。個人やグループが探究プロセスのすべての段階を通過すれば、学習サイクルは完了する。[7]

デューイやコルブについての詳細な論考を始めると、私たちは食農倫理学からかけ離れてしまうが、実践倫理にとって極めて重要な課題に向き合うのに、この四段階の探究の説明はとても役立つ。探究プロセスの各段階は、過ち《エラー》、すなわちプロセス全体の失敗を招くミスの生じ方の特有性と関連している。「拡散」段階では、過度のコミットメントを回避するために、ブレインストーミングの機会と、「妨害物」に対してとりうる様々な対応について検討する機会を持つことが重要である。「妨害物」と無関係な探究のプロセスが開始され、認知リソース（例：時間とエネルギー）が不毛に投資されることは一種の過ちである。実際、それは今日、世界中で頻繁に起こっている。「同化」においては、説明またはモデリングの目標が取って代わる。「同化」は、真実と道徳的正当性についての古典的な哲学的評価に私たちを向かわせる。ここでの過ちとは単に、状況と正確に対応していないマッピングや説明のことだ。二〇世紀の道徳哲学者の多くが、道徳的正当性の普遍的な基準をモデル化することで頭がいっぱいになり、「正しく行う」ということについて、同化における過ちを回避するという観点からのみ理解するようになった。「収束」に移行するにつれて、より実践的な配慮事項がいくつか生じてくる。「同化」段階でワーキングモデルが開発されていれば、行動を起こす方法は数多くあるかもしれない。しかし、人が行動を起こすときに所与の可能性と関連する相対的なコストとリスクを無視するのは間違いだ。「適応」段階では、誰かが実際に立ち上がって窓を閉めることが重要になる。理論と実践との間にある古典的な分裂が浮かびあがってくるのはここだ。なぜなら、いわゆる「実行力のある人」(「まず行動して後から考える人」)は気が散らないようにするために、最終的に何かをするのではなく、理論のほうを書き換えてしまうかもしれないからである。適応力のある人は、最初の妨害物に細部に至るまで実質的に対処できるようプランを調整する。

この過ちについての議論は、これら探究の四段階を厳密に逐次的に解釈していくと誤解につながる可能性があることを示唆している。実際、コルブ自身、異なる個人とは独自の学習スタイルによって特徴づけられるものだという考え方を強調している。それぞれの学習スタイルは、異なる種類の知性や能力、スキルによって特徴づけられる。「適応」的学習スタイルには、コルブが演技スキルと呼ぶところのコンピテンシー一式、すなわちリーダーシップとイニシアチブという行動が含まれる。「拡散」的学習スタイルは評価スキル、すなわち、人間関係や人助け、意味の理解と関連している。「同化」的学習スタイルは思考スキル、すなわち情報収集や情報分析、理論構築に関連している。最後に、「収束」的学習スタイルは、定量分析やテクノロジーの使用、目標設定などの意思決定スキルと関連している。[8] コルブは、大学ではこの学習スタイルが学術部門と強く関連していると論じている。「拡散」的学習スタイルを持つ学者は、英語の教授になるか、芸術を教える傾向がある。自然科学は「同化」的学習スタイルを持つ者が占める一方、エンジニアとその他技術分野の者は「収束」的学習スタイルを好む傾向がある。「適応」的学習スタイルを持つ者は最終的にビジネススクールにたどり着く。[9] このようなステレオタイプ化を認めなくても、哲学者による多くの研究に、探究の「同化」段階について基準を設定する傾向――リチャード・ローティが「自然の鏡」になろうとしていると批判したアプローチ――があることは、印象的である。本書における私のアプローチは、探究のプロセスに取りかかる際に、私たちの思考の一番に来るべきものは全体性であると（デューイと同じく）考える点でプラグマティックである。私たちが過ちを犯す方法はたくさんあるし、それを正す方法も数多くある。

　コルブの図式は、何が正しい思考と正しい行動とされるかは、私たちが探究のプロセスのどの地点にいるかによる、ということを思い出すのに役立つ。このことは、私たちの話題と非常に関連性が高い。つまり、四つの学習スタイルのいずれか一つが私たちの思考を支配するようになったときに、学習や探究は過ちにつながる。この点で、コルブの図式はフェミニストとポストコロニアル認識論の最近の傾向とうまく噛み合っている。独自の見解を持っている人々を審議や社会的意思決定のプロセスから組織的に排除するとき、私たちは物事を正しく行えなくなるだろう。この種の排除はただ不公平なだけでなく、重要な情報を破棄したり無視したりすることにつながるため、甚だしく愚かだという認識が、さまざまな職業の人々の間で高まってきている。このことは、包含《インクルージョン》プロセスを探究する哲学的、社会科学的研究の流行をもたらした。ここにもまた、本書で私がとるアプローチとの重要な交点がある。以下の諸章で議論されている問題に取り組む社会的行動は、自らが探究のプロセスのどの地点にいるかを明確に認識し、反応を組織化する際にはより包含的《インクルーシブ》なやり方を試みなくてはならない。

　しかしながら、食物倫理学における正しい行動には、一般的な包含理論や社会的プロセス以上のものが必要になるだろう。例えば、フェミニストの認識論や批判と同じように、私の食農倫理学へのアプローチは確かに包含《インクルージョン》と傾聴《リスニング》を重視している。また、社会的公正への関心と、人々を食料運動《フード・ムーブメント》に結びつけてきたいくつかの目標をふまえて、本書の諸章では、さまざまな社会的懸念が出会うキーポイントの特定を目指している。そして、プラグマティストの姿勢に則って、その分析は、「拡散」的、「同化」的、「収束」的、および「適応」的な学習スタイルを交差させることも狙っている。さらに、食べものとフードシステムについての議論は、これらの交差点の境界に沿って存在する物、組織、活動に焦点を当てていく。――とはいえ、できるだけ話を平易にするために、私は上記のすべての価値観に則った上で、本書ではこれらの理論的な話には触れていない。それよりも、世間的にはほとんど知られていなかったり過小評価されたりしているが、私たちが時期尚早に行動計画を定めてしまう前に認識しておく必要があるいくつかのテーマについて考察することを重視している。皮肉なことだが、そうしている間は、認識論やプラグマティズム、道徳論の理論的・方法論的テーマに関心を向ける必要はない。

1　あなたはあなたが食べる物では決まらない、

肉の切り方に、あなたの生きざまが出る。

孔子

どんなものを食べているのか教えてくれたら、あなたがどんな人かあててみせよう。

ジャン・アンテルム・ブリア＝サヴァラン（*Jean Anthelme Brillat-Savarin*）

人は何を食べるかで決まる。

ルートヴィヒ・フォイエルバッハ（*Ludwig Feuerbach*）

あなたは何を食べるかで決まる。

コネチカット州、ブリッジポート、ユナイテッド・ミート・マーケット（*United Meat Market*）

あなたは何を食べるかで決まる。この格言が、改めて脚光を浴びている。このフレーズは、「お野菜を食べなさい」「お肉を食べなさい」「牛乳を飲みなさい」「食べものをよく噛みなさい」「スープをすすらないで」「お皿のものは全部食べなさい」「そんなジャンクフードを食べてはいけません」「そんなに好き嫌いをしないで」「あなたの目をじっと見つめることができるものは食べてはいけません」「もっと食べなさい」「そんなに食べてはいけません」といった食事にまつわる無数のアドバイスに説得力を与える。それぞれのアドバイスは、「あなたは何を食べるかで決まるのだから」と始めることで、より明確になる。日常的な会話の中なら、このフレーズはある種の枕詞に過ぎないが、同時に倫理的なメッセージも含んでいる。いずれにせよ、「食べるべきものを食べなさい」ということを言っているのだろうが、人が食べるべき何かは状況によって異なるということにここで注意しておきたい。インターネットのデータベースによれば、このフレーズ（あるいは、それに類する気の利いた言い換え）が過去一〇年間に数十回も科学論文や学術論文のタイトルに登場したそうである。このフレーズは、孔子とブリア＝サヴァランにとっては、社会階級やライフスタイルに関係する主張であり、フォイエルバッハ（Feuerbach）にとっては、いかなる精神的存在よりも肉体的存在を優先するという主張を表しているようだ。哲学者たちにとってこのフレーズは、存在論的主張なのである。すなわち、個々の人間とはどういったものであるかということに関する記述なのだ。しかし、現代において、このフレーズはほとんどの場合、食事に関する助言として使用される。[1]

人が食べるもので決まるという主張は、孔子やフォイルバッハの存在論的関心から切り離されると、哲学的ではなくなるのだろうか。飲食論——何をどのように食べるかを管理する規範とガイドライン一式――を倫理的なテーマとしてとりあげることに、意味はあるのだろうか。二〇世紀において食べものに対する哲学的考察があまりなされてこなかったことは注目に値する。ただし、ミシェル・フーコー（Michel Foucault）はそのような考察の妥当性について所見を述べている。しかし、一九九〇年代に刊行された多くの論文では、哲学者たちのフードスタディーズへの関心の復興の兆しが示唆されている。そして二〇一〇年代の半ばの現在、彼らは正しかったように思われる。[2] 本書では、食農倫理学のテーマを軸にして展開される、この復興のいくつかの側面について検討する。私の批評には、哲学的考察と哲学的範疇を越える考察の両方が含まれている。

食農倫理学の復興は、文化的・政治的・社会的変化だけでなく、二〇世紀後半におけるいくつかの重要な哲学的な宣言に起因している。食農倫理学の注目すべき特徴の一つは、学術分野を横断して、驚くほど複雑かつ網羅的にテーマを展開できることである。私はすべてを語りつくせると風呂敷を広げたりはしないが、本章はその幅広さを概観することを目指している。社会的公正の問題があり、動物と環境への悪影響という問題があり、健康リスクや文化的伝統へのリスクについての問題がある。第2章以降では、これらのテーマをさらに掘り下げて検討するが、その前に、食習慣は倫理的に重要なテーマであるとみなせるのか（あるいは、みなすべきか）という疑問について考える手がかりを提供して、この節を締めくくろう。答えは、それはすべてあなたが倫理という語で何を意味するか次第だ、ということである。中国の粉ミルク事件のように、一人の人間や一つのグループの行動が及ぼした他者への影響に、食農倫理学が関係するケースがある。しかし、約二〇〇年間、倫理学でなされてきた議論の蓄積を鑑みれば、文化的な食生活はそれとは別の話として扱わなければならない。社会的な絆を支援したり、個人としてのアイデンティティを生み出したりする食料の生産・消費は、美的あるいは宗教的な実践とほとんど同じような倫理的重要性がある。食習慣は、しかし、他者に押し付けるべきものではないと考えられてきた。だが、そのような考え方も変わっていくかもしれない。そして、まさにこの変化こそ、「倫理学から食を考えるのではなく」倫理そのものを理解する方法として、食が幅広い哲学的意義を持ちうる理由なのだ。

食べものに対する考察はなぜ長い間なされてこなかったのか

私は、食農倫理学への回帰について論じたいのだが、過去五世紀における重要な哲学書の中で、食べものについて十分な記述のある文献は非常に少ない。食べものや食べることへの言及は、他の主題を論じるにあたっての事例や比喩表現として登場するケースがほとんどである。例えば、デイビッド・ヒューム（David Hume）は、美的感覚の要点を説明するために、ワイン樽の底に残された革紐の付いた鍵が、グラスに注がれた一杯のワインの味に与える影響に言及している。本章の冒頭にある三つの引用が示すように、人類のあいまいな社会的・存在論的地位について熟考するときには、往々にして食べることを引き合いに出して語られてきた。異なる社会階層の人々のそれぞれの食習慣についての観察が、それほど奥深いものとは思われない。もう少し深く考えると、人間は意図的な行為者や思想家として非物質的な領域に住んでいるように思われるが、飲食を通じた栄養摂取なしには存在しえない物質的な存在でもある。この物心二元論への思索にふけることは、デカルト（Descartes）以降の哲学者にとっての愉悦の源泉であった。フォイエルバッハとニーチェ（Nietzsche）が、「あなたは食べる物で決まる」と言ったとき、それはデカルトの二元論と、物質より心が大事であるというキリスト教の見解への挑戦だった。しかし、この手の言葉遊びは、飲食に対する純粋な哲学的関心からは、まだほど遠い。

西暦一五〇〇年以来、多くの哲学者が食料生産に一定の関心を寄せてきた。それ以前は、土壌と気候が文化や人柄、政治制度の形成に大きな影響を与えると考えられていた。たとえば、熱帯性気候の地域の人々は「頭に血が上りやすい」と考えられていたし、土壌の不毛さは、気まぐれに流浪する文化を後押しすると考えられていた。この考え方はある意味、ダーウィン的あるいは進化論的な見解に先んじている。土壌と気候の力に関する理論を展開した自然哲学者たちは、生命体（特に人間）が生物的・物理的環境に適応する方法に強い関心を持った。[3] 最終的に、土壌や気候の力についての哲学的考察は、食料生産の政治と経済についての議論に道を譲った。哲学者たちは、民衆が食料を生産しようとする動機やそれに対する制約が、彼ら（あるいは、生産地を守る軍隊への）の食料供給能力とどのように結びついているかを考察した。政治経済学においては、マキャベリ（Machiavelli）、モンテスキュー（Montesquieu）、マルサス（Malthus）、ミル（Mill）らによってなされた探究があり、そこでは食料生産の手段は、まず国家財政機関と統治機関との関係において、そして最終的には社会階級をまたぐ分配の公平性において、考察されている。また、マルクス（Marx）も『経済学批判要綱』（*Grundrisse*）の重厚な文章の中で、食事をすることについて、個々の労働者にとって「生産は消費である、消費は生産である」と簡潔に論じている。この一節はいくつかの意味を含んでいるが、その一つは、肉体労働（すなわち生産活動）は、労働者の体力を消耗させることによって労働者を消費するということである。そして、労働者の体力は、食べることによって回復する（あるいは再生産される）。しかし、今名前を挙げた哲学者たちは、食べものを単なるメタファー以上のものと捉えているものの、何を食べるかについてはほとんど関心がなく、また、食べものの重要性を、生存のための最低限度の条件を満たすものという狭い意味で理解している。

それでも、食事と哲学がいつも切り離されてきたわけではない。ピタゴラスが豆を食べることを禁止したことにまでさかのぼる哲学的飲食論の伝統は、今もなお続いている。古代の哲学的な書物には、何を、いつ、どのように、そしてどのくらい食べるべきかについての助言がよく見られる。そのような助言は、フーコーが述べるところの「自己への配慮」とみなされている。古代の書物には、食事やセクシュアリティ、友情、瞑想、身体的運動が、善い生き方を支える日課や規律の要素として記されている。ギリシャ語とローマ語の哲学用語集では、善い生活をすることと、善い生活をしているように見られることが、はっきりとは区別されていなかった。ほんの些細な日課でさえ、その人の賢明さや愚かさの証拠と見なすことができるかもしれない。あらゆる下品な振る舞いは、単にだらしなさの現れというだけではなく、過ちと無知の表出であると見なされるだろう。ソクラテス（Socrates）が教えたように、本当に真実を知っている者が、それに基づいて行動したとしたら、失敗するわけがない。古代において、見識は専門分野ごとに分けられていなかったので、良くない食べ方はもっともオーソドックスな道徳的退廃であると解釈されることもあった。[4]

古代ギリシャにおける禁酒の美徳は、中世の世界における哲学的な飲食論の下敷きとなった。聖トマス・アクィナス（St. Thomas Aquinas）は、五つのより具体的な悪徳の観点から、大食いの罪を明確に説明した。その五つの観点とは、*nimis*—食べ過ぎること、*praepropere*—大急ぎで食べること、*ardenter*

—がつがつと食べること、*studiose* —だらだらと食べること、*laute* —ぜいたくなものを食べ過ぎること、である。暗にシンプルな食事を奨励するこの忠告は、後にキリスト教世界を真っ二つに分裂させた福音主義の貧困をめぐる神学的な討論に巻きこまれた。キリストを本当に模倣するには財産欲を自制しなくてはならないと論じたフランシスコ会修道士、チェゼーナのミケーレ（Michael of Cesena）もまた、個人的な嗜好を満たすために食べたり、食べ過ぎたりしたとき、それは食べものを乱用しているとする見解を擁護した。ミケーレはそのような見解を主張したことで、浪費に熱をあげる教皇とますます衝突するようになった。ミケーレと教皇ヨハネ二二世との対立は、二世紀後にマルティン・ルター（Martin Luther）によって始められたプロテスタント革命の先触れであったといえる。食農倫理学がこういった闘争の中心的な問題であったと提起することは大きな誤解を招く可能性があるが、それでも神学的な飲食論は、このような論争のなかで哲学的に重要なテーマであると見なされていた。

　飲食論は、現代の哲学から完全になくなってしまったわけではない。ヨハン・ゴットフリート・ヘルダー（Johann Gottfried Herder）は、中世の食事に対するアプローチを逆手に取っているように思われる。彼は、合理性と文明を獲得するための前提条件として、粗悪の反対の意味での上質な食事をとることを提唱した。完全に人間的であることは、動物の存在を超越する（または克服する）ことを伴うというヘルダーの推論と、その推論を構成する一要素である彼の食事への強い関心については、ケリー・オリバー（Kelly Oliver）の研究が参考になるだろう。[5] 他の現代の哲学者は、より強く共感を呼べるような飲食論に焦点を合わせ、動物の肉の摂取は不健康で不道徳であると主張した。トリストラム・スチュアート（Tristram Stuart）は、デカルト、ベーコン（Bacon）、ニュートン（Newton）が皆菜食主義者であったことから、彼らにはおそらく肉食を自制させるような哲学的な見解があったのだろうと論じている。しかし、スチュアートの書いた一六〇〇年以降の菜食主義《ベジタリアニズム》の歴史はまた、食事の問題がどうして一般な哲学的主題として取り上げられてこなかったかを浮き彫りにしている。もしデカルトとベーコン、ニュートンが菜食主義《ベジタリアニズム》についての哲学的根拠のある見解を持っていたとしても、彼らは自分の哲学的著作の中で、そのような見解について一切触れていないのである。[6]

それでは、五〇〇年以上にわたり飲食論が哲学から姿を消してきたのはなぜなのか。そして、なぜ今、復活しつつあるのか。姿を消した理由は、かなり複雑である。キャロリン・コルスマイヤー（Carolyn Korsmeyer）が著書の『味を理解する』（*Making Sense of Taste*）で論じているように、西洋の哲学者は身体的な触覚、嗅覚、そして味覚について偏見を持っているが、その起源ははるか昔、プラトン（Plato）とアリストテレス（Aristotle）の時代にまでさかのぼる。合理性についての議論は、見ることというメタファーに常に依存し、聴くことがときどき登場するくらいで、手触りや味、匂いを通して得られた知識が、合理性の例として提示されることは決してなかった。飲食論は古代世界において哲学的な主題として存在していたものの、食べものの感触や匂い、味を研究することは、高尚な哲学の仕事とは見なされていなかった。コルスマイヤーは、現代哲学はますます合理性に焦点をあてているので、身体機能への関心がどんどん薄まるのも無理はないと述べている。[7]

さらに、哲学は科学研究の一学問分野として位置付けられたことで、主題として扱う領域が狭められていった。例えば、天文学と物理学は、それぞれ自然科学の独立した学問分野となり、哲学のテーマではなくなった。飲食論についても、同じことが起きていた。栄養学が自然科学の独立した学問分野になったため、食選択は、道徳性よりも良識と個人の嗜好の問題として見られるようになった。本人にとって不利益な行為は、ただ浅はかなことであるかもしれないが、それが本人以外への悪影響や、危害を与える意図と結びつくものでなければ、それを不道徳や非倫理的な行為とみなすことはできない。このことは、自分自身を大切にすることを、宗教的または実存的な行為とみなすことを否定するものではない。例えば、キリスト教徒が人体を神殿に喩えたり、食事やその他の健康関連の習慣を、神への義務として概念化したりすることは珍しいことではない。しかし、現代の倫理学は、そのように自らに課す義務を、自分の所属する宗教的伝統に倣ったり、自分の人生をある種のプロジェクトとして見なしたがゆえに受け入れたものとして位置付けている。

ジョン・スチュアート・ミルは著書『自由論』(*On Liberty*)で、個人の選択を制限する倫理的な力は、人の行動が他の人々にどのような影響を与えるかによって決まるという考えを擁護するもっとも説得力のある論拠を提供している。ミルは、「思考の自由」がもたらすであろう社会的利益を擁護し、思想の自由な表現と議論を保護する法律と政策の制定を主張するが、その主張は次のように始まる。混雑した劇場で「火事だ!」と叫ぶような明白なケースを除いて、話すことで誰かが傷つくことはない。しかし一方で、話すことを制限しようとすれば技術革新と有益な社会的変化を遅らせる。そして、意見交換を抑制することは、一般的に、他者を犠牲にして恩恵を受けている既得権益者たちを利することになる。ミルはこの主張を一般化して、ある行動が他者に害を及ぼす場合には、どのような行動であってもそれを制限することが完全に正当化されると主張する。しかし、そうでない場合には、私たちは他人のことに口出しするべきではない。誰かが自身に危害を加えるのを防ぐために介入しなければならないケースもあるにはある（例：ミルは酩酊について考察している）。しかし、ほとんど場合において、私たちはある人やある集団の行動が、他の当事者に危害を及ぼさない限り、その行動の自由を制限するべきではない、とミルは述べる。[8]

現代の哲学的倫理学は、個人は自身の人生のプランを立てる自由を持つべきであるという見解に与してきた。このような個々の人生のプランのあいだで衝突が生じたときに倫理的な問題が生じるが、異なるプランで行動する個人が互いを邪魔しないのなら、何の問題もない。実際には、一方の良識的な義務や宗教的義務と、他方の道徳性との間の区別は、あまりきちんと整理されていたことがない。しかし、もし人が、自己についてあれこれ考えることは、道徳性とはまったく関係なく、文字通り、実存的な関心事だけに限られる、という見解を採るならば、人が何を食べるかという問題は、単に個人的な問題とみなされるだろう。この場合、食農倫理学には、食料の生産や分配が他の人々の福祉にどのような影響を与えうるかという議論がありうるかもしれないが、それは飲食論、つまり人が何を食べるかについての選択肢をめぐる考察とは関係がなくなる。では、なぜ今、新たな道徳的飲食論が生まれつつあるのだろうか。

一つの可能性として、古代や中世の世界の宗教色を帯びた哲学的枠組みに、私たちが回帰しつつあることが考えられる。すなわち、良識と道徳性が区別されず、そして人間のあらゆる行為は、その人物の道徳性を判断する材料であるという思考方法に戻るかもしれないということである。二〇一一年、ニュージャージー州知事クリス・クリスティ（Chris Christie）は、彼が大統領として不適切なほど太っていると評論家たちに指摘され、共和党の合衆国大統領候補指名競争から撤退した。彼の当選の可能性を奪ったアメリカの有権者の偏った姿勢に対する批判がある一方で、自分の体重すらコントロールできない者が責任のある地位に就くのは不適当であるという道徳的な主張を真剣に行う者も多かった。クリスティはこれらの批判が彼の撤退の決定打となったことを否定はしたが、本人は気にしていたようで、後日、政治以外の分野では太った人でも大成功できるという考えを披露した。

　このような文化的な変化を軽々しく見過ごすべきではないが、現在起こっていることが、食選択の本質的変化を反映していることを示唆する証拠もある。私たちが食べる物は、他者に影響を与えるものとして認識され始めている。第一に、新しい市場構造の発展と、市場のダイナミクスがより広く認識されるようになったことで、食選択は、マルサス、ミル、マルクスなどの学者が夢中になった社会的公正の問題に、より明確に結びつきつつある。第二に、この経済分析は環境哲学の動向と組み合わさり、食農・環境倫理を生み出しつつある。そして第三に、健康と安全に関する慎重さと実存的な関心は、リスクの論理によって再形成されつつあり、複雑な移行が生じている。例えば、今日、飲食論は、個人の脆弱性と深く結びついている。脆弱なものとは何か。食品の安全や栄養を気にかけるときには、それは自分の健康であるかもしれない。「フェアトレード」や「人道的に飼育された」食品を購入して、社会的公正と環境目標を達成しようとするときには、それはアイデンティティや、他の人々との連帯であるかもしれない。しかし他方で、個人の食生活へのコミットメントや連帯感の尊重を促す実践は、食が健康と身体の安全を脅かす危険性を重視する、昔からのリスクの考え方に反している可能性がある。結局のところ、食選択は、ますます慎重さという括りでは捉えきれないものとなりつつあるのである。

　以下の節では、食選択の本質における、これら三つの変化がどのように展開しているのかを簡単に解説する。社会的公正、環境、リスクと結びついたこれら三つの変化は、決定的というより直観的《ヒューリスティック》なものと見なされるべきである。食農倫理学の本質におけるこれらの三つのどの変化も、他の二つの変化と融合して生じている。結局のところ、これらの変化のなかでの私たちの振るまいは、合理性を尊ぶ現代人というよりも、古代世界を生きる人々の姿勢により似ているのかもしれない。しかしそれでも、私は高度な食農倫理学の可能性を、注意深く切り拓いていくべきだと主張する。

食農倫理学と社会的公正

すでに述べたように、哲学者と社会学者はこれまで、飢餓と貧困、そして公正な流通との関連性について議論を重ねてきた。食農倫理学という用語が使われることはなかったが、産業革命によって食料へのアクセスが社会的公正を考えるうえで重要な鍵を握ることになった。農耕人口が減少しつつあったので、飢餓を自然の欠乏や神の怒りではなく社会問題だと見なすようになったのは当然のことである。遠い過去の飢饉も、飢餓と栄養失調を引き起こしてきたであろうが、飢饉が自然や神によって引き起こされるものだと解釈される限りにおいて、それに伴う飢餓は道徳的問題として見られることはない。しかし、飢餓の根本的原因が社会的・経済的組織に起因すると理解されるとき、または飢餓について、技術的に解決できる問題であると見なせるとき、人間は飢餓に対処する道徳的責任を持つと提言することが可能になる。

ハブ・ズワート（Hub Zwart）が言及しているように、食料安全保障と社会的公正の関係の深まりは、一九世紀の政治経済学にかなり明確に認められる。その文脈は私たちの時代にまで受け継がれ、その分析にはかなりの数の著名な哲学者が貢献してきた。哲学者で経済学者のアマルティア・セン（Amartya Sen）は、二〇世紀の非常に大きな飢饉は、そのいずれにおいても食料の不足が根本問題ではなかったことを明確に証明する分析的研究を発表した。トマス・ネーゲル（Thomas Nagel）、ヘンリー・シュー（Henry Shue）、オノラ・オニール（Onora O'Neill）は、グローバルな経済システムの相互関連性を強調する新カント主義の哲学者であるが、彼らは、中流階級の西洋人が享受している富と快適さは、遠く離れた国々の貧しい人々を搾取の上に成り立っていると主張する。近年、このテーマはトマス・ポッゲ（Thomas Pogge）の開発倫理へのアプローチの重要課題となった（ただし、ポッゲは特に食料に焦点を当てているわけではない）。要するに、私たちが公正であるためには、飢餓と飢饉がもたらす影響が、私たちの行為によって左右されるのであるならば、そのような貧困への対応が私たちの倫理的な義務――すなわち社会制度改革の必要性――であることを、理解する必要があるというのが、今日の倫理学の語るところである。[9]

功利主義哲学者ピーター・シンガー（Peter Singer）とピーター・ウンガー（Peter Unger）は、同様の議論を異なる論点を強調して行っている。両者は、空腹の苦しみは、どのような基準からみても、ファッションアイテムや贅沢品、個人的な娯楽に金銭を費やす中流階級の人々が享受する満足よりも、道徳的にはるかに重要性があると評価されなければならないと述べた。「最大多数のための最大利益を生み出すように行動する」という功利主義的な格言は、人が娯楽や嗜好品に費やすお金を、発展途上国の飢餓の問題に取り組んでいる組織のために寄付するべきであることを示唆している。しかし、もちろん、私たちは日常的にそのような行いはできないでいる。シンガーとウンガーは、人がそのようにできないことが、ある意味で倫理的理論としての功利主義を反証する可能性を検討した。そして、この二人の主張に、他の哲学者のほとんどの論評が向けられてきた。しかし、彼らは、功利主義的な格言に従って生きることができるかどうかはさておき、飢餓の解決のために、私たちは今よりもっと努力する義務があると結論づけた。[10]食農倫理学にとってきわめて重要なのは、この結論部分である。

マルサス、ミル、マルクスによって提供された前述の分析のように、飢餓を道徳問題として位置づけることで、社会的・政治的組織とそれらが貧困層の求めるものに与える影響が強調される。彼らは私たちが何を食べるべきかについては教えてくれない。しかし、彼らは他人の食料安全保障が脅かされる状況に対して、私たち一人ひとりが負うべき個人的責任の問題を示している。これは、より持たざる人々の消費活動を促進するために、私たちは自らの消費をある程度控えるべきであると主張する功利主義者に特に当てはまる。功利主義者は、比較的裕福な個人の消費のうち、食べものについてのみ指摘しているわけではないが、消費活動は効率に関する倫理的規範に照らして評価されるべきであると主張する。高級食品などの嗜好品の消費は、特に、貧困状態にある人の生存を守り栄養失調を避けるための消費の価値と比較すると、相対的に道徳的価値が低い。この主張は、ブランドの洋服や高級車の購入といったあらゆる種類の贅沢品の消費を指しているが、高級レストランでの豪華な食事に対しても明確に倫理的メッセージを含む。この議論を、デパ地下で相場より高い食材にお金を支払う上流中産階級の人々に適用するのは、理にかなっているかもしれない。もし、世の中に十分な量の食品が流通することに貢献するような食選択をする必要が私たちにあるならば、私たちの食事の多くが、貧困にあえぐ人々に申し開きできない道徳的な代償を負わせていることがわかるだろう。

そして確かに、市場とフードチェーンには変化が見られる。食品業界自体が、貧しい農家の生活を、先進国の消費スタイルに追いつくよう尽力してきた。その一例として、安全な食品の購入と、労働者の持続可能性にまつわる協定があげられる。それらは、一方で、食品業界が自らの倫理的責任に応じたことで、もう一方で、そのような活動に倫理的な魅力を感じている裕福な消費者による要請のおかげで、実現した。このような取り組みでもっともよく知られているのは、「フェアトレード」というラベルの考案と普及である。「フェアトレード」とは、倫理的な活動に取り組む購買協動組合に考案され、現在、コーヒー生産者の間でもっとも普及したラベルである。このラベルは、コーヒー生産者が、不当に搾取されることなく、消費者が支払った対価を適正に受けとることを保証するものだ。フェアトレードの活動については、その活動が奏功しているが故の新たな問題をひき起こしつつある。高品質のコーヒー豆に対する世界的需要が急拡大しているため、従来のバイヤーが、フェアトレードラベルの認証を受けていないコーヒー農家を探し出し、不当に安い価格で買い漁っているのである。この取り組みが、経済的に持続可能なモデルであるかどうかがわかるのはこれからである。にもかかわらず、こういった規格やラベルを論評する文献が、食農倫理学の一角で、どんどん生まれている。

これらの論評は、率直に言ってシニカルな論調であることが多い。スラヴォイ・ジジェク（Slavoj Žižek）は、スターバックスコーヒーが、フェアトレードのコーヒーを購入することによって、「文化資本主義」の形で顧客を会員にしようとしていると、YouTube で批判している[11]。そのような内容であっても、ジジェクの批評の功績とは、著名な哲学者が五世紀に及ぶ伝統に逆らってまで、あっちの店よりも、こっちの店のコーヒーを飲むべきかどうかについて意見を表明したという事実であり、私たちの議論に直接関連する大事な論点を示している。その論点とは第一に、食農倫理学の明らかな復興の狼煙である。ジジェクのスターバックスに対する激しい非難は、生活物資の流通に関して伝統的なマルクス主義がよく論じる懸念のメタファーではない（少なくとも単なるメタファーではない）。彼は、中流階級の人々がスターバックスのコーヒーを飲むことの是非について論じており、彼らがスターバックスに行く理由を批判しているのだ。しかし、ジジェクも功利主義者も実際には、消費の包括的な、もっと広い概念に関心があるのであって食べものそれ自体への関心は相対的に低い。この点において彼らは、誇りのある哲学者が誰も食べものについて書くことはなかった（またはYouTubeで主張することがなかった）時代の哲学的議論と地続きである。

また認証とラベルが、社会的公正についての関心事と、環境についての関心事を、共通の経済空間にもたらしたことも明らかである。持続可能性を保証するラベルは、労働者の権利と生物多様性の両方か、少なくとも片方に焦点を当てることができる。そのような理念が、実現されつづける限りにおいては、お茶やコーヒーのような嗜好品を消費することで、私たちは貧しい人々を虐げるのではなく、むしろ支援していると考えることができる。私たちは食品を購入することを通じて、大規模な多国籍企業ではなく、小規模農家や地元の企業を支えており、いま食べているものは倫理的に正当化されているものだと信じることができる。ただし、ジジェクの主張に耳を傾けるならば、たとえその実践に参加したとしても、私たちはこの免罪符を得たような感情に抵抗するべきである。いずれにしても、飲食論と個人の食選択は、社会的公正の領域と、知らず知らずのうちに深く結びついているのだ。

フェアトレードがもたらす効果について問うとき、論点は、消費者の購買をその社会的目標に結びつける社会的因果関係にある。生協やコーヒーショップでオーガニックコーヒーを購入することが、中南米の農民を本当に支援していると証明するのは、至難の技である。社会的因果関係の議論は、哲学的観点と、経験的観点とが混ざり合ったものになるだろう。経済学者による市場原理の議論をフォローしたことのある人なら誰でも、問題がどれほど複雑になるか、そして、善意でなされたことが、意図とは逆の効果をどのようにもたらしうるかを知っている。そして、もし、この社会的因果関係が非常に複雑なものだとすれば、おそらくこの事実は、良い買い物を通して世界を救うという活動全般に対するジジェクの懐疑論を裏打ちすることとなる。このような議論は詳細に見ていけば、食農倫理学に深く関連しているが、私たちは今そんなに難しい議論に立ち入る必要はない。ここで大事なことは、単に、政治経済学における古典的な議論が、今ではもっともらしく食習慣の議論と結びついているということである。これは、なぜ食農倫理学が復興したかを示す理由の一つである。

食農倫理学と環境問題

現代の環境意識の始まりを、一九六二年に刊行された、レイチェル・カーソンの『沈黙の春』に見出す研究者もいれば、少なくともジョージ・パーキンス・マーシュ（George Perkins Marsh）の著書『人間と自然』（*Man and Nature*）まで、あるいはドイツのロマン主義とジャン＝ジャック・ルソー（Jean-Jacques Rousseau）の「高貴な野蛮人」にまでさかのぼり、長期にわたる歴史的視点で語る研究者もいる。人が環境倫理の台頭をどのように呼ぼうとも、何を食べるかという選択は、人間以外の他者への影響に注目が集まる中、ますます道徳的に重要な事柄とみなされるようになっている。倫理的な菜食主義《ベジタリアニズム》は、その典型例である。動物の死を必要とする肉食への反対という哲学的な議論は、哲学の歴史と同じくらい古くからあるが、哲学者と議論する機会の多い人ならば、これまでの議論とは異なる新しい潮流が生まれつつあることをよく知っているだろう。菜食主義《ベジタリアニズム》を支持する倫理的な主張が急増しており、その主張に説得力を感じている人々の割合も著しく増加している。

医学的な菜食主義《ベジタリアニズム》は、食選択を、良識の観点から理解する。自分の健康のために肉食を避ける選択をした場合、根本にあるのは自身のことだけである。歴史的に言えば、このような医学的動機より以前には、宗教的な動機があった。宗教的な観念は、良識のある利己心と道徳感の間を取り持つことがあり、宗教的な菜食主義《ベジタリアニズム》はその一例である。健康志向のベジタリアンの中には、自分自身の健康を目的論（生物間の調和のための神の、あるいは進化の計画）の立場で捉える者もいる。イギリス人の社会活動家トリストラム・スチュアートは、菜食を選ぶという宗教的義務を強化し、健康を損なうことはこの義務を無視する邪悪な人々に対する神の罰であるとする目的論的な意見を示している。積極的な福音主義の文化では、無信仰者を入会させたいという動機が、宗教に基づくすべての基準を道徳的規範の地位へと高める。つまり、信者たちが神の意志であると解釈するものに、誰もが従わなくてはならない。一七世紀のもっとも熱心なベジタリアンの一部は福音主義のクリスチャンであり、彼らは自分たちが解釈したところの神の言葉を広める義務があると信じていた。[12]しかし、宗教的寛容の原則によって、宗教的義務は異なる視点から読み解ける。信者は菜食という宗教的義務を受け入れなくてはならないが、信者以外の者は菜食を実践しなくても倫理に反しているとは考えられない。そのような理由で、ヒンドゥ教徒の菜食主義《ベジタリアニズム》は、イスラム教徒やユダヤ教徒が豚肉を食べることを禁じていることと同じ意味を持つ。また、当然、人は純粋に個人的な趣味からベジタリアンになると決心することもできる。

これらすべての菜食主義《ベジタリアニズム》の理論的根拠とは対照的に、倫理的なベジタリアンは、自分は動物の利益を尊重して動物性製品を食べない選択をしたと、考えている。そのような尊重についての哲学的根拠は、さまざまな方法で表現されている。トム・レーガン（Tom Regan）の系統的論述では、十分に精緻な神経系統を持つ人間以外の動物は、ある種の主観性や内面性を有していると理解される。レーガンの見解では、他の人間を含むすべての動物に対する私たちの道徳的義務は、この精神活動に関連する主観性や利益に敬意を示す義務から生じている。私たちは最低限、私たち自身の些末な利益を満たすためだけに彼らの利益を犠牲にするべきではない。動物性タンパク質を摂らずとも栄養失調に陥ることなく生存することが可能ならば、肉や他の動物性製品（牛乳と卵）の摂取は、特に、動物が生き延び、苦痛と拘束を回避することから得られる利益と比較したとき、あまり重要ではない利益と見なされるべきである。したがって、動物性食品を摂取しなければ飢えて死ぬ少数の貧困者を除くすべての人間にとって、肉抜きの食事は行うべき責務なのである。[13]

ピーター・シンガーは、功利主義の立場から、もっと負担の少ない菜食主義《ベジタリアニズム》を考案した。彼は、痛みや苦しみを味わう能力は、他の動物に対する私たちの義務の倫理的基盤であると主張する。誰かが痛みを与えることは、それによって結果的により大きな痛みが軽減されるのでなければ、許されない。人間は、他者（特に愛する人や家族）に影響を与える出来事から満足と苦痛の両方を、そして、将来への期待に関連する幸福をも得るかなり高度な能力を持っていると仮定すると、人間の死が関与する出来事は通常、人間以外のどの動物の死よりもはるかに大きい苦痛と関連する。家畜の無痛屠殺よりも、生きている間にその食用動物が耐える苦痛の方がはるかに道徳的な重要性が高い。シンガーは菜食主義《ベジタリアニズム》を抗議の形態として、また実践的な食事の倫理として主張しているが、彼の見解は、人道的な条件下で飼育され屠殺される動物の消費を許容するだろう。彼の哲学は、畜産業の典型的な条件下で家畜が耐えているであろう苦しみを考えると、菜食主義《ベジタリアニズム》を必要とする。[14]

双方のアプローチにおいて、完全に利己的な行為を非道徳的なものとして扱う現代の慣習が表れている。食選択が人間以外の存在に与える影響に私たちが気づきはじめたために、食選択は道徳的に考察される対象となった。その他の環境意識もまた、利他的な義務の範囲を広げる可能性がある。フランシス・ムア・ラッペ（Frances Moore Lappé）の著書『小さな惑星の緑の食卓』（*Diet for a Small Planet*）は、レーガンやシンガーとはまったく異なる理由で、肉を控えた食事を提案した。ラッペは、健康を維持するために人間が必要とする栄養素を摂取するのに、動物由来の食べものを供給源とするのは、生態学的な観点から非効率であると述べている。人間が一ポンドの動物性タンパク質を摂取するためには、飼料として約二倍の量の植物性タンパク質を、家畜に与えなければならない。牛の場合は、さらに多く四倍の量のタンパク質を必要とする可能性がある。人間は植物性タンパク質でも動物性タンパク質でも生き延びることができるので、飼育期間に家畜に与える穀物を自分たちで食べる方が、はるかに効率的だろう。これを実践すれば、農業生産に必要な土地が減り、やがてこの惑星の多くの土地が自然の生態系に戻ることになるだろう。[15]

ラッペは飲食論を、野生だけでなく将来世代への義務も含む、広く包括的な環境保護主義と結びつける。一九七〇年代のラッペの初期の主張では、牛のような大型の草食動物は人間が食べられない草を食べることができるという事実が無視されていたが、近年の科学研究によれば、彼女の基本的な主張には気候の観点から見た倫理的側面があることが示唆されている。タンパク質摂取の非効率性のみならず、家畜は消化と、腹部でのガスの滞留、および排便の自然の副産物として温室効果ガスを排出する。反芻動物は、特に重大な排出源となる。草を食べて育つ放牧牛から肉や牛乳を生産することは、牛の代わりに自分たちが穀物を食べた方が効率的だとするラッペの指摘からは免れるかもしれないが、気候的な観点から見れば深刻な問題を引き起こす。国際連合食糧農業機関（Food and Agricultural Organization of the United Nations : FAO）は、世界の温室効果ガス排出量の二〇%が、家畜生産に関連して発生している可能性があると推定している。[16] このように、大気中への温室効果ガスの放出の削減が道徳的義務であるとみなされている限り、人類には動物性タンパク質の消費を抑制する強力な理論的根拠があるのだ。

もちろん、これらの環境保護論者の主張には、細かい点で論争の余地がまだまだある。人間と人間以外の動物の主観的な経験はどのように比較すればよいのか。私たちの環境保護主義は、何に基づいているのか。将来世代への懸念なのだろうか、他の知性ある生物に対する義務なのだろうか、あるいは自然の生態系に見いだされる本質的な価値についてのもっと拡大した理解なのだろうか。こういった疑問は、過去四〇年間、環境哲学者の心を占めてきた重要な論争につながる。議論を発展させる一連の質問によって、食料生産のさまざまなシステムの、動物の苦痛や生物多様性、気候変動、生態系のプロセスへの影響がどのようなものか研究が進むかもしれない。著述家サイモン・フェアリー（Simon Fairlie）は、

「デフォルトミート・ダイエット」に、詳細な環境のデータを用いて補完した。デフォルトミート・ダイエットとは、飼料のために特別に栽培された穀物を食べた家畜の肉を控え、牧草地で放牧したり、他に利用できない食品廃棄物で飼育した家畜の肉を食べることを奨励する主張だ[17]。ここで、地元のフードシステムを維持するために農場から市場に無数のトラックを走らせることと対比したときの、海を超えて大量の穀物を輸送するのに消費されるエネルギーの問題などの検討を試みるとき、哲学と科学が結びつく。ここでもまた、それぞれの代替システムのコストとメリットを整理しようとして、人は食農倫理学の問題に直面する。かつては純粋に良識の範疇と見なされていた食選択が、今では道徳的に大きな問題を提起していると見なされていることを、まずは確認しておくことが重要である。私たちの食選択の基盤や食選択が意味するものについて、レーガンやシンガー、ラッペとは異なる意見を持つ人もいるかもしれない。しかし、私たちの議論のまさにその構造が、私たちが根本的に飲食論の道徳化を受け入れてきたことを明らかにしている。

食農倫理学とリスク

上述したそれぞれの哲学的発展においては、食選択の倫理は、食習慣が他者へ与える影響との連関として理解されている。環境倫理の場合、それは人間以外の存在かもしれないし、あるいは将来世代の人類かもしれない。人間以外の存在や将来世代の道徳的地位は、現代哲学で頻繁に議論されているが、どちらの側に立とうとも、議論があること自体がなぜ食選択が再び道徳的領域で扱われることになったのかを示している。社会的公正の場合、貿易と経済学についての私たちの理解はかつてより洗練され、私たちが日常的に行っている食選択の多くが、遠い場所の会うこともない人々に実際に影響を与えているという考え方が生まれてきた。少なくともある世代の子どもたちは、「中国で飢えている人々がいるから、自分の皿の上のものは全部食べるように」と躾けられた。当たり前のことだが、子どもたちは自分たちがブロッコリーやインゲンを食べることで、どのようにして、中国の誰かの役に立つのだろうかと考えて育った。社会的公正の理論家たちは、今でこそこの理解の亀裂を埋めたが、しかしそれは、これまでの親の躾を肯定しているわけではない。他人に影響を与えるのは、文字通り食べ物を食べることではなく、食事以前に行われる購入という、食選択が政治的行為に変換される行為によってである。このような選択の政治経済学について議論することはできるが、私たちが討論しているという事実そのものが、食事がいかに道徳的な問題として扱われるようになってきたかを示している。

リスクの観点に目を向けると、また異なることが起きている。「あなたは何を食べるかで決まる」という言葉が格言のように広まっている理由の一つは、文字通りに単純な真実を述べているように思われるからである。私たちの体は物理的に、水とミネラル、タンパク質、脂肪、そして食べものや飲みものとして摂取したその他の化学物質により構成されている。毛穴や呼吸を通して吸収したわずかな分量の物質も私たちを構成しているという反論があるかもしれないが、議論を雑に混ぜかえしているだけであって、「あなたは何を食べるかで決まる」ことは生物学的・物理学的には概ね正しい。その物質のパーセンテージを定量化し、科学的詳細を解明することも、しようと思えばできるだろう。実際、現在では分子検査によって、私たち自身の体だけでなく、私たちが肉として摂取した動物の体の構造に、どのような植物タンパク質がどのような割合で取り込まれているかすら明らかにすることができる。

食べものが体内に取り込まれて身体になるという事実は、一部の倫理的理由でベジタリアンになった人が、食事について強い思い入れを持つ理由の一つである。人が禁止されているものや不潔なものを摂取したことを知ったときに感じる強い嫌悪感は、食後随分時間が経ってからそれを知らされたときでも生じる。それはベジタリアンに特有の感情ではない。メアリ・ミジリー（Mary Midgely）は、そのような嫌悪感は遺伝子組換え食品を食べることを拒否する十分な理由になると主張してきた[18]。ベジタリアンと遺伝子組換え食品反対論者の飲食論の場合、こういった強い感情的な連想が、その食べものが人間以外の他者に危害を及ぼしているという意見と組み合わさっている。世論調査によると、遺伝子組換え食品を食べることに反対する人のほとんどは、その食品が自身にとって有害だと考えるのではなく、むしろ遺伝子組換え作物の生産が環境に害を及ぼすと信じている[19]。遺伝子工学に関連して、私自身、私たちが口にする物への関心には、私たちが他者に食べものを提供するときに強制したりだましたりすることは道徳的に間違っている、という道徳的な意味合いがあることが重要であることを主張してきた。ベジタリアンの嗜好を尊重しないことは、ユダヤ教の戒律を守っているユダヤ教徒を尊重しないことと同じくらい道徳的な侮辱行為である。遺伝子組換え食品というその概念に誰かが嫌悪を感じている場合、それと知らされずにそのような食べものを口にするような状況にその人を置くことは、失礼なことである。その誰かが、遺伝子組換え食品を避けられないようなフードシステムを構築するのも同様の行為である。食選択を尊重することは、その人が選んだ文化的・象徴的なアイデンティティを尊重する一つの方法である。そのようなアイデンティティを構築し、実現する権利を他者が否定することは、彼らから尊厳を奪うことになる。それは彼らが道徳的に向き合うべき他者ではないものとして扱うことと同義である。[20]

ひょっとすると、そもそも悪いのは強制と欺瞞なのであって、偶然食事と関連したケースだったに過ぎないと言う人がいるかもしれない。しかし、食べものについて人に強要したり人を欺いたりすることを、少し特殊なケースとして扱うのには理由がある。第一に、食べものについて人を欺くような人は、文化的ギャップを超えてしまう。一方では、何か新しいものを食べさせるのはよく見られる行為で、まるで食べものに関する主張を無視することは許されているとばかりに、「食べてみたら、きっと気に入るよ！」と言う。また、他方で、人が食品の嗜好を知らせているのに、それを無視したとき、その人がもし食物アレルギーだった場合、悲惨な結果をもたらすことがある。現在、人々は食べものについてますます強い嗜好や信念を持つようになっており、これには過度に工業化されたフードシステムへの疑惑や、食品の安全を判断するための科学への不信感が反映されている。食品業界の人々はそのような疑惑を否定しており、食品関係の研究者たちは口を揃えて、それは非合理的な考え方であると言うだろう。しかし、私たちのほとんどは、かつては安全だと考えられていたが、現在はリスクがあると知られている物質を摂取してきたはずだ。例えば、禁止された農薬、プラスチック包装からの残留物、食品の着色料や添加物、家畜に投与された薬などである。私たちは体内組織にはそれらの物質が残留しているのである。私たちは食べた物で決まるが、いつかその報いを受ける時が来るかもしれない。

このような考察を前にしても、私たちが自身を引き続き未知の食事のリスクにさらし続ける可能性を否定することは難しい。私自身は、科学的見地から食品の安全性を研究している毒物や微生物の研究者を信じて喜んで賭けをする気があるが、この賭けに賭けられているのは、私自身の健康状態であることを認める。私は他人がリスクを冒すにせよ冒さないにせよ、そのリスクについて彼ら自身が判断を下す権利を否定しない。もっと広く言えば、現在の科学がある食品の安全性について述べていることが何であれ、人がどのようなリスクなら受け入れることができるかという選択を妨げるような行為は、彼らの尊厳と自律を侮辱する行為である。確かに、湯気のあがるマッシュポテトを前にしてさえもリスクを計算するような面倒を、誰もがしたがるわけではない。公共政策を最前線の科学的コンセンサスのもとで立案することは理にかなっている。しかし、科学的には安全とは言い切れない食品を、リスクを冒す覚悟を持って口にするケースは数多くある。低温殺菌されていない生の牛乳を飲むことがその好例である。

それから、科学的に無視できると判断されているリスクが、ある個人（一部の科学者を含む、と注記が必要である）にとっては大きすぎたり、あるいは不要だったりするケースがある。残留農薬、保存料、着色剤、ＢＰＡ（ビスフェノールＡ）などの梱包材の成分がそれである。そのような場合、なぜ人々は自身の予防措置を講じることを許可されるべきではないのか。このように、食品安全について倫理では、その観点や立場についての要素がある。私は自身の食選択を現代科学の最前線に委ねたいと思っており、そして、私たちの食品安全政策がそれに基づいて立案されていることに満足している。私自身としては、リスクと利益について科学的評価を参考にすることは、「唯一の合理性」であると考えている。その一方で、私の見解が他の人の食選択を左右して良い理由にはならない。他の誰かが伝統や宗教のほうが信頼できるアドバイザーであると考えるならば、私の科学に基づいた見解を無理強いすることは、倫理的に問題がある。したがって、私にとって「唯一の合理性」と思われる見解が、誰もが持つべき唯一の合理的な見解であるという主張には反対である。食品安全のリスクの問題において、科学的合理性を道徳的合理性と同等に扱うことには正当な根拠がなく、非倫理的である可能性すらある。

農業科学に携わる同僚から聞いたエピソードが、その点を端的に表している。彼はダコタの農場で育ち、先祖代々続けられてきた様に、飼育している牛の牛乳で育てられた。あるとき、町育ちの司祭が彼らの農場に来て、家族と一緒に数週間過ごすことになった。すると、納屋からふたのない鍋に入れられた牛乳が食卓に運ばれてくるのを見て震え上がった司祭は、牛乳が然るべき形で、つまり牛乳パックから食卓に出されるように、農夫（私の同僚の父親）に、二〇マイルほど離れた最寄りの市場まで買いに行くよう強く頼んだ。農夫は賢い人だったので、抗議せずに、牛乳を買いに行った。そして、牛乳パックが空になると、彼は牛から搾った新鮮な牛乳を鍋に入れてキッチンまで運び、私の同僚の母親が空になった牛乳パックに注いで冷蔵庫にしまった。司祭は訪問の間中、毎日その牛乳の素晴らしい風味についてあれこれ述べながら、その牛乳を飲み続けた。司祭はだまされていることに気付く様子もなく、また、司祭が体調を崩した様子はなかった。

私はこの話を聞いて、多くの田舎の人々がそうしてきたように、笑いそうになってしまった。おかしな考えの間抜けな司祭が、賢い農夫にまんまと出し抜かれたのだ。しかし、この罪のない嘘が司祭の思いを無視したことは明白で、その意味において、少なくとも農夫の司祭に対する扱いは、敬意を表するもてなしとして倫理規範の筋を通したものとはとても言えない。ここにも、判断に迷う問題が山積みである。この章で概説してきた哲学は、私たちの公共政策は個人の多種多様な食事のルールを認めるべきであることを示唆している。しかし、有毒な残留農薬が混入したコーンフレークをシリアルボウル一杯食べたいという、頭のおかしな人がいたらどうだろう。多くの食品研究者は、このような事例は、実は私たちが思うほど珍しいものではないと言う。オーガニックや火を通さない食品は、よほど慎重に管理を行わなければ、工業化された食品よりもはるかに大量の危険な雑菌を含む可能性がある。実際、先の農夫は自宅で生乳を提供することで何か法律を破ったわけではないが、低温殺菌されていない牛乳をふるまうことは食品安全の専門家から見れば大変危険な行為であり、多くの公共空間でそれを販売したり提供したりすることは不法行為にあたる。こういった政策に関する疑問の詳細を見ることで、食農倫理学へのより繊細なもう一つの道が拓かれる。もっと一般的な話として、リスクの話であれば、私たちは何を食べないように選択するかということが問題となり、そこから倫理的な用語で食事の問題を取り扱う余地が生まれるように思われる。

食農倫理学と文化的アイデンティティ

食べものが私たちの身体に取り込まれるという事実のみならず、食べものは儀式的活動や、象徴的活動と関わるものであるために、何を食べるかという選択は他の多くの消費の嗜好よりも重要度が増す。アンソニー・ギデンズ（Anthony Giddens）は、消費活動とは「個々人のアイデンティティを織りなす物語《ナラティブ》[*1]に物質的な形を与える」ことであると提起している[21]。ある物語《ナラティブ》を自分自身に言い聞かせ、それを物質的な実践を通じて実現することは、より意義深い人生を生み出す。物語《ナラティブ》は、ジョン・スチュアート・ミルの信奉者が見落としがちな数多くの機能を果たしている。私たちの日々の実践に生命を吹きこむ物語《ナラティブ》や神話は、記憶と経験を共有する土台となる。コミュニティの住人は（あるいは、ただ近所に住むだけという人でさえも）、お互いにうまく付き合う方法を身に付ける際に、この経験の積み重ねを利用する。私たちが食べものについて語る物語《ナラティブ》は、私たちの物質的な生活、つまり、普段は意識されないが、実際には私たちの時間のかなりの部分を占めている日常的な事柄について、より強い自覚を促す。これらの物語《ナラティブ》を通じて、私たちは自分が食べる物について話す。その会話によって、私たちは家族や個人の多様な生き方の間にある類似点や相違点を探ることができるようになる。そして、食べものは、私たちの道徳的想像力を豊かにするメタファーを与えてくれる。食べものを準備して共同で楽しむという儀式（例：調理し、盛り付け、食べる）は、象徴的な形、つまり物語《ナラティブ》とメタファーを現実のものにする。この象徴的な投影と物質的なパフォーマンスとの間のギブ・アンド・テイクは、もっとも広くて深い意味で、倫理とは何を意味するのかを具体化している。

「あなたは食べる物で決まる」という格言を称揚する物語《ナラティブ》は、食物摂取を、私たちが日々の活動において実現することを望み、期待する「遂行的な意図」、あるいは規範と価値の特に重要な物質的実践例として位置づけるのかもしれない。これまでの議論はいずれも、私たちの食習慣を通して他者を尊重し、他者の食習慣を尊重することの必要性を支持するものである。それではこの物語《ナラティブ》は私たち自身の食生活を、文化的アイデンティティを実現する象徴的なパフォーマンスとして、倫理的に内省する基礎を提供しうるだろうか。私は拙著『アグラリアンの洞察』（*The Agrarian Vision*）の中でこの疑問に取り組むために、アルバート・ボルグマン（Albert Borgmann）の「食卓の文化」に関する研究を参照した。ボルグマンにとって、食料を生産し、準備し、消費するという一連の営みは、共同体の活動や共有された意味を生み出すことができる「焦点となる実践」（focal practice）[*2]である。ボルグマンは、現代の生活は、商品への迅速で効率的なアクセスによってますます特徴づけられるようになってきたが、その想定外の結果として、私たちの生活は意味のないものになってしまったという現状認識のもとで、考察を行っている。

ボルグマンの基本的な考え方はこうだ。昔むかし（実際にはそれほど昔ではない）、私たちの日常生活は、暖炉にくべるための薪を割る、火を焚いて料理をする、庭で野菜を育てる、隣人が納屋を建てるのを手伝う、その隣人とおしゃべりをして町の最新のニュースを聞くといった、面倒な仕事に没頭する日々だった。産業技術がこれらのすべての仕事の肉体的負担を軽減し、その結果として、もっと他のことに時間を費やせるようになったことはありがたいことだ。しかし、燃料、住居、食料、情報などが時間をかけずに迅速に手元に届くようになったことで、このような手間暇には、気付かれなかった副次的なメリットがあったことがわかってきた。体力の消耗が激しい仕事は、充実感や仲間意識をもたらした。仕事の終わりに人々は達成感を得て、しかも肉体的にも健康でいられたのかもしれない。その上仕事は人々を結びつけた。それは、文字通りグループで行われることもあったが、そうでないときでも、相互の依存関係や交流を人々に認識させるような相補性が日常的な作業にはあった。ボルグマンは、古いやり方に戻ることを提案しているわけではないが、私たちは互いに関わり合い、人生を豊かにする新しい時間の過ごし方を見つける必要があると主張する。彼はこれらを「焦点となる実践」と呼んでいる。なぜなら、それにより、私たちの生活が中心にあるという感覚が得られるからである。私たちがそれらに没頭すれば、間接的に、あるいは予期しなかった意味と交流が生まれる。[22]

しかし、食料の生産、調理、消費は私たちにとって確かに象徴的《シンボリック》な交流の重要な礎になりうるが、ボルグマンは、それを実現する多くの焦点となる実践のうちのほんの一例として、食卓の文化に言及している。法律や政策、技術的実践はそれぞれに、既存の焦点となる実践の妨げとなる可能性があることを認識することが重要であると言う。ボルグマンが主張する（そして私も同意する）のは、焦点となる実践を実行できる場を守ることが、現代文化における倫理にとって、きわめて重要かつ過小評価されているテーマだということである。今見てきた主張は、遂行的なアイデンティティの構築を、そうすることで他者がまったく同じことをすることを妨げない限界まで行う権利があることを、確かに認識する根拠となる。これこそ、ミルが成し遂げたかったことである。私たちは、私たちの焦点となる実践が他者に与えるかもしれない影響に配慮しながら、これらの実践に取り組むべきである。食べものの物語《ナラティブ》を語る権利があると感じることも、それを実行することも、そうすることが他者の権利を侵さない限り、問題はない。しかし、人々（私たち自身だけでなく他の人たちも）が、文化的アイデンティティを構築しながら、遂行的な食農倫理学を培うことを倫理的に義務づけられているかどうかは、疑問である。

そして、「いや、あなたは食べる物では決まらない」というのが私の答えである。私は、今日のグローバルなフードシステムが、私たちの食選択を、倫理的な熟考や議論に値する他者への影響にどのように結びつけるかについて研究してきた。私たちは、私たちの食卓から遠く離れたところで搾取を引き起こしている社会関係の中に組み込まれている。食料安全保障の倫理については、以降の章のいくつかで、より焦点を絞った考察をする。食選択が環境に与える影響は、人間以外の他者、あるいはまだ生まれぬ世代のどちらかへの危害と解釈することができる（環境・食農倫理学は第6章のテーマである）。最後に、リスク論の複雑な論理は、敬意《リスペクト》、あるいはもてなし《ホスピタリティ》の規範が、私たちとはまったく異なる見解を受け入れざるを得ない状況に、私たちを導くかもしれない。食品の遺伝子組み換えをめぐる議論におけるリスクの問題については、第8章で広範な実例を提供する。しかし、食農倫理学におけるこれらのトピックにおいて、私たちは、まさに穏健さと節度に対する古くからの関心に示唆されるように、道徳的性格や文化的アイデンティティの深部の構成要素として飲食論をみなす必要はない。

食農倫理学と自由主義社会

健康リスクの話はさておき、市場は通常、他人の権利に影響を与える可能性が高い物質的な実践を仲介する。私たちが注目しなければならないのは、文字通りの意味で「食べる物」ではなく、「買う物」である。これは、「あなたは食べる物で決まる」という言葉を、倫理的な主張として理解する感覚が正しいとする根拠となる。たとえば、私がフェアトレードのコーヒーと平飼いの鶏の卵で作られたお菓子を賞味しているとする。[23] 一人の批評家が私に声をかけ、コーヒー農園のオーナーが農場の労働者をいかに虐げているか話し始める。それから、ケージに入れられた鶏の苦しみについてひとしきり話し、「結局、あなたは食べる物で決まるんだ!」と決め台詞で締めくくる。そこで、私は「あなたは誤解している。私が食べる物で決まるのであれば、私は虐げている者ではなく、むしろ支援している者だ」と分かりやすく切り返す。私がこのように主張できるのは、私がフェアトレードのコーヒーを飲んだり平飼いの鶏の卵を食べたりしているからではなく、社会的公正と動物の公正を支援するために、これらの商品に相応の対価を支払ったからである。冷静に考えれば、ベジタリアンがお皿に盛られた肉を拒否することは、わが国の子どもがブロッコリーを食べることにより中国で飢えている人々のためになることと同じくらいには、肉となった動物にとって有益であることが疑わしい。食事が他者に与える影響は、市場構造によって完璧に仲介される。購入が完了すれば、道徳的影響も完了したということになる。[24] その後の食べるという行為が、道徳的意味に及ぼす影響はない。

　さて、私たちが購入する（あるいは、私たちのために購入される）食品と、私たちが最終的に食べることになる食品との間には、明らかに密接な関係がある。したがって、食農倫理学を、飲食のルールの観点から表現することはまったく合理的である。にもかかわらず、いったん市場のチャンネルを通じて私たちの意図を伝えてしまえば、少なくとも私たちの行動が他者にどのような影響を与えうるかという懸念はほとんど解消されてしまう。それならば、もしも経済的な取り決めを、物質的行為をより公正で持続可能であるように設計し直した場合、食べてはいけないものは、途端にすべて食べなければいけないものになってしまう。例えば、倫理的なベジタリアン[*3]は、人道的な条件下で生産された動物性製品に進んでお金を払うことによって「買ったものを食べないにせよ」、動物の福祉を向上させることができるかもしれない。そして、第5章で見るように、このような選択は、屠殺よりも苦しみを倫理的問題として捉えるベジタリアンに限った話ではない。

　ひどく不快であったり、危険だと推測される食べものの場合はどうだろうか？　それらを避けることは、倫理的に重要なアイデンティティ構築の一つの形態なのだろうか？　くり返しになるが、誰もが、政党や宗教的信仰に属する権利を持つのと同様に、嗜好やリスクに関する信念に従って食生活をコントロールする権利を持つ。しかし、特定の宗教的信仰に属する義務がないのと同じように、特定の食事のルールを受け入れなければならない道徳的義務はない。（食べものまたは信仰に関して）世俗的であり続けることを選んだ人々は、ギデンズが意味するところの大まかな倫理的物語《ナラティブ》を実行しているかもしれないが、自分たちがそうする理由について、熟慮・内省して哲学的に精査した（またはするべきである）ことを意味するものではない。低温殺菌処理されていない牛乳を飲むことや、オーガニック食品を食べることなど、特定の食習慣をいったん確立すると、この特定の方法で栄養を摂取するときに、社会的アイデンティティを遂行していると感じるかもしれない。彼らはこれを、倫理的遂行、つまり、道徳的に義務づけられている（しかし、これもまた、義務ではないかもしれない）ものとして経験するかもしれない。確かに、この倫理的に重要であるという感覚は、残留農薬の摂取を避けるためにオーガニックのアボカドを食べるときのように、リスクがあると考えられている食べものを避けることと結びついているかもしれない。子供たちにオーガニックのアボカドを与える親の場合、倫理的に重要だという感覚をさらに強く感じているだろう。それでは、彼らが、人々が何を食べるべきかについての自身の信条を布教することは正当化されるのだろうか？　これについては、いかなる種類の布教活動も言論の自由によって保護されるだろうと（またしても）思われるが、ここでの重要な問題は、推定上のリスクが事実によって裏付けられるかどうかにかかっている。

　何が問題になっているのかを明確にするために、他の哲学用語を使ってみよう。ジョン・ロールズ（John Rawls）は、正義《ジャスティス》と善《グッド》[*4]を区別する。正義《ジャスティス》の問題とは、私たちが何らかの形の組織化された合意にたどり着かなければならないということであり、それは、個人が異なる人生計画を自由に追求できるように、自由主義社会では複数存在して然るべきとされる善《グッド》の観念とは異なる。人々の善い人生についての観念の多様性を容認することは、ロールズにとって、政治的自由主義の中心的テーマである。ユルゲン・ハーバーマスは、誰もがそれに則って生きなければならない普遍的な原則を確立することを目的とした道徳的言説と、文化的アイデンティティの共通の原則を確立するためにコミュニティが請け負う倫理的言説との、ヘーゲル的な区別を修正している。[25]ハーバーマスのこの言葉の使い方に関連して、フェミニストの中には、利他的な規範の成立と実行について話したいときに政治という用語を使用し、私たちにはそれに関与する特別な倫理的義務はないと私が先に述べた種類のアイデンティティ構築の言説のために、特別に倫理という言葉を使う者もいる。[26]

これらの哲学用語は、明らかに異なる意味で使用されている。意味が一貫していない言葉をうまく使いこなさなければならないという課題は、食農倫理学に関心を持つすべての人を混乱させる。とはいえ、ひとまず用語の曖昧さを克服したとして、食農倫理学の分野でリスクについて語るときに注意すべき主要な点は、自由主義は諸刃の剣だということである。一方で、自由主義社会において、少なくとも自分自身にしか影響を及ぼさない限り、人々は科学を受け入れるのも拒否するのも自由である。他方で、レストランの店主は、厨房を、独自路線の衛生観念のもとで管理することは許されていない。それは、そのような実践はまさに他者に害を及ぼしうるからである。食品の領域では、科学は公衆衛生と全住民の健康のための文化的基準の根幹に関わるものであるため、食べものに関する道徳を超えた信条に即して、文化的に拒絶されるものではない。そして、公衆衛生は自由主義国家において、正義《ジャスティス》の問題である。別の言い方をすれば、自由主義社会の人々は、たとえそれが科学を拒絶することを意味するとしても、食選択を通して自身の文化的アイデンティティを追求する権利を持っているが、それを他者に押し付ける権利はない。

この点において、食農倫理学は社会的権力と、知識の学問領域、すなわち自然科学と社会科学のさまざまな分野で、制度化され儀式的に行われている真実の実践との関連性に関する、ミシェル・フーコーの力強い分析に直面する。フーコーは、社会学や心理学などの知識分野は、政治的主体の身体を襲った暴力を抑制し、理論的に説明する必要性が認識されたことに応じて生まれたものであると指摘した。彼は、特定の性行為を規範化するためにどのように規律が生じたのかを明らかにすることを強く意識していた一方で、食べものと飲みものに関して、権力が身体にも適用されたことを指摘することを忘れなかった。ある種の無法な過剰さは、食人の風習、つまり礼節にまったく従わない非人道的な行為やその非難に現れた。礼節に反抗して、他の人にも食人行為を強制する者さえいた。そのような行為は、誰と性交を楽しむのかと同じくらい、何を食べるのかによって人間性が定義される社会秩序を根底からゆるがすものだった[27]。

本書で明らかにしていくことだが、食習慣によって自分が誰であるかを定義づける方法は数多くあり、そのために食人族のような極端な事例を持ち出す必要はない。犬や猫、霊長類は、現在、世界各地で食べられているが、牛や豚を食べることについて疑問を持たない人たちでも、犬の肉を食べることについては、言葉で言い表せないほどの嫌悪感を感じることがある。また、何の変哲もない食品をあり得ない組み合わせで差し出すことによって、文化的感性にショックを与え、友情を台無しにすることもできる。誰かのチョコレートサンデーの上にサラダのクルトンをふりかけてみると、私の言っていることがわかるだろう。このように、食べ方についての文化は、明らかに身体的危害を及ぼす可能性よりはるかに大きな規範的意義を得ている。私は、宗教的・文化的な食生活の規範を遵守するタイプの人が、どのような行為を危害の一形態と解釈するかを分類してみたいと強く思っている。もし誰かが、コミュニティのピクニックでローストした犬や猫をみんなで食べようと差し出した場合、それがどんなコミュニティであるかがとても重要になる。事実上全ての西洋社会では、そのような料理を食べさせられそうになったら、危害を加えられたと主張することができるだろう。これは、食事のアイデンティティ形成の実践を、道徳的な領域により引き込むための対話があることを意味している。

自由主義が食農倫理学にもたらす課題

このような対話は、すでに進行中である。たとえば、カーリ・ノーガード（Kari Norgaard）、ロン・リード（Ron Reed）、そしてキャロライナ・ヴァン・ホルン（Carolina Van Horn）は、カリフォルニアのカラク族（karak tribe）の追放と不当な扱いの歴史について説明している。カラク族が条約と歴史的占有によって権利を与えられた土地は、一世紀以上前に合衆国森林局（ＵＳＦＳ）の管理下に置かれた。今日、ＵＳＦＳの政策が狩猟と漁獲に制限をかけているため、部族は祖先の代から食べてきた肉や魚の料理を食べることができない。その代わり、彼らは店に行き、食料を購入する必要がある。その結果、部族の一部の人は、栄養不足や食料不安に苦しんでいると訴えている。ノーガードとリード、ヴァン・ホルンは、部族の一員であるデイビッド・アトウッド（David Atwood）の「私たちの生き方は奪われてしまった。私たちは〝かつて〟収穫できた食料を収穫することができない。私たちはそういった食料を収穫する能力と、そして先祖がしてきたように土地を管理する能力をほとんど失ってしまった」という言葉を引用している。[28]

この事例は、食農倫理学にどのような示唆を与えるのだろうか。まず、部族から土地を奪い、部族の住民を留保地に拘束するという歴史的な行為は、間違いなく倫理的問題と認められる。ノーガード、リード、ヴァン・ホルンの批判に反対したい者でさえも、それを正当化するためには議論の必要があることを覚悟しなければならない。同様に、貧困、資源へのアクセスの不平等、または狩猟と漁獲を規制する法律の差別的執行について何をなすべきかという問題は、倫理的問題である。いずれの場合も、個人が他者、政府、または社会構造に組み込まれた分配の不平等によって、被害を受けたという主張である。これらは、ある意味で自由主義社会が取り組むよう定められた問題である。倫理に対する自由主義的なアプローチで、構造的または制度的な人種差別が行われ、法律や政策、慣習的規範が人種的な不平等を絶えず生み出している問題に対処することは、それほど容易ではない。しかし、ここでもまた、構造的な人種差別の「他者を考慮する《アザー・リガーディング》」本質――特権的なグループによって行われる慣習が他者にどのように影響を与えるか――に議論の余地はない。

しかし、ノーガード、リード、ヴァン・ホルンはまた、伝統的なカラク族の食事は、平均して年間約四五〇ポンドの鮭を消費するとも記している。現在の、平均的なカラク族は年間五ポンドほどの魚を食べている。今日のカラク族は、この食習慣を復活させるという観点から、文化的アイデンティティの遂行を理解するべきだろうか。そして、もし、彼らがこの遠い過去の歴史的規範に照らして現代のアイデンティティを解釈するならば、修復的司法（第2章で考察する）は、彼らが社会の他の人々に課税できるという主張に根拠を与えるだろうか。私たち、カラク族以外の人間は、カラク族が望むだけの量の鮭を食べることができるようにしなければならないのだろうか。いくつかの点で、これはノーガード、リード、ヴァン・ホルンが栄養に関して社会的公正性の話と結びつけたものであるように思われる。遂行的な飲食論の倫理をこのように解釈すると、ただちに一つの問題が発生する。それは、先祖の食習慣を現代の文化的アイデンティティの規範として選択する権利が、誰かにあるだろうか、という疑問である。ジョン・スチュアート・ミルやジョン・ロールズがそのような質問に対して答えたかもしれない古典的な回答は、その人が望む善い人生がどんな構想のものであっても誰にでもそれを目指す権利があるが、強い願望は他の誰に対しても強制力のある主張をする根拠とはならない、というものである。確かに、ノーガード、リード、ヴァン・ホルンによって引用された過去の不公正は、カラク族の事件を、誰かが先祖代々の食生活を純粋に自分の意志で行おうとすることとは区別している。にもかかわらず、この事例は、食べものに基づく文化的アイデンティティの主張における問題が、どのように不快なものになる可能性があるかを実証している。

かくして、私は次のような課題を据える。すべてではないにしても、多くの社会はアイデンティティの構成要素として食習慣を讃えてきたが、一方で、多様性と寛容の実践を取り入れたものは比較的少数である。宗教的寛容、文化の多様性、そして個人の自由を強調する物語《ナラティブ》は、食べものの嗜好よりもはるかに西洋文化の自己理解の中心となってきた。西洋文化の過剰を抑制するためにやるべきことは、人種やジェンダー、民族的アイデンティティのこととなると数多くあるが、多様性と寛容を忘れて良い理由にはならない。フォルカット・ビークマン（Volkert Beekman）によって提起された一連の主張を応用して、私たちは飲食論が私たち自身と他の人々にとっての意味とアイデンティティの重要な根源となることを示していると認識するべきだが、それで、何か特定の食習慣一式を拘束力のある社会規範として正当化できると考えてはならない。ビークマンは、政府は飲食論の唱導の後ろ盾になるべきではないと主張している[29]。飲食のルールは、それらが意味づけやアイデンティティの構築という焦点となる実践に従事する権利に関係し、他者に対して社会的に媒介される効果を持つときに、道徳的な内容を持つ。私たちは焦点となる実践への熱意が、他の人々にとっては抑圧的にはたらくものにならないよう気をつけなければならない。

結論

要約すると、確かに食農倫理学が復興できる場があり、哲学者が食料の生産と消費について考察する機会はより頻繁に見出されるだろう。しかし、これは、自己規律の実践と食習慣が、道徳的な人格と個人的美徳の現れであると見なされた前時代への回帰ではない。少なくとも三つの領域から、フードシステムの組織化による新しい道徳的問題が私たちに提示されている。第一に、工業化と脱工業化社会の出現は、世界的な食料の生産と消費に影響を与える緊密な社会的因果関係のネットワークを作り出した。食農倫理学はまず、社会的公正の要素として拡大し続けるだろう。第二に、環境問題との関わりである。私たちが環境への影響の道徳的意味と、それを明らかにする科学的根拠の両方について議論し続けるならば、倫理的な菜食主義《ベジタリアニズム》の主張を拒否する人々にとってすら、食農倫理学の必要性は明確だろう。最後に、健康と身体の完全性にとってだけでなく、伝統や慣習、そして社会的連帯の形態にもリスクが存在するという点である。

私は、食農倫理学の主な焦点は、私たちの社会制度、市場構造、公共政策が他者に影響を与える結果に、私たちを巻き込ませる方法にあるべきだと提唱した。あるときには、私たちは他人や人間以外の動物の虐待を許す食品を購入することで、他者に影響を与えている。またあるときには、私たちが選択しなかった食べもののリスクを他の人たちが負っている。私たちが実際に食べている物についての文字通りの懸念は、良識的、美的、文化的、あるいはおそらく宗教的な懸念と考えることができる。そのような懸念をうまく切り抜ける際には哲学的な考察が求められるだろうが、私はこれらの領域と倫理の間に、一線を――かすかで途切れた線ではあるが、確かに――引いている。それにもかかわらず、以降の各章では、私たちの無数の食習慣が他者に与える影響とともに意味と文化的意義の問題が浮上する。このことは、倫理的領域と美的領域と文化的領域とを分ける線を引くことが、まさに倫理学に相応しい仕事であることを、端的に示している。このことは、食農倫理学が哲学的に争われうる探究の領域であることの証明でもある。

2　食農倫理学と社会的不公正

私がこれまでに出会ってきた食に関わる活動家の多くは、農業と食料生産が環境に及ぼす影響に着目していた。しかし、先進工業国でもっとも虐待され搾取されているのは、産業化が進んだフードシステムの労働者だという事実は意外と知られていない。また、フードシステムの改革を目指す社会運動との関わりが薄い活動家は、「食農倫理学」という言葉から、コミュニティの食品庫《パントリー》や炊き出し、貧困者やホームレスの支援活動をイメージしがちだ。第4章や第7章では、グローバルな開発というレンズを通して飢餓と食料安全保障の問題について検討する。このように日々の生活との関わりの深い社会的公正は、多くの人々を食農倫理学と結びつける大事な問題であり、若い人々がフードシステムの問題に興味を持つ動機となる。食品関連の議論においては、貧困の分析、あるいは人種やジェンダーによる抑圧の分析の上に構築された政治的・哲学的倫理が有効だ。平等《イクアリティ》を巡る歴史と、現代まで続く不平等との関係を研究する哲学的なテーマは、食農倫理学について述べるときに無視することはできない。

フードシステムにおける不公正

CBSテレビネットワークは、一九六〇年の感謝祭の週末に移民の農場労働者に関するドキュメンタリーを放送した。この『恥ずべき収穫』(Harvest of Shame)という番組は、エドワード・P・モーガン(Edward P. Morgan)とデビッド・ロウ(David Lowe)のレポートを元に作成され、著名なジャーナリストのエドワード・R・マロウ(Edward R. Murrow)がナレーターを務めた。このドキュメンタリーは、合衆国の農場で果物や野菜を収穫する労働者の劣悪な生活環境と粗末な待遇を記録したものである。白人と黒人、ヒスパニック系の移住者たちへのインタビューは、労働者が水やトイレなどの基本的な生活必需品にアクセスできないことや、農場主による恣意的な給料の未払いに対して弱い立場であること、そして子どもたちまで大人と一緒に働かされたり、移住者が次の収穫地へと移動するときに転校を強いられたりしているという窮状を知らしめた。また、移住労働者は低い賃金率で搾取されるという構造的な不公正にも苦しんでいた。人の心がないような農場経営者——そのうちの一人は移住者を「世界一幸せな人々」と形容した——へのインタビューに、視聴者は一様にショックを受けた。

『恥ずべき収穫』は、一九五〇年代における前例のない経済成長と繁栄を享受していたアメリカ市民の目を、農場労働者の不当な扱いに向けさせた。逃げ場のない貧困に囚われている人々を犠牲にして成り立っている、祝日を楽しむ丸々と肥えた視聴者という痛烈な皮肉は、絶大な効果をもたらした。実際のところ、農場労働者の労働条件と貧困は、産業労働者階級の一員には、想像さえつかないものだった。

結果、『恥ずべき収穫』の放映は、政治改革に向かう一連の努力につながった。しかし、野外労働者は最低限の設備に関する法的権利（簡易トイレへのアクセスなど）を獲得した一方で、社会進出の階段の最下段から上がることができなかった。農場労働者は一九六〇年代の間ずっと、暖房設備や水道のないことが多い基準以下の住宅に住み、農場の雇用主は連邦の最低賃金要件を免除されていた。『恥ずべき収穫』の放映から一〇年が経ちようやく、カリフォルニアの農場労働者を組織化しようというセサール・チャベス（Cesar Chavez）の奮闘によって、再び新聞の見出しを飾ることになったのである。

マロウの報道とチャベスの積極的な活動から半世紀の間に、農場労働者の待遇は改善してきたが、依然として搾取は続いている。バリー・エスタブルック（Barry Esterbrook）の二〇一一年の著書『トマトランド』（*Tomatoland*）は、違法で非倫理的な慣行を記録している。フロリダにある果物と野菜を扱う大企業のために業務請負業者よる人身売買が行われ、トマト生産者によって労働改善を企図する地元組織「イモカリー労働者連合」（Coalition of Immokalee Workers）が抑圧されていたのだ。エスタブルックは、移民を合衆国に誘い込んでいる業務請負業者についても報告している。労働者は食事、住居、雇用を約束される代わりに、バスルームやキッチンがなく、窓すらない建物に軟禁される。そして座席やシートベルトはおろか雨風避けもないトラックの荷台に乗せられ、畑に輸送される。加えて、収入は住居費と交通費として差し押さえられている。彼らの多くは合衆国で働くことを法的に承認されておらず、そのことが露見する恐れから、進んで軟禁され、殴打、レイプに耐えざるを得ないように仕向けられている。[1] 在留資格の話を抜きにしても、労働者が受けている待遇は非道で、道徳的な憤りを感じる。エスタブルックが書いている罠や軟禁は違法であり、環境は人並みの生活の水準を逸脱している。たとえ業務請負業者が生産者と食品業界と交わした取り決めによって法的過失から保護されていたとしても、このような慣行に目を背け続けることが、基本的な倫理の欠如を暴露している。マロウやエスタブルックのスクープは、必然的にさらなる倫理的な疑問を提起する。その疑問とは、これらの道徳的に腐敗した慣行、すなわちフードシステムの宿痾とでもいうべき慣行の恩恵を享受している私たちは、はたして自分に落ち度はないと口を拭っていられるのだろうか、というものである。

依然として労働条件が労働基準を下回っている農場よりも、さらにひどい状況が食品業界ではみられる。食品業界で雇用されている人々は、貧困レベルか貧困レベルをわずかに上回るだけの収入で生活しており、しかも、その状況は悪化している。家畜の解体から、加工・卸売までを行う精肉業者は、かつて強力な労働組合を持ち、製造業や自動車産業における高給取りの熟練労働者に匹敵する生活水準を享受していた。しかし、この三〇年の間にこれらの労働組合の権力は失われてしまった。電動のノコギリやナイフの導入によって、食肉卸売業者が熟練していない労働者でも採用できるようになったためだ。食肉処理場や加工工場の労働者は、フロリダのトマトを採取する労働者より待遇がましとはいえ、最低賃金を少し上回るだけの、入れ替わりの激しい職場で働いている。仕事は危険で、労働者の多くは反復運動症候群に苦しんでいる。もし窮状を訴えれば、解雇される可能性が高い[2]。小売業界の食品関連企業は、福利厚生などの支払いを避けるためにパートタイム従業員を広く活用している。レストランやフードサービス施設の賃金も、連邦や州の最低水準あたりに留まっていることが多い。ヨーロッパにおける労働者の状況は比較的安定しているが、合衆国では、ホールやキッチンのスタッフの収入は、不安定なチップに依存している。顧客はその状況に乗じて、ただでさえ不安定な低収入に喘ぐ従業員に追い打ちをかける。

もっとも重要なのは、既存の法律が適用されないことによって、農場や食品関連企業の従業員が、激しい虐待に対して弱い立場にあることだ。エスタブルックの移住者に関するレポートは、法律が適用されないひどい状況の一例に過ぎない。レストランや食品関連企業もまた、日常的に労働法違反で取り締まられている。二〇〇九年の報告によると、合衆国の食料品店の約二三％とレストランの一八％が、労働法または雇用法に違反している。[3]

こうした状況は合衆国に限ったことではない。小作労働者は世界中の先進国と発展途上国の両方に存在する。ロサンゼルスタイムズ紙は二〇一四年、輸出市場向けにトマト栽培を行うメキシコの畑で起きているさらにひどい労働者の酷使についての記事を掲載した。非工業化諸国では、農場労働者は年間平均収入が一日一ユーロ未満という、世界銀行が極度の貧困と定義する条件の下で生活しており、貧困中の貧困の中にいる。彼らは手作業による除草や収穫など忙しい季節に作業を行い、農家が労働力を必要としないときは、仕事がない状態が長期間続く。その農家も、収入面では彼らよりわずかに恵まれているだけだ。貧しい農家は不安定な市場に対して脆弱で、市場価格が最も安いときに自分たちの農作物を売らなくてはならない立場にあることが多い。その結果、農家も農場労働者も、価格が高くなる季節外れの時期に食べものを買う必要が出てくる。ラジ・パテル（Raj Patel）の著書『肥満と飢餓』（*Stuffed and Starved*）は、ヨーロッパだけでなく、インドや太平洋アジアなどの急速に発展している地域での暴力と搾取の状況を報告している。この本のタイトルは、農場労働者や食品関連の労働者が栄養失調や貧困に苦しんでいる一方で、産業界の裕福な人々が糖尿病や心臓病、その他の過剰摂取による病気でますます苦しんでいるという、非常に皮肉な世界の現実を思い起こさせる。[4]

哲学的問題としての不公正

このように、裕福な中流階級や労働者階級の市民の食卓に食べものを届ける仕事をしながら搾取されている人間の窮状は、食農倫理の根本的な問題である。ある見方からは、この状況の不公正さは誰にとっても明らかである。マロウのドキュメンタリーの視聴者のように、エスタブルックの『トマトランド』やパテルの『肥満と飢餓』の読者が、食の正義の中核的な道徳的意義を理解できないはずがない。それでも、一般の人々にこれらの問題を知ってもらうための努力が、『恥ずべき収穫』のように大勢の観衆にうまく届くことは、（たとえあったとしても）ほとんどなかった。食料の生産・流通・消費に関連して発生する倫理的問題の分析と考察に向けた努力が持続されるためには、認知向上を目指した摘発が今後も必要となるだろう。それには、ジャーナリストが事実に即しながらも、道徳的な憤りを喚起し行動に導くように報道する必要がある。幸いなことに、無頓着な市民の意識を高める努力をしている著作家が今はたくさんいる。その例として、エスタブルックとパテルに加えて、ロバート・ゴットリーブ（Robert Gottlieb）とアヌパーマ・ジョシ（Anupama Joshi）の『食の正義』（*Food Justice*）、オーレン・ヘスターマン（Oren Hesterman）の『フェアフード』（*Fair Food*）、フランシス・ムア・ラッペ（Frances Moore Lappé）とアンナ・ブライス・ラッペ（Anna Blythe Lappé）による『希望の淵』（*Hope's Edge*）が挙げられる。これら三冊の書籍はすべて、ソーシャルメディアを活用し、読者に絶えず情報を提供し行動を呼びかける組織的なキャンペーンを行っている。

　本書は、これらの作家や社会活動家による仕事を真似したり、張り合ったりするつもりはない。倫理の本質や正義論、食に関わる哲学についての多くの分析や熟考に頼らずに、これらの問題に向き合って良い仕事をすることは可能である。しかし残念ながら、逆効果となったり、持続的な影響を与えられるとは思えない努力にエネルギーを費やしたりすることもありうる。明白な不公正に対する行動主義は、たちまち改革の進展を遅らせる怠惰と偏見に遭遇する。『恥ずべき収穫』が、黒人とヒスパニック系の労働者だけでなく、白人の出稼ぎ労働者に関する一コマも含めたのにはある意図があった。マロウとCBSニュースの共同研究者は、ジョン・スタインベック（John Steinbeck）によって展開されていた白人視聴者の同情を得る戦略を模倣したのである。スタインベックは一九三六年、サンフランシスコ・ニュースに一連の記事を書くために、大恐慌時代のカリフォルニアのキャンプで出稼ぎ労働者を追跡した。彼のレポートは、後に『怒りの葡萄』（*Grapes of wrash*）というタイトルで小説化された。スタインベックは、白人移住者に焦点を当てることで、黒人やヒスパニック系、アジア系の少数民族が日常的に経験している残虐行為に無反応な読者を、人種差別的意識の枠を越えて魅きつけることが望まれた。[5] 哲学が役立つのは、不公正の摘発に対する最初の感情的な怒りを越えた後の、次のステップにおいてかもしれない。

　しかし、フードシステムにおける不公正に立ち向かうジャーナリズムと活動の歴史を考えると、そもそも本当に哲学的問題があるのかどうか疑問に思うかもしれない。非道な行為が摘発されたとき、反論が起こることはめったにない。まるで人には、不公正を不公正と認識する生来の能力が備わっているかのようだ。それが不公正であると指摘するのに、哲学者は必要ない。フードシステムにおける不公正について哲学的分析をすることは、単に無意味なのだろうか。実際、誰もがすでに知っている問題について、さらに明らかにするために哲学者が言えることは何もない。もしかしたら、人々が不正行為を目にしたときに、その不正を糾すために行動を起こそうとする動機付けについては、何かを語ることができるかもしれない。その動機付けが、フードシステムにおける不正を糾す場合において、他の状況とは何かが特別に違う、ということはありそうもない。農場や食肉処理場、食品流通、小売の食料品店やレストランでの不公平や虐待に対して、人々が不正を糾そうとする動機付けを持っていないかというと、そうでもない。そう考えると、フードシステムにおける不公正が哲学的な問題である必然性は全くなく、したがって、哲学者がそれらを改善したり、解決したりする可能性は低いと思われる。

そもそも、これらの問題について哲学者が述べうることは、フードシステムで生じている特定の問題についてはほとんど鑑みずに既存の社会的公正の理論を当てはめている可能性が非常に高い。例えば、ある哲学者は、収入と食料へのアクセスはどちらも基本財《プライマリー・グッズ》であると主張するかもしれない。基本財とはジョン・ロールズによる用語で、秩序だった社会の中で個人がどんな生活計画を実現するのにも必要なものを指す。ロールズの正義論によれば、基本財の分配における不平等は、その不平等がもっとも恵まれないグループに利益をもたらす場合にのみ正当化される。[6] ロールズが「格差原則」と呼んだこの規則が、現在のフードシステムの慣行をなぜ改善することができていないかを示すために、もしかしたら哲学的な考察を必要とするかもしれない。しかし、この概念的な重労働を、ホームレスや長期にわたる失業者、保護監督下の労働といった低賃金労働者に適用するよりも、フードシステムで働く労働者に適用することの方が、哲学的に重要であるという根拠は何もない。基本財に対する権利はすべての労働者にとって必要なのだ。

あるいは、哲学者は公正について自由至上主義者《リバタリアン》（libertarianism）的な見方を導入することもできる。自由至上主義者は、ある社会的・政治的問題が、政府からの何らかの対応を必要とする場合、その問題について公正という言葉を使うことを控える。自由至上主義は、倫理的目的の達成における政府の役割をできるだけ小さくしようという解釈を支持する傾向があるためである。ミルは『自由論』において、政府は他人の行為によって基本的自由が侵害されている人々を保護する正当な機能を持っている。ある種の隷属状態にある農場労働者は、間違いなく保護されるべきだろう。しかし自由至上主義者は、問題は（政府による介入ではなく）、人々がフードシステムで働く労働者やその他の恵まれない人々に対して慈善的な義務を負うかどうかであると結論づける可能性が高い。おそらく、一般市民は、フードシステムで働く給料の低い労働者に自発的にチップを渡したり、腹をすかせた一家を助けるために地元のフードバンクに寄付したりしているはずである。しかし、これらの慈善行為は個人的なものであり、政府によるアクションを必要とする公正の問題ではない。自由至上主義者は公正について考えるとき、国家の行動と公的資金を、フードシステムで生じている道徳的問題に対処するために使用可能であるか、という疑問により明確に焦点を当てるだろう。極端なケース——自分の意志に反して監禁されたトマト労働者——では、返事は当然「イエス」になる。この種の暴力への対処は警察の仕事の範囲であり、犯罪者は裁判所でその罪を追求されるべきである。しかし、自由至上主義者はフードシステムの労働者の賃金を引き上げようという取り組みについては、もう少し批判的に捉えるかもしれない。賃金の引き上げとは、国家権力を使用し、あるポケットから別の人のポケットに、富を再分配することだ。それは自由至上主義者が考える公正の基本原則に違反する。……もちろん、すべての自由至上主義者がこのように考えるわけではない。あくまでも例えばの話だ。重要なのは、自由至上主義者の原理をフードシステムの事例に適用しようと四苦八苦するのは、先ほどのロールズの原理を適用しようとすることに似ているという点である。ここでもまた、対象がフードシステムであるということに特別な意味はない。紡績業や売春で仕事を強制されたり、暴力を受けていることについても同じ判断を下すことができる。もし私たちが一貫した自由至上主義者であれば、フードシステムを特別扱いせず、公的資金をこれら他の経済分野でも同じように使うべきだと言うだろう。

そして、もっと急進的な社会理論、つまりマルクス主義やそれに類する主張であっても、この一般化の問題に変化が見られるかどうかは定かではない。確かに、マルクスを学ぶ学生は、これまで概説してきた不公正にひどく心動かされるだろうし、社会主義者は、自由至上主義者なら拒絶するような国家プログラムを喜んで支持することだろう。しかし、食品の生産と流通の過程で生じている暴力と、雇用や医療、教育へのアクセスで生じている不平等のあいだの違いについて、マルクス主義者がどう考えるかを想像するのは難しいことではない。ロールズより左寄りの理論家は、これらの問題を資本主義全般の徴候であると考える。彼らはすでに、トマト畑や加工工場、食料品店、レストランのオーナーがなぜ労働者を非人道的に扱うかについて、資本蓄積の論理に着目して説明してきた。マルクス自身、賃金率が市場原理によって設定されている場合、なぜ賃金表の最低ランクの人々は、家族を養うに足るだけの収入を期待できないのかを説明した。これは、食品業界（あるいは、どの特定の業界でも）だけの問題ではない。したがって、以上のことから次の見解が導ける。食品業界で生じている搾取や不公正といった問題は、食品という要素について特に言及しなくても、いつ、なぜ、どのように不正が生じるかを説明することが、主流の哲学的アプローチには十分に可能であるだろうということである。そのため、食農倫理学の領域には社会的公正に関して哲学的に興味深いものは何もないと言う人がいるかもしれない。

人種、ジェンダー、民族性《エスニシティ》と不公正

しかし、おそらくまだ見落としている観点がある。たしかに、貧しい白人は今日の食品業界における搾取に苦しんでいる。しかし、現代のフードシステムにおける不公正に関する適切な分析により、人種差別と民族的偏見の遺産が、グローバルなフードシステムを今日の姿にする上で重要な役割を果たしたことがわかる。この歴史は、ヨーロッパの植民地主義にはじまる。植民地は金と天然資源を求めて始まったが、工業国イギリスとフランスで急激に増えた工場で働く労働者を賄うために安価な食料源を求めはじめたことで加速した。[7] もちろん、最初のステップとして、ヨーロッパ人が進む先にいるあらゆる先住民から土地を奪った。第二のステップとして、ヨーロッパ人の利益のためにその土地を利用しはじめた。合衆国全域にわたるアフリカ系黒人の奴隷化は、主に食料や繊維作物を栽培するプランテーションに労働力を提供するためのものだった。アメリカ南北戦争の余波で、奴隷の労働システムは小作制度に置き換えられた。この抑圧的な供給（または供給に対する信用）のシステムにより、年間収穫高のうち不当に安い報酬しか渡されないことも相まって、黒人は抜け出すことのできない貧困状態に陥った。一方、西部の大規模放牧や野菜・果物の生産は、最初はアジア、後には主にメキシコと中央アメリカから来た移民と不法滞在者の労働によって成長した。[8] 現在のフードシステムにおける搾取には、ジェンダーの側面もある。女性は食品産業の低賃金の仕事に偏って雇用されており、アメリカの農場における意思決定者としての女性の役割は、農業改良普及事業や農場サービス会社、銀行によって執拗に否定され、無視され、抑圧さえされてきた。[9] 国際的には女性の就農者数は男性の数倍上回るにもかかわらず、女性が農業金融を男性と同等に利用できることはめったになく、土地保有についても同等な法的保護を受けることができないことがある。[10]

このような食品業界におけるジェンダーを背景とする経済的・社会的不公正や不平等に加えて、社会的に疎外されている集団が食料を得ようとする際の不公正さには、特筆すべきものがある。これはもちろん、世界的な食料安全保障の観点から見てもっとも顕著なテーマであり、本書もまたこの問題に再三にわたって立ち返る。しかし、貧しい人々や人種的・民族的少数派が必要な栄養を摂取できたとしても、新鮮な果物や野菜、あるいは文化的に適切な食べものが入手できない場合がある。彼らは都会の「食の砂漠」*1(food desert)、つまり食品店のない比較的大きな都市部で暮らし、ファストフード店やコンビニで購入した、脂肪分、塩分、糖分の多い加工食品ばかりを摂取している可能性がある。元大統領夫人ミシェル・オバマ(Michelle Obama)は、このような都市経済の発展パターンは、子どもの健康に長年にわたる影響を与えると主張している。彼女はより良い食事とより多くの運動を促進するために「レッツ・ムーブ」プログラムを立ち上げ、都会の貧しい地域の子どもたちに健康的な選択肢を提供していない食品業界に対して厳しい非難も行った。

社会的公正についての主流の考え方では、食に関わる公正を十分に分析することができないかもしれないと疑うには理由がある。社会理論と哲学の過去四〇年間の歴史の中で、フェミニズムと批判的人種理論の出現が見られたが、そのどちらも、社会的公正の伝統の中にあって、西洋文化において支配的であり続ける白人男性の特権に挑戦してきた。本研究における一つの重要なテーマは、環境正義に関するものである。ロバート・ブラード（Robert Bullard）などの社会学者やバンヤン・ブライアント（Bunyan Bryant）などの人口統計学者、およびキリスト連合教会の人種的公正のための委員会（United Church of Christ's Commission for Racial Justice）による一九八〇年代の研究は、環境汚染による毒物曝露と健康への負担を人種的少数派がどのように負っていたかを文書化した。環境における人種差別という考え方は一九九〇年代に論争のテーマになったが、ロバート・フィゲロア（Robert Figueroa）やクリスティン・シュレーダー＝フレチェット（Kristen Shrader-Frechette）などの哲学者は、人種差別に基づくものと証明できるかどうかにかかわらず、環境問題に関連する不公正と人種差別は重要な関わりがあると主張している。人種やジェンダーのアイデンティティに関連して、人々に襲いかかる欠乏、解雇、迫害、孤立は、少なくとも四つの基本的な点において公正の問題を提起する。

第一に、分配的環境正義（distributive environmental justice）とは、貧困者や歴史的にもっと古くからある社会的不平等の被害者となっているグループに偏って環境被害が及んでいることに関連する問題である。経済的不平等やジェンダー、民族的アイデンティティは、健康や環境リスクに道徳的に関連性のある要素ではないため（喫煙などの自発的行動はそうかもしれないが）、これらのグループの人々が被っている病気と質の低い生活環境による統計的に有意な負担は不当なものである。第二に、参加型環境正義

(participatory environmental justice）とは、これらのグループの人々が、環境リスクと環境ＱＯＬに寄与する要因についての意思決定において有効な発言権を持てる機会についての問題である。周縁化されたグループの人々が（おそらく、彼らが政治的権力や高等教育による専門知識を獲得する機会が得られないことによって）意思決定から体系的に排除されるとき、そこには不公正がある。認識の公正は、古典的なヨーロッパの正義論を動機づけた「合理的な人」の一般的な特徴が汎用的な一般概念であると想定することではなく、周縁化された人々のアイデンティティと文化を認めることを目的としている。最後に、修復的環境正義（restorative environmental justice）は過去の不公正の犠牲者が負っている歴史的負担と現在の負担に対応し、補償を達成する努力に関わる問題である。[11]

　環境正義の研究が前述の食の公正における問題に適用可能なのではないかと考えられるのには理由がある。[*2] 食の砂漠の現象は、特に分配的環境正義の観点からの分析に適している。食品店やファーマーズ・マーケット、その他の良質な食品の販売店をどこに出店するのか、食品産業の意思決定に少数派グループの意見が欠けていることが反映できるかもしれない。核心的な問題は、参加型環境正義にまつわる問題の一つかもしれない。なぜなら、官僚と主要な食品関連企業は、もっとも深刻な影響を受ける周縁化されたグループからは意見を聞くことなく重要な判断を下すからである。さらに、食料安全保障に関する多くの分析では、食料についての需要は、生理学的な観点から完全に説明できるとされており、例えば、カロリーや特定の栄養素に対する個人のニーズを強調している。しかし、これには、彼らの自己認識に大きな誤りがあるかもしれない。文化的アイデンティティは、特定の食品や料理を繰り返し食べることや、食に関わる習慣や調理法によって構築される。生物学的需要を満たすことに焦点を当てた食の公正へのアプローチでは、人種や民族を文化的伝統から疎外する抑圧を止めることができないだろう。人やグループのアイデンティティをそのような形で認識できないことは、それ自体が不正であり、不適切な対処によって悪化する。このように、周縁化されたグループの食料安全保障の需要に誠意を持って取り組んだとしても、誤認識という当初の不公正をただ繰り返してしまうのである。

しかし、食べものに関する社会的不平等や人種差別の問題に適用できる概念は、環境正義だけではない。事実、社会問題の倫理をよりよく説明し、理論化するために、たくさんの新しい概念と理論的な方向性が出現した——不道徳な問題、政治的生態学、ポストコロニアル理論、インターセクショナリティ、ファロゴセントリズム、エコフェミニズムなど、数え上げればきりがない。他の伝統的な哲学が、将来世代に対する義務や多方面にわたるジレンマ、共有される意図、アイデンティティ以外の問題に関して、論点を形作る可能性もある。社会的公正の領域を再考し、理論レベルで食の正義に対する十分な認識を獲得するために、真剣に取り組むべきことはたくさんある。この本を通して展開する着想が補足になることを願っているが、これらの新しい考え方と書き方のそれぞれに正当な評価を与えることは不可能である。私たちは、社会的公正に主流の哲学的判断を適用できるかどうかの検討の際に指摘された点——つまり、最近の新しい考え方のいずれもが食べものを中心的な論題として扱っていないという問題——に戻らなければならない。たとえ、それらを食農倫理学にまで拡大することができたとしても、新しい文献の中の興味深い考え方のほとんどは食べものに関連していない。同様に、上記で取り上げた社会問題の多くは、保健衛生や社会的サービスへのアクセス、繊維生産や小売業における労働関係、あるいはサービス経済における低技能な仕事に関連して起きる（そして今までも引き起こされてきた）可能性もある。グローバル化により、二〇世紀前半の労働運動によって得られた重要な進歩が価値を失ってしまったために、人種やジェンダーによる不平等の問題が製造業部門でも発生している。食料の生産・流通・加工・消費は、人種・民族・ジェンダーの問題が特に顕著に絡む社会的領域であるが、食品産業に特別問題があるというわけではないかもしれない。さらに、自由主義と功利主義的倫理の伝統を引き継ぐ古い見方の批評家も、新しい視点を提供する理論家も、食べものに関連して研究を発展させてはこなかった。これらの伝統を食べものと結びつける研究が求められるが、次の節では、食べものを育て、加工し、食べることに目を向けてみよう。

食料運動《フード・ムーブメント》

不公正の問題が長年にわたって蔓延しているならば、なぜ近年になって、食消費に関連した報道と社会運動がこれほどまでに注目を集めているのだろうかと疑問に思うかもしれない。それは、ある程度は偶然の結果である——何かのパターンのように見えるものは、関係のない出来事がたまたま起きただけかもしれない。長続きしない社会運動とは対照的に、社会的公正をめぐる闘争は、人類史のあらゆる出来事に見出せる。はるか有史以前から、人類の集団は、お互いに協力しあい、生き残るための文化的規範を形成してきた。これらの規範は世代から世代へと受け継がれ、やがて伝達可能な社会的アイデンティティのバックボーンとなった。しかし、集団内や集団間でのより良い生活のための闘いもまた、戦争や圧政、窃盗、奴隷制度という形で暴力的な対立を引き起こしてきた。少なくとも三〇〇〇年以上前から、人間の文化は交渉と議論、社会学習を通して対立を緩和するために、制度をますます洗練させてきた。一八世紀から一九世紀にかけて、人々はこれらの制度の漸進的な成長パターンに気づき始め、それが社会的進歩の理想の基礎となった。

しかし、啓蒙時代の思想的リーダーたちが進歩的な社会変革という考えを共有していく一方で、別の社会的制度ではなく、ある特定の社会的制度に与した人々と、進歩という理想に与した人々の間で、新たな種類の対立と紛争が生まれていた。ある意味では、一八〇〇年以降の世界史もまた、先史時代の人々の間に激しい対立を引き起こし、資源をめぐる競争と支配の物語を続けている。しかし、人類の近年の歴史は、思想の闘争として、あるいは社会を組織する方法をめぐる哲学的な議論として書くのが、より適切であるとも言える。例えば、市場という制約のなかでの競争によって、これまで想像もつかなかったような人類の向上を実現する改革をもたらすという思想がある。この理想の提唱者たちは、政府は法の支配を執行する上で非常に明確な役割――基本的自由を守り、紛争を裁き、そして財産の所有者の権利を保護すること――を果たすと考えている。しかし、他の人々は、法の支配を実行することによって、一部の集団に構造的な貧困と剝奪がもたらされるのであれば、これは社会的進歩の妥当な概念にはなりえないと指摘している。これらのグループ[*3]が著しく不利な立場から市場競争を始める場合はなおさらである。こういった不利益が、小さな政府の擁護者が自分たちの立場を維持するためのものであるならば、それは道徳的により不正である。

単純に言えば、社会的公正が何を必要としているのか、そしてそれを達成するために政府がどのような役割を果たすべきかについては、長年にわたる意見の相違がある。この論争の焦点は、複雑で予測不可能な要因の組み合わせに応じて、次から次へと変化していくだろう。一八世紀後半から一九世紀にかけて焦点となったのは、階級である。階級によっていくつかのグループが、法の下での平等な保護から排除されてきた。法の下での平等という考えが、かつてほとんどの国家で法の管理を支配していた貴族階級（公爵や伯爵、男爵）にのみ認められていたということは、今ではほとんど忘れられている。貴族階級の優位性は、白人男性地主がその内輪に加わったとき、初めてその正当性を疑われた。富やジェンダー、人種によらない法の下での平等な保護を求めて、社会的公正のための闘いは行われてきたし、同時に、闘いはしばしば経済の特定の階層を中心に展開してきた。一世紀以上にわたり、焦点となってきたのは労働だった。最初は奴隷制度の廃止に関してであり、後には工場の労働者が集団で組合を作り、交渉する権利に関してであった。社会的公正の提唱者は、世間の注目が集まる瞬間を常に捉えてきた。例えば、一八九四年のプルマン・ストライキ、一九〇七年のフェアモント石炭会社での爆発、そして一九一一年のトライアングル・シャツウエスト工場の火災などである。これらのような惨劇が知られることで、労働環境の是正がより一層求められるようになり、注目もまた、重工業から鉱業へ、さらに繊維業の労働者へと広がっていった。

才能ある作家がその場に足を踏み入れたことで、世間の注目が集まるということもある。食品業界における初期の改革は、アプトン・シンクレア（Upton Sinclair）が小説『ジャングル』（*The Jungle*）の中で、シカゴの精肉出荷業者の現実ついて暴露したことへの対応として進んだ。シンクレアは、その本を労働者の権利と社会的公正への貢献のつもりで書いたのだが、彼は、レンダリング・タンク[*4]に落ちた労働者が、食品の中に混入した事故についても描写した。この小説の影響を受け、一九〇六年の純正食品・薬品法（Pure Food and Drug Act）が成立し、シンクレアがこれについて、「アメリカの心臓を狙ったつもりが胃に当たった」と述べたことが有名になった。スタインベックの『怒りの葡萄』に出てくるジョード一家の話と、注目を浴びたテレビ番組『恥ずべき収穫』もまた、社会的公正の活動家の耳目をしばらくフードシステムに集めさせた。二一世紀初頭に出版された以下の二冊の書物もまた、大衆の注目を食品に集める上で重要な役割を果たした。エリック・シュローサー（Eric Schlosser）による『ファストフードが世界を食いつくす』（*Fast Food Nation*）は、第二次世界大戦以降の食品産業の発展の歴史と、牛肉包装作業者の労働条件と合成香料の出現についての並行する議論についてまとめたものである。[12] シュローサーは、労働者や顧客に対する倫理的な関心がほとんどない利益第一主義の産業の実態を描いた。

その三年後に出版されたマイケル・ポーラン（Michael Pollan）の『雑食動物のジレンマ』（*Omnivore's Dilemma*）は、食べることの倫理の哲学的探究として構成され、アメリカのフードシステムの中をさまよう素人として自分自身をキャスティングし、フードシステムの複雑さと食の安全を望む人なら誰でもが直面するジレンマを、本を記す過程で発見していった。社会的公正は、産業的なフードシステムに関するポーランの議論では特に目立たないが、シュローサーらは、現在の技術とビジネス的慣習の構造が食品のサプライチェーン全体で起きている多くのことを消費者の目から隠していることを指摘している。[13] ポーランの仕事には賞賛すべき点がたくさんあり、考察するべきことはさらにたくさんあるが、『雑食動物のジレンマ』において、倫理的立場を修辞的技巧として採用していることを認識することが重要である。ポーランはジャーナリストであり、関連資料を読んだり、農業従事者やビジネスマン、学術専門家に聞き取りをした後で、フードシステムについての報告を再構築した。彼は、自分が主人公になって個人的な旅の物語を展開することによって、読者の関心を高める。語り手は、シュローサーが表紙に書かれた副題で宣言していること、つまり、アメリカの食事の暗部をゆっくりとじわじわと明らかにする好漢である。カリフォルニア大学サンタクルーズ校で教授を務めるジュリー・ガスマン（Julie Guthman）は、ポーランが執筆にあたって他の人から聞いた情報をもとに執筆している事実を隠していること、そうすることにより、情報源の信頼性が損なわれるだけでなく、社会的公正に関わる問題がほとんど書かれていないことについて、彼を非難している[14]。

私がここまでで述べてきた話は、シュローサーやポーランのようなジャーナリストの仕事を、社会の進歩を巡る闘争と議論のより大きな渦の中に位置づける。また、食料運動《フード・ムーブメント》の話を大衆文化の比較的小さな転換として語ることも可能だろう。例えば、産業社会の所得が上がり始めると、食べものが一種の娯楽になる。人々は楽しみのために家の外で食事し、日常生活に多様性を持たせる方法として新しいレシピに挑戦する。調理方法や高級でエキゾチックな食事経験の追求に専念する雑誌やテレビ番組が急増していることは無視できない。ガーデニングやファーマーズ・マーケット、職人技を誇るレストランの増加を、文化的な刷新あるいは強大な食品産業への抵抗として解釈することは可能だが、それを最新の流行――つまり、裕福な人々がお百姓ごっこをして楽しもうとしている――として見る方が、より正確な見方かもしれない。一部の食料運動《フード・ムーブメント》の批評家は、それを社会的公正とはまったく関係のないエリート主義の現象と見なす。ガスマンがポーランを批判しているのは、彼がこの種の解釈を生じやすくしている点である。

私自身の見解は、「上層階級の流行」という解釈と「社会運動」という解釈は、相容れないものではないというものである。流行を追う者は活動家が追求している理念に対して持久力はなさそうだが、彼らの存在が進歩的変化に一時的にでも推進力を与えることはありうる。ときには、一時的な推進力こそが変化を起こすのに必要となることもある。さらに興味深いのは、食品業界における生産と消費の倫理が、社会的公正の伝統的な分析からどのように分岐しているかを調査することである。そのような分析は、労働や医療、あるいは社会階級や民族性《エスニシティ》・人種・ジェンダーが制度的な抑圧・剝奪・搾取と関連している他の潜在的な分野に関しても行われるかもしれない。食べものは多くのレベルで共感を呼ぶ。私たちが食べる食べものは、体を通過し体に取り込まれる。そして同時に、食べものは私たちを家族や文化的伝統と結びつける。自分が食べた物が想像と異なったとき、吐き気を催したり嫌悪感を抱いたりするのは自然なことだ。このような感情的反応は、社会的公正の進歩的なビジョンを掲げている人々にとって利用価値のあるものである。私利私欲や嫌悪感が社会的公正と結びつけば、多くの人々の行動を結集することができる。しかしもちろん、ただ楽しくやっているだけの人たちは、やがて食の正義で遊ぶことに飽きて、何か新しい面白そうな別のことに目を向けるようになるだろう。また、シンクレアが学んだように、食品の安全性や純度、信憑性についての疑問が前面に出てくると、当初は社会的公正を促進するために始められた批評がそちらへずれていくリスクが常にある。

一方で、食べものは道徳的な問題解決力に強力な統合的効果をもたらす。多様でばらばらだった社会問題が、食べものというテーマの周辺に集まる。食料の確保は、生物学的に必要不可欠である。進化の過程で、脳の認知機能が、摂食行動と感情（ポジティブであれネガティブであれ）の結びつきを、個人や集団の生存のチャンスが増えるように強化していなかったとしたら、それはとても不思議なことだ。食に関わる社会運動の精神的な土台は、同時に食べものの規範が脅かされたり疑問視されたりしたときには、精神的な飛躍、あるいは論理の崩壊さえも促す諸刃の剣だ。社会心理学者は、食べものは「呪術的思考」[*5]が優勢になる領域であると主張してきた。隠喩《メタファー》［としての理解］は換喩《メトニミー》［としての指示］になり、社会的習慣に基づいて作られた認知カテゴリーは、何か深い形而上学的意義を帯びているように見える。[15]カテゴリーの曖昧さと精神的な飛躍は、善意の食料運動の出現に貢献してきた。労働者の待遇の問題は、個人の健康に対する脅威となる。文化の違いが原因で起こる失策は、環境への脅威になる。そして、肥満の原因や動物への危害、環境破壊、女性や少数派、その他の周縁化された人々に対する不公正などの問題がある。[16]倫理学の観点からこの状況をどう考えるべきかについての答えは、すぐに出るものではない。食べものを使ったメタファーを繰り返すならば、哲学者は伝統的に、エンドウ豆とマッシュポテトを厳密に分ける論理的厳格さを主張してきたが、おそらく精神についての進化論的な説明は、経験則《ヒューリスティクス》と偏見《バイアス》が、人類の共同体の存続を助けてきた適応的優位性を与えていることを示すだろう。食料運動は、厳密ではない思考と食べものの統合力を伴う政治的効力が、フードシステムにおける抑圧的行為への抵抗に正当性を与えるかのように、進行している。

また他方では、こういった懸念と、市場と政策の分断的小集団化《バルカニゼーション》は、アクションが多くの問題のいずれかに対するものであることを示唆している。糖尿病の増加に歯止めをかけることを目的とした政策は、女性や少数民族の社会的・政治的周縁化にほとんど影響を与えないかもしれない。その逆もまた然りである。それどころか、ある倫理的問題を是正するための行動が、別の分野において問題を悪化させる可能性さえある。したがって、一九三四年にカリフォルニア州知事に立候補したアプトン・シンクレアによる[17]、アメリカの心臓の代わりに腹を撃ってしまったという冗句は、今日の食料運動への警鐘だったと見るべきであろう。倫理的なベジタリアンと環境保護の擁護者が、ある問題をめぐって対立していることに気がついたとき、食料運動の車輪は外れてしまうかもしれない。一九〇六年の純正食品・薬品法が、安全で健全な食料供給を確保するグローバルモデルを生み出した画期的な法律であることは歴史が教える通りだ。しかしそれはまた、食品の安全性のリスクについて、非常に還元主義的な解釈を生み出した。食品の安全性は、社会への影響や、食べものへの感情的な愛着を形成しうる社会文化的意味とも完全に分離された。純正食品・薬品法の成功は、より広い領域の社会問題の解決に向けて前進できたかもしれない統合的で全体論的な視野を犠牲にすることによって達成できたのだと言えるかもしれない。

食料安全保障《フード・セキュリティ》と食料主権《フード・サバランティ》

統合というテーマは、社会的不公正という見出しの下に並ぶ最後のテーマ〔食料安全保障と食料主権〕に私たちを導く。第4章でもっと詳細に考察しているように、食べものは他の多くの社会財とは大きく異なるものであるという認識が広まっている。生き残るためには、食べものがなくてはならない。そして食料へのアクセスの不平等が極限に達すると、人は餓死してしまう。飢餓状態にまで至らなくても、子どもたちは飢餓や栄養失調を原因とする病気に特に弱い。国連の食糧農業機関（ＦＡＯ）は、栄養失調に関する世界の統計を報告し、世界規模で飢餓の複雑な原因をより深く掘り下げるよう訪問者に奨励する「飢餓ポータル」を管理している。これを執筆している時点で、FAOは世界の最前線の活動について言及しているが、それでも世界でおよそ八億四二〇〇万人が食料不足の状態で生活していると報告している。[18]したがって、食料への確実なアクセスが、哲学的議論をしのぐ形で、道徳的に切実であることは明確である。この事実は、国連世界人権宣言（Universal Declaration of Human Rights）でも認められている。すでに述べたように、食料への普遍的なアクセスの確保の必要性を受けて増加してきた政策志向の文献は、その目標を「食料安全保障」（food security）と定めている。

過去五〇年間にわたり、経済学者や栄養学者、食料政策の専門家が取り組んできた食料安全保障《フード・セキュリティ》の方法を、公平に評価することは不可能である。中核となる考え方は昔から変わらず、年齢と性別、一日の消費カロリー、全般的な健康状態に見合った栄養的に適切な食事を摂取できることである。カロリー不足や栄養バランスの不良は栄養失調として表面化するかもしれない。後者は、食事に十分な数の品目がないときに起きる。ある期間内に栄養的に適切な食事を摂取できないリスクがある者は、みな食料不足と見なされる。台風や干ばつ、火山の噴火、津波などの自然災害の被害者は、短期間だが極度の「食料不足」を体験する。その際には、FAOの比較的有能な機関の一つである世界食料計画（World Food Program）を通じた食料の緊急出荷が行われる。皮肉なことに、そのような自然災害の被災者の支援は、食料安全保障面でもっとも切迫感があり、道徳的な対応を促しやすい。そこには純粋なニーズがある。地元の農業が回復するのに一年かそれ以上かかるかもしれないが、非常時の食料供給は、食料安全保障面でのもっとも解決しやすい問題である。食料安全保障面で扱いが難しい倫理的問題は、地元の市場に食料が豊富にあり入手可能であるときでさえ、貧困のために適切な食生活が送れないケースである。[19]

しかし、次のような考え方もある――つまり、食料供給の短期的な危機に対して脆弱であるならば、国家は安全とはいえない。政治経済学では伝統的に、軍事駐屯地に供給するのに十分な生産力と、そこへの安全な供給ラインを有する国家の能力という観点から、食料安全保障を評価する傾向があった。フードシステムの倫理的・政治的意義についてのこの考え方のルーツは古代までさかのぼれるが、一七世紀、イギリスの共和主義者、ジェームズ・ハリントン（James Harrington）によって力強く明確に表現された。ハリントンは、治安部隊とその軍隊を養う国家の能力との関係を強調し、その両者を農民の道徳的な人格の称賛という伝統的な議論に結びつけた。[20] このような議論は、第6章でも登場する。ハリントンの食料安全保障への思いを駆り立てているのは、自然災害よりむしろ戦争の可能性であることに注意されたい。貿易は食料の信頼できる供給源ではない、つまり食料安全保障の保証人ではないと見なす長年にわたる政策の伝統がある。この懐疑が正当なものであるかどうかは別にしても、それは二重の意味で食料安全保障に関する今日の議論に反映されている。一つは、人々にとっては十分な栄養の食事が可能であるときに食料安全保障を享受していると言えるのであり、もう一つは、国家にとっては国民全員への十分な食料供給を確保しているとき、食料安全保障がなされていると言える。そして今日、ハリントンの活躍した時代のように、国際貿易の信頼性については懐疑的な見方がある。

過去一〇年間で、新しい声がこの議論に加わった。ヴィア・カンペシーナ（Via Campesina）は、さまざまな小規模農家の営農利益を代表するラテンアメリカのグループとして始まった。グループは大きくなり、今では世界中の貧しい人々や周縁化された人々の観点を反映している。食料安全保障が協議されるとき、農家のある特殊な脆弱性が浮き彫りになる。もし、首都の政策立案者が食料安全保障は（どちらの意味でも）国際市場での取引によって保証されると判断すれば、地元の農民は豊かな他国で補助金を受け取り生産される輸入穀物との激しい価格競争に直面するかもしれない。一方で、都市部の政策立案者は、地元の農家が自給作物の栽培をやめてココアやコーヒー、バイオ燃料などの外貨を生み出す作物に切り替えることを望んでいるかもしれない。ヴィア・カンペシーナの支持者が食料安全保障の考えに抵抗したのは、栄養的に十分な食事へのアクセスを確保するためではない。彼らがもっとも恐れているのは、他国の十分な栄養の食べものを購入するためにお金を稼がなければならない立場に置かれることである。そのため、ヴィア・カンペシーナは、道徳的に重要なのは食料主権（food sovereignty）、つまり地元のフードシステムの構造と組織を管理する能力であると主張している。[21]

　この主張はヴィア・カンペシーナが代表する小規模農家にとっては切実なことだが、残念なことに必ずしもうまくいくとは限らない。一部の人たちは、食料主権《フード・サバランティ》を、国家レベルで食料安全保障を規定する長期的な方法に付けられたラベルの一つであると見なし、国家がすべての国民を養うのに十分な食料生産を行わない限り、食料主権は達成できないという見方をしている。この見方に従えば、食料安全保障を達成している欧州諸国はなく、また達成に向けた措置を講じている国もない。そのため、過去五〇年間にわたり、貧しい人々に栄養ある食事を供給することに焦点を当ててきた政策専門家は、食料主権について懐疑を抱いている。また、他の人たちは、食料主権を、産業界のフードシステムにおけるあらゆる種類の社会的公正の活動の旗印として捉えている。やがて、食料主権は、ファストフード産業の労働者の賃金引き上げ運動や、トマト採取の作業員のいる畑の労働者組織の呼び名となった。また別の方面では、食料主権は、伝統的な農家や職人技を持つ食品加工業者が、国内の食品安全規制から免除されるべき理由として掲げられている。これらの理念は、倫理的には称賛に値するかもしれないが、地元の市場と農民としての生き方の両方を維持しようとしているラテンアメリカの小作農民の目標とどのように融合するかは見当がつかない。

しかしながら、食料主権の旗の下で現在進められている活動には、哲学的に重要な要素があるようだ。少なくともヴィア・カンペシーナにとって、この思想は、食べものの生産・調理・消費を通じて、農村コミュニティ全体と地域の文化、そして長年の社会的関係を結び付ける方法を示している。もし、あなたがラテンアメリカの村に住んでいて、住民のほとんどが農民であるならば、食べものの生産・調理・消費によって、家族がどのようにコミュニティに帰属するかを理解するのは容易であろう。コミュニティの存続は、人々がお互いを思いやり、食べものの生産・調理・消費を通じて長い間続けられてきたやり方を大切にすることにかかっている。これらの食習慣の存続と維持は、コミュニティの持続可能性にあらゆる意味で不可欠である。食習慣は生活の基礎であり、人々を自然環境に結びつけ、その維持のために何が必要かを察する鋭い感覚を養う。最終的には、このような慣行のなかで、地域社会の制度や人間関係が、時間とともに再生産されていくのである。制度と物質的慣行の結びつきの破壊は、コミュニティの破壊を意味する。それで個人は、確かに生き残るかもしれない。彼らは都市に移動して工場で働き、収入が今よりも増えることもあるかもしれない。そうすることで、ＦＡＯが食料安全保障と呼ぶものを達成できるのかもしれない。しかし、それは公正といえるだろうか？

結　論

これらの事実は、産業化が進んだフードシステムが低賃金労働に大きく依存していること、そして農場や加工業者、小売業者を含む食品関連企業の悪習を明確に示している。高圧的な交渉や、搾取、就業規則違反、さらには基本的な市民権と人権の重大な侵害さえも、産業《インダストリアル》フードシステムにおいては一般的なことである。どのような正義論も、食品関連企業が犯す極端な不正行為を許すものはない。それでも彼らが処罰を免れるのは、犠牲になっている人々の貧困や教育の欠如、そして在留資格や職歴、家族の状況に関連した脆弱性のために、絶望的な苦境に陥ってしまっているからという理由が大きい。これらの労働者の観点からは、法律違反の犠牲になることと、パートタイムの最低賃金雇用と、人々を貧困レベルまたはそれに近い状態に保つ就業規則によって行われる合法的な迫害との間に、明確な区別はない。

ロールズ主義またはマルクス主義の公正の概念では、多くの国々（特に合衆国）のフードシステムで働く労働者の扱いが、社会的公正の哲学的な指導原理と矛盾すると感じられる一方で、他の見解もある。農業やフードシステムにおける雇用は、一つには、この仕事に必要なスキルは、歴史的に事実上どこにでもあるという理由から、常に補償が十分ではなかった。誰でも農業や食品加工、調理の手作業ができるので、雇用主にとって最低賃金以上の給料を支払う理由はなかった。そして、経済成長と社会の変化によって、農業や食料生産にほとんどなじみがない労働者階級が生まれたときでさえ、こういった仕事を引き受けたがる農業経験のある移民が常に数多くいた。これが単に労働市場の仕組みであるならば、ある種の自由主義的または新自由主義的な考え方をする哲学者は、フードシステム関連の労働者の状況は遺憾だが、それでもまだ真の不公正ではないと思うかもしれない。[*6] 彼らのうちの十分な数の人間が、より良い仕事をめぐって競争できるような教育を受ければ、適切な対応が起きるだろう。他のもっと良い仕事のために、これらフードシステム関連の仕事を誰も引き受けなくなれば、労働力の不足が生じて、食品関連企業は給料を増やさなくてはならない。

経済的公正に対するこれらの対照的な哲学的アプローチが、産業《インダストリアル》フードシステムにどのように適用されるかを見極める仕事は確かに必要である。しかし、私が「哲学的問題としての不公正」の節で述べたように、公正についての哲学的議論は、建設業、製造業、その他の業界部門における雇用ではなく、まさにフードシステムの雇用について話しているのだという点が、ほとんど無視される抽象度でなされる。この議論を続ければ、確かにファストフード店の従業員や食品店の従業員の経済状況は、小売業の雇用構造にこそ大いに関係があり、売っているものが食べものであるという事実は無視しても良いように思えるようになるかもしれない。このことから、問題の社会的関連性や緊急性を否定しているうちは、正義論の応用とは別のものとしての食農倫理学が生まれることはないと結論づけることができる。

伝統的な正義論が、ヴィア・カンペシーナの小規模農家にとって危機に瀕しているものを明確に表現しているかといえば、それほどではない。一方で、マルクスの資本主義に対する懐疑論を共有する現代の社会理論家たちは、グローバルなフードシステムは、食料の生産・流通・消費から経済的価値の最後の一滴まで絞り出し、それに反対するあらゆる形態の政治的行動を抑圧するために機能する体系的な結びつきとして理解されるべきであると論じてきた。誰もが食べることを必要としている。したがって、食料の管理は、利益を得るための強力な場所であると同時に、社会的統制の行使のための強力な作用点でもある。食料主権とは、このような全体化した食料管理体制へのレジスタンスである。食の政治は、それが問題となるすべてのものの核心に切り込むという点において、斬新かつ極めて重要なものに見えてくるのである。一方、食の政治を分析することによって明らかとなる原動力は、まったく目新しいものではないかもしれない。新自由主義的な貿易促進と世界銀行のような国際機関は、小さな農村を脅かす一種の食料安全保障を推進している。そして、巨大な勝者とは、種子や農薬を製造し、穀物と食品の取引を小売レベルまで管理する企業である。グローバル資本に反対する者と小規模農家を支持する者には、共通の敵が用意されている。再び、議論はぐるりと巡って共通のテーマに戻る。食べものでつながっているという見解は、むしろ偶然の産物なのではないだろうか。マルクス主義者は、新自由主義的な企業の食料管理体制が不公正であっても驚かない。不公正は資本主義経済全体にわたって存在する問題の徴候だからである。食べものは結局、より広範な抑圧に対する人々の意識を高めるための便利な道具に過ぎないのだろうか。

　要するに、「食の新しい政治」は変革的な社会運動なのか、それとも現代社会の全体的な構造を手つかずに置いておく政治改革で消耗してしまうのか、という社会学的な疑問がある。[22] もし後者であった場合、食料運動はそれ以前の労働運動や市民権運動、女性運動のようになるだろう。どちらの場合も、答えが必要な哲学的問題がある。新たに生まれた食料を重視する運動に変革力を求める人々は、これらの問題には初期の社会運動に欠けていた顕著な特徴や普遍性があると考えるかもしれない。もし、食料運動が重要ではあるが改革的ではない変化を達成しても、なぜ食習慣が倫理的に重要な事柄に関わるかを明確に述べることは依然として重要だろう。以下の章では、食農倫理学におけるいくつかの重要な論題を明確に述べ分析するための提案をしているが、食料主権が社会的公正の問題に対する包括的アプローチとなるか、変革的アプローチとなるのかという疑問はそのままである。

一言で言えば、食が非常に多くの、異なる、しかし区別しにくいいくつもの争いを横断する性質をもつことこそが、一片の洞察をもたらすのではないだろうか。フードシステムにおける問題の、分野横断的な性質は、社会的公正のためのアクションが、農業と食品関連企業における継続的な不公正の見直しから学ぶべき重要な教訓である。社会運動にとって重要なのは、食がこれらの問題を結び付ける顕著な効果を持つという点であり、それが希望をもたらしている。マイケル・ポーランは『食料運動の台頭』の中で、ジュリー・ガスマンのような評論家に応答している。彼ははじめに、社会学者、トロイ・ダスター（Troy Duster）の言葉を引用している。

「運動は、離れて見るほどまとまりよく統合されて見えるし、近づいて見るほどまとまりがなくバラバラに見える」とダスターは述べている。そこで、食料運動を中間の距離から見てみよう。すると、その運動は今日の食料と農業の経済が持続不可能、つまり、環境面か経済面、あるいはその両方で何らかの形の崩壊なしには現在の形ではもう続けていけないという共通の認識を中心に行われていることがわかる。[23]

哲学や倫理学がこれを理解するには、その還元主義的傾向を振り払う方法を見つけなければならない。そして、多様なフードシステムの論題のつながりを認識するには、それを幅広く概観することに取り掛からなくてはならない。そうすればおそらく、持続可能性と社会的不公正を結び付けることが可能になるだろう。もし私が正しければ、後続の諸章で扱う一見無関係に見える一連の議論は、見かけよりもお互いに密接に関連しているかもしれない。

3　食生活の倫理と肥満

数年前、親族の集まりに出たときのことだ。隣に座っていた義理の家族が、私が哲学科の大学院で倫理と食の研究をしていることを知り、ダイエットについて助言を求めてきた。私には、なんのアドバイスもできなかった。そして、彼女が哲学者は減量に詳しいと思っていたことに仰天した。この出来事から私が学んだのは、食農倫理学の個人的な側面である。食農倫理学とは、何を食べればよいかを教えてくれる学問だと思われているのだ。第1章では、食品の選択と購入が、他者に与える影響について考察したが、この減量にまつわる質問の方が、もっと人々に関心を持ってもらえることだろう。私が食べるものは、私にどんな影響を与えるのか？　彼女は自分の容姿に関わる事柄として、その質問をしたのかもしれない——少なくとも、私はそう考えた。ただ最近では、私を含む多くの人々は、食べるものと慢性疾患との関連により強い興味を抱いている。裕福な社会における主な死因は糖尿病と心臓疾患であり、太りすぎの人は、その両方に罹患する可能性が平均より高い。私たちが食べているものについて良い問いを立てようとするならば、世紀をまたぐ食事療法の、特にこの数十年の間の驚くべき変遷について調べることが有用だろう。

古代と中世の飲食論

古代と中世の哲学者たちは、日々の食事に気を配っていた。動物の肉を食べる行為の道徳的な正当性は、当時から多くの人にとって魅力的な論題の一つであった[1]一方、健康的な食習慣も倫理として論じられるべき構成要素として見られていたのだ。実際、古代ギリシャとローマの世界観において、健康の促進は動物の命を尊重することと相反するとは見なされていなかった。ストア派もエピクロス派も、食習慣には大きな関心を持っていた。彼らは食欲の涵養と管理を、精神活動、美徳あるいは悪徳の場と見なした。実は、今日の食に関する言葉の中にも、古代の学説が反映されたものがある。中には、賢者の実際の教えとはまったく異なる形で反映されているものもある。例えば、美食家（epicure）という言葉。現代では、巧みに調理された食事の品質を正しく評価できる人を指すが、言葉の由来は、アリストテレスから一世代後にアテネで有名になった哲学者、エピクロス（Epicurus）である。彼の哲学論を奉じるエピクロス派は、私たちの時代に引き継がれ、快楽は人生の主な目的となっている。これが、品質の良い食品や美味しい料理、そして高級料理の美しい見た目や雰囲気といった享楽について詩を吟じることができる、現代の美食家の世界観と一致している。しかし、エピクロス自身にとっては、喜びへの道は耽溺にではなく、アタラクシア（ataraxia）の涵養にある。今日、自立を過剰な富と個人的な業績に関連づける人が多いという事実はさて置き、アタラクシアとは、自立を特徴とする美徳である。美食家の喜びは、痛みや恐怖から解放され、生きることによって達成されたが、エピクロスが計画した喜びへの道は、自身の資力に合わせた消費をし、友人と過ごす時間を楽しむことで満足を得るというものだった。エピクロスは、将来困難な状況に置かれたときの備えとして倹約することも推奨したが、特に食がアタラクシアの焦点となってはいない[2]。

ストイック（Stoic）という言葉も同様だ。現代では、感情を表に出さずに苦難と痛みに耐える能力があるさまを表している。古代のストア派の哲学者は、食事制限と性的抑制の両方を、私たちの禁欲主義という言葉と関連する自己抑制の一形態として認めた。禁欲の実践は、人が食欲全般を自制する能力を養うことを目的としたものであり、節度（Sophrosyne）という美徳を達成するという文脈内で理解されていた。節度は、古代ギリシャ哲学のほぼすべての学派に適用される重要な概念である。禁酒と翻訳されることもある。しかし、禁酒という言葉は二〇世紀の禁酒運動を連想させ、アルコールを一切断つことをイメージさせるため、その翻訳は誤解を招くかもしれない。節度とはバランス――過剰な悪徳に抵抗する人生または個性――を意味する。そして、ギリシャ人にとって悪徳のほとんどは、好き放題に暴れ回る抑制のない性向を意味していた。私たちは、食事における節度というと、節食、または好き嫌いの激しさや大食いといった食べ方におけるバランスだと考えるかもしれない。食事上の自己抑制とは、そのバランスの必要性を自分自身に思い出させることかもしれない。それは腹八分目を保つという形態をとるだろう。ローマのストア派の哲学者、セネカ（Seneca）は、賢人が情熱の揺らぎを律する能力をどのように獲得するかについての考察のなかで、食について触れている。このように飲食論はストア哲学の構成要素であり、自己抑制は食欲（appetite）を自己管理することの実践である。食欲は文字通り食べる衝動も指すが、一般的には、あらゆる種類の欲求に心を奪われる性向を意味する。

また、食に関する禁止令も中世の道徳的テーマとして浮上する。大食いは七つの大罪の一つとして出現する。教皇グレゴリー一世は大食いを「食物を食べるという満足から生じる肉体的感覚の喜びに対する利己的な過度の欲求が行動に発展したとき」[3]と表現したと言われている。ラテンの格言で表された大食いの五つの方法、〝贅沢、過食、過美、早食い、貪欲〟について、聖トマス・アクィナスは以下のように要約している。

贅沢―あまりにも贅沢、エキゾチック、または高価な食べものを食べること
過食―多すぎる量の食べものを食べること
過美―あまりにも豪華または入念に調理された食べものを食べること
早食い―あまりにもさっさと、または不適切な時間に食べること
貪欲―がつがつと食べること[4]

一部の学者は、七つの大罪の文脈での大食いの解釈は、中世時代に大食いが食べることよりも酒を飲むことに密接に関連すると理解されていたという事実を見落としていると主張した。この見解では、大食いに対する中世の諌めは、神への冒瀆や呪いの言葉を含む口の罪との関連性が高いことを示している。[5]

これは事実かもしれないが、『神学大全』の英語訳を見ると、飲酒や悪態よりもむしろ食べることのほうが、大食いに関するトマスのコメントの主な関心事であったのだろう。トマスはグレゴリー一世に頻繁に言及して、大食いを「食べることへの不節制な情欲」と定義している。彼は大食いの形態（贅沢、

過食、過美、早食い、貪欲）を要約した一節の正しさを擁護し、「不節制な情欲」は食べられる食べものの種類やそれが摂取される方法に関連して起こることだろうと主張した。[6] トマスは、大食いはさらなる罪の行為を引き起こしうる能力のため、許されない罪であると説明している。

食物自体がその目的としての何かに向けられているのは事実である。その目的、すなわち生命の維持はもっとも望ましいもので、食物なしでは生命を維持することはできない。つまり、食物はもっとも価値のあるものということになる。事実、伝道の書六：七「人が働くのはすべて口のためである」によると、人の一生の労役のほとんど全ては食物に向けられている。しかし、大食いは食物それ自体よりも食の楽しみの方に関心があるようだ。それゆえ、アウグスティヌス（Augustine）が述べるように（『真の宗教』（*De Vera Religione. liii*））、「人は、価値のない体にとってよい食べ物で満腹になりたいのではなく、満たされたいのである」。すなわち喜びは満たされるという点に存在する。「なぜなら、その欲望の目的のすべてはこれ――飢えも渇きもしないことだからである」。[7]

大喰らいは栄養よりも喜びを優先するので、大食いは大罪なのである。大食いはその習慣の中で、単なる自己満足の行動を次々と誘発する。[8] 肉体的な喜びの道徳的正当性というより大きな問題に、食事のルールがどのように取り込まれるかは注目に値する。過美に食べることや大急ぎで食べることについての、一見些細な関心は、道徳的行為全般へのコミットメントに関するもっと意義のある疑問につながる。
しかし、これらの理論的解釈のいずれも、食べものの過剰摂取や肥満、慢性疾患に対する今日の心配との関連については触れていない。

ただし、古代人が食事と健康をまったく結びつけていなかったと解釈してはならない。ヒポクラテス（Hippocrates of Cos）に関係する古代ギリシャの医術の流派は、食事、運動、そして新鮮な空気を日々の養生法と病気の治療の両方の要素として推奨したことが知られている。これらの古代と中世の著作家たちは、健康的な習慣と道徳的な習慣を結びつけることに、特に抵抗がなかったのである。食事と健康のつながりは、医学的な意味と同じくらい精神的な意味でも理解されていた。こういった食事についての見解は、古代から現代の私たちへ受け継がれる際に、科学や哲学の発達によって分かたれていった。実際のところ、食事、健康、倫理を巡る思想は、一六世紀から一八世紀の間に劇的な変化を遂げた。

現代の飲食論

健康的な食習慣に関する多くの理論が、現代科学が急速に発達した三世紀の間に進歩し、どの理論が優勢かどうかが問われている。歴史家のスティーヴン・シェイピン（Stephen Shapin）によれば、ルイージ・コルナーロ（Luigi Cornaro）による食事アドバイスは影響力があり、健康と長寿の関係と、宗教的動機と精神的動機の関係との間にあったつながりを壊したのだと言う。このようなつながりの破壊は、節度ある食事が長寿で幸福な人生への道であると強調したフランシス・ベーコンによってさらに進められた。ベーコンは、一般の人々に対して、食べものやたまのご馳走から得られる喜びの感覚を否定しないよう奨励する一方で、節度のない過剰な食べ方の危険性を警告した。[9] トリストラム・スチュアートが論じる近代の食事に関する信条の歴史において、菜食主義《ベジタリアニズム》を重視している。スチュアートの見解では、肉を大量に食べることこそが良い事であるという考え方が、この時代の食事に関する支配的なパラダイムであった。これに対抗して、小規模だが熱心な改革者の仲間内で菜食を勧める運動が起きた。彼らの運動は、私たちが今日、動物倫理と呼ぶようなものと、昔の禁欲的な論述への言及、そして菜食が健康的であることの個人的な経験からの確信とが融合したものに基づいている。スチュアートは、菜食主義《ベジタリアニズム》賛成派の言論ははっきりと抑圧されていたと書いており、これはアイザック・ニュートンや彼の医師だったことのあるジョージ・チェイニー（George Cheyne）のような知的エリートのメンバー間でベジタリアンの習慣が表向きには隠されて行われていたことを（おそらく）説明している。チェイニーの『イギリスの病』（*The English Malady*）が一七三三年に出版されたことで、菜食主義《ベジタリアニズム》は科学的な裏付けがあるもの、少なくとも議論の余地があるものとされるようになった。スチュアートは、チェイニーが成功を報告しているイギリスの病の治療として、まず患者に水銀を投与したと書いている。この治療では概して、その後に症状が悪化している。チェイニーは水銀が強力な神経毒であることを知らなかったのだろう。もともと（軽度のうつ病に悩まされていたかもしれない）うつ傾向のある患者が（今では水銀中毒に関連づけられている）より劇的な形態の感覚障害と身体的協調の欠如を示し始めたとき、チェイニーは水銀治療を中止し、菜食中心の食事療法を勧めるようにした。すると、確かに患者は良くなって、患者は（チェイニーに）彼の食事に関する仮説が正しかったと伝えた[10]。

食事に関する見解が、ますます健康と密接に結びつけられる一方で、大食いに関するキリスト教の見解に受け継がれてきた道徳的な自己抑制というテーマは、ますます重要でなくなっていった。シェイピンは、食事の道徳的意義に関する、古代の世界観と現代の世界観の間の文化的転換の存在を否定している。[11]にもかかわらず、倫理的な理由から食事の節制を促す現代の多くの著作家を概観するに際して、彼は重要な違いを見出している。規律を探し求める古代の著作家にとって美徳は達成に向かう必要があったのとは対照的に、現代の著作家はすでに得ている美徳を発揮しなければならない必要性を強調しているというのだ。要するに、大食いの行為は現代の著作家にとって目に見える悪行の指標として見なされるようになり、現代の関心は自己抑制よりもむしろ周りからの評判に向けられている。道徳的には一見連続性があるものの、古代のギリシャ人には起こらなかったであろう形で、現代人は食事の節制と美徳との関連性について懐疑的になりうる。

シェイピンは、古代の世界観と現代の世界観に通じる一貫性について、彼自身の主張とは矛盾する以下の文献を引用している。ミシェル・ド・モンテーニュ（Michel de Montaigne）の食習慣の道徳性に対する懐疑論と、ベーコンが食事の規律と長寿を結びつける証拠はないと指摘している部分である。[12]食習慣と道徳性を結びつける伝統は、礼儀作法や食にまつわる健康法に関する書物の中では続いていたが、近代を担う知識と倫理の理論を展開しようとしていた著作家の間では失われていった。この変化は、医学や食品科学の変遷と同じくらい、現代の道徳観の転換を表しているかもしれない。古代の世界観では、道徳性は徳のある実践の観点から明確に述べられ、高徳な人が属する社会的環境がその説を補い立証していた。この文脈において、食習慣を通じた自己鍛錬は、ウエイトトレーニングやジョギングと同じような心持ちでなされたのかもしれない。それは自己規律の実践であると同時に、いずれ訪れるかもしれない試練への準備でもある。そして、ルネサンスが啓蒙主義に姿を変えていくにつれ、道徳性は、とても両立しなさそうな二つの哲学の観点から述べられるようになった。一方では、道徳とは善意を育てることであり、抽象的な原則によって導かれる内的な理想や意志を培うことであった。もう一方では、道徳とは最善の結果を得るために行動することだった。一九世紀と二〇世紀の倫理学の多くの論争は、この二つの観点を巡るものであったが、この論争には今日における食習慣と道徳性の断絶を決定したかもしれない共通の特徴があった。

まず、自分の意志や意図を重視することと、結果を重視することとの間に存在する葛藤が顕在化する事例、つまり、正しくない理由で正しいことを行おうとする、という事例について考えてみよう。例えば、評判をあげるために行った自制や慈善の行為は、たとえ賞賛に値する成果を達成したとしても、正しい意志に基づいた行為だとは言えない。次に、（焦点となるのが意図であろうと結果であろうと）道徳性は何をなすべきかについての意思決定や選択——何をなすべきかについての意識的な内省——に関連していると理解されている点に注目しよう。日課や習慣も道徳性のテーマになりうるだろうが、現代の倫理学者たちは、道徳的行動を理解しようとするときに、人が深く考えずにとる日常的な行動には目を向けない。倫理的な問題は、暗黙のうちに、その問題に最低限の重要度や真剣さがあることを前提としているのだ。食習慣に関する問題が、慎重な意思決定に値すると見なされる程度にその重要度が上がるのを妨げるものは特になかった。しかし一方で、個人的な身だしなみに関する日常的な問題への関心（本章の冒頭で述べたような、減量に対する関心を含む）は、道徳的な問題に必要とされる真剣さを欠いていると見なされるのが一般的だった。最後にもっとも重要なことに触れるが、現代の倫理学の理論は、哲学者が行動の利他的な側面として言及する特徴を重視している。カントも、イギリスの哲学者ジェレミー・ベンサムも、選択に利己的な意味合いが関連することを否定しなかったが、選択の道徳的側面は、主に行動が他の人々にどのように影響を及ぼすかに焦点を当てている。功利主義の創始者であるベンサムにとって、選択の道徳的側面とは他者への影響を含む全体の結果を考慮することであり、その考えに基づいた行動は倫理的である。カントにとって、選択の道徳的側面とは他者を自分の目標を達成するための単なる手段と見なしてはならないという言葉で表わされる。あなたが自身の食選択から影響を受ける唯一の人間であるならば、食事の利他的な側面は重要な問題にならない。

すでに述べたように、ジョン・スチュアート・ミルの著書『自由論』は、食事と健康に関する現代的な考え方への転換点を示している。ミルは、国家からの干渉を受けずに自分自身のために決心する個人の能力を守ることに特に関心を抱いているが、共通の道徳の問題として、人はいかなる時であれば礼節をもって人の行動に意見を述べ干渉して良いのかについても関心を持っている。一般的な規則として、ある人の行動が他の人に悪影響を及ぼさない限り、たとえその行動がそれを行っている人自身にとってどれほど有害なものであっても、それに反対する根拠はない。適用（Applications）についての結論の章で、ミルは大喰らいに典型的な過剰な行動について考察している（ただし、彼は大喰らいを名指ししていない）。酩酊は、ミルの見解によると、道徳的意義の範疇に入る犯罪ではない。他者にとって明らかに有害となる行動を引き起こさない限りは、大酒飲みの酒の飲み方への干渉は一線を超えることになる。ミルは他の場所で、美徳と良い趣味を培うことの個人的・社会的利益について書いているが、『自由論』の分析を考えると、食べものや飲みものの過剰摂取は、もっとも重要な意味、すなわち、他者に害をもたらさない限りにおいて、道徳的に重要ではないだろう。

二〇世紀になると、倫理学者は分別と道徳性を区別する習慣を身に付けた。大まかに定義すると、この二つは生じる結果の「深刻さ」よりもむしろ利他性とその影響度合いによって区別される。余暇をどう過ごすか、十分な運動をするかどうか、どこで休暇を取るか、何を食べるかなど、誰もがある意味で良くも悪くも言うことができる決断をするが、それは他人には全く影響を与えないか、あるとしても些細な影響しかない。このような選択には分別が関わる。分別のある選択は分別のない選択よりも優れているが、分別のある選択は道徳的に優れているわけではなく、分別のない選択をした人を道徳的に悪い行為を犯していると非難するのは誤りである。他者が影響を被る場合にのみ、選択は道徳的に重要になる。食事が健康に影響する場合、良くも悪くも食の選択に分別の有無は関与するが、道徳は関与しない。そして二〇世紀の初めまでに、食習慣が健康に影響をもたらすことについて、ほとんど疑いの余地はなくなった。アントワーヌ・ラヴォアジエ（Antoine Lavoisier）は、体の熱を発生させるために食べものが酸化することを立証した。ヤコブ・モレスホット（Jacob Moleschott）は一八五八年に『栄養学の理論』（*Theory of Nutrition*）を発表し、科学的に確立された消化・代謝・成長・発達の原則のみに基づく栄養学へのアプローチを主張している。それ以降、一連の化学者や生理学者が、食物摂取と正常だったり病的な状態だったりする身体過程との関連性について、科学的理解を構築し続けてきた。

この漸進的な思考の転換は、人々が道徳性と食事の問題との関係をどのように理解しているかを反映していたかもしれないし、していなかったかもしれない。どの文化においても、食習慣は意味と規範的な期待ですっかり満たされていたし、今でもそうである。子育てのアドバイスは分別と道徳性の違いをほとんど顧みないので、野菜を食べなさいという忠告は、倫理的な命令として容易に内面化される。

シェイピンは、「子どもの頃、大人のように、差し出された料理や飲みものを辞退することは、社会的逸脱行為と見なされたかもしれない」と指摘している。[13] にもかかわらず、飲食論は二〇世紀までに哲学的倫理学からほぼ完全に消滅する。それが実際に現われるとき、男性の期待が女性のボディイメージを強化し、ダイエットへのこだわりを奨励してきたことに対するスーザン・ボルド（Susan Bordo）の批判や、[14] ピーター・シンガーの菜食主義《ベジタリアニズム》の擁護のように、メッセージは良識と道徳性の区分との一貫性を保ち続ける。ボルドの批判では、女性は不健康なダイエットに抵抗すべきという提起があるが、エピクロスやセネカ、さらにはモンテーニュとさえ異なり、この主張は個人的な美徳とは何の関係もなく、他者の抑圧的な態度と大いに関係している。シンガーによる、人類ではなく動物も含めた道徳的関心の拡大は、他者に害を及ぼす慣行という点において従来の倫理的議論へとつながる。

飲食論の新しい展開

要するに、西洋文化においては、何を食べるかはあなたが考えるべきことで、あなただけの仕事であるという見解で二〇世紀を終えた。あなたが自分で病気や肥満になって若くして死ぬのなら、それはあなたの選択である。それでも食事に関するアドバイスは、広く提供されている。政府の公的機関や科学者たちがピラミッド型の栄養バランスガイドを提供する一方で、起業家や健康オタクが次々に減量の新しいアイディアを提供している。どちらの場合も、食事に関する勧告は良識的なアドバイスとして理解されている。確かに、人々はときに、太りすぎの人に対して厳しい意見を言う。自制心なく太った人は、酔っ払いや浪費家、衝動的な賭博師、麻薬中毒者などとともに、道徳的に見下されており、意志の弱さがこれら全ての状況の根底にあるとも考えられていた。とは言え、個人の領域に立ち入る許可を暗黙裡に得ている家族や親しい友人以外が、人の食事について干渉することは禁止されていた。その行動が社会問題と見なされなければ、あるいは見なされるまでは、市民社会は介入できなかった。薬物やギャンブルやアルコール乱用の一部のケースは（少なくとも多くの人々の観点から）、この閾値に達したが、肥満は個人的な問題であって、社会問題ではなかった。

肥満についてのそのような見解は、二〇世紀半ばには誰も疑問視しなかったが、新世紀の夜明けに、まさに変化しようとしている。その変化は二つの発見が重なることでもたらされた。第一の発見は、生活習慣が引き金となる慢性疾患に関することである。肥満は体格指数（ＢＭＩ）によって定義され、心臓疾患や二型糖尿病の早期発症と相関関係があることが統計的に明らかとなった。二〇〇〇年までに、肥満率と心臓病による入院、糖尿病による衰弱は、並行して上昇していた。この時点ではまだ、これらの健康問題に見舞われた不運な人々が、単に不摂生であったためと見なされていた。しかし第二の発見、つまり健康保険料の上昇と医療制度の拡大と重なると話は変わる。貧困層や高齢者のために国が医療補助を行うことが、先進工業国において一般的になり、多くの国々では全人口に対してこのような補助を行っている。この制度は、国民が他人のために税金を払っていることを意味する。もし、あるグループ（肥満者）がその税金を不当に使用している場合、食べものの過剰摂取が他者に負担をかけていると見なすことが可能になる。雇用主が負担している厚生保険でも状況は同じである。簡潔に言えば、あなたは私の糖尿病治療薬や心臓手術費用を負担するために税金や保険料を払っているのである。もし、私が暴飲暴食の果てに糖尿病や心臓病になったのであれば、それはもはや私自身の分別の有無に留まる問題ではない。今、私はあなたにコストを負担させているわけである。

そのような取り決めの下では、健康的な食事をとることは、リサイクルや温室効果ガスの排出量の制限とほぼ同じように道徳的義務がある。これらの行動はそれを行う人に何か直接的な利益をもたらすわけではない。さらに、誰か一人の人間がそれらを怠ると、何か重大な損害をもたらすわけでもない。もし、肥満の人が一〇〇〇人に一人か二人しかいないのであれば、私たちの医療制度は影響を受けない。しかし、慢性疾患の罹患率が統計的に観察可能なレベルで増加すれば、その影響は私たちの医療制度と保険料に顕著に表れ始める。しかしながら、伝統的な道徳的言明は、リサイクルや排出量制限の義務についてもそうだが、倫理的責任を主張するのには不向きである。私がペットボトルをリサイクルしたり、高燃費車で遊びに行くのを控えたりしなかったとしても、それ自体が環境に有害な結果をもたらすわけではない。同様に、私の肥満それ自体が慢性疾患を増加させることはない。一部の懐疑論者が、個人が温室効果ガスの排出を制限する道徳的義務を負うという主張に疑問を投げかけてきたように[15]、集合的危害の分析は、食習慣と健康を倫理的問題としてどのように概念化することができるかを説明することになると、いま一つ力不足である。しかし、このことは、ある組織が従業員やメンバーに対して健全な体重を維持するようにインセンティブを導入したり、そうしない人々に罰則を課したりすることを阻止もしてこなかった[16]。

オランダのある哲学者グループは、食習慣と健康の倫理を分析する体系的な枠組みを開発した。彼らは道徳的責任の分析は因果責任の分析と一致しなければならないことを提唱して、因果的観点から工業先進国における肥満率の増加を説明する、三つの一般的モデルの概略を示した。それから、彼らはそれぞれのモデルの倫理的な意味を考察した。一つ目のモデルは個人の行動を重視し、母集団の中の個人の行動が悪いために肥満率が増加したことを示している。肥満の人はそうでない人よりも食べる量が多かったり、運動量が少なかったりする。多く食べる上に、運動量が少ないのかもしれない。このような行動の変化は、肥満の統計的割合と糖尿病と心臓病の蔓延が顕著に拡大するという結果を導く。このモデルは、常識に訴えるという点で魅力的ではあるが、「なぜ現代の産業社会の人々は、食べる量が多かったり、運動量が少なかったりするのか」という、問題の現実的側面に直結する質問から目をそらすことになるかもしれない。二つ目のモデルはその問題に真っ向からぶつかり、食習慣に関連する疾患の蔓延は社会制度の変化や文化的要因によって引き起こされていることを示している。その要因の主な候補は、人々が食べる食品に直接影響を与える政府の政策や商行為だろう。他の可能性としては、個々の行動に影響を与える教育面やコミュニケーション面での変化が挙げられる。そして三つ目のモデルは医学的原因を重視している。このモデルは、問題となっている現象を説明するまさにその言葉で提示されている——それは、食生活が関与する疾患の蔓延である。[17]

　これらのモデルから導かれる三つの仮説は、肥満関連の疾患の蔓延を診断してきた科学を批判するために紹介されることがある。言われている統計的上昇はインチキ賭博のようなもの、つまり、医療や保険産業に有益な方法で新しいテクノロジーが導入され政策が変更されるように、社会的危機の印象を作り出すことを意図した統計操作である、と主張する者がいる。[18]確かに、蔓延しているという認識は、健康イメージに訴えるように加工された食品の導入と、食事を個人的ゲノミクス——食事のアドバイスの構築、または、おそらくは個人の遺伝子構造に合わせて加工された特定の食品さえも含む――に結びつける科学研究の急増を引き起こした。かのオランダのグループは、これらの科学技術開発に関する認識論的、方法論的、そして倫理的な問題を数多く提起している[19]が、ここでは、それぞれのアプローチが食農倫理学における規範的な立場にどのように拡大されうるかという観点から、これらの三つの仮説を再構築する。

個々の因果関係と個人の道徳的責任

食生活に端を発する疾患は、個々人の意思決定により蔓延したという主張に、納得する人は多いだろう。ミルは、酩酊を他人に影響を及ぼすときのみ道徳的な意味を持ち、それ以外では無分別な行為の形態としてみなしたが、それは大食いと呼ばれる行動にも当てはまる。ミルの分析は、無分別を不道徳と区別したという点で重要だが、無分別な当事者が自らにふりかかる被害に対して責任がないとするものではない。不摂生は意志薄弱、つまり意志の弱さの問題として言及される。人は、慎重さを欠いた判断のもとで行動するとき、その結果に責任を負う。もし食べものや酒の無分別な摂取によって自分が被害を被ったとしたら、それは自分の責任だ。そして、他者を傷つけたときには、その責任は道徳的に重大である。

また、酒の無分別な摂取から生じる危害は、社会的状況に左右される。一九世紀のイギリスでは、公の場で酔っぱらうことは、人を傷つけるような脅威や暴力とは区別された。酔っ払いは近くにいる人たちを不快にするかもしれないが、道徳的判断の対象となるのは、飲みすぎという行為そのものよりもむしろ酩酊が暴力として帰結することである。この時代、乗馬の際に乗り手が飲酒していても、馬の方がしっかりしていたので、通行人はほとんど怪我をすることがなかった。しかし、二〇世紀以降、自動車など潜在的に危険な機械があふれたため、自ら招いた不注意からけがをする機会が著しく増加した。ドライバーに対して必要な事前注意をせずに酒を飲ませる者は、道徳的な批判を浴びるだろう。おそらく大食いの状況もこれと同じで、私たちは今、ようやくそのコストを認識するようになっただけのことである。

　この論法は、もっともらしいという印象を読者に与えるかもしれない。しかし、注意が必要だ。肥満の人を非難したり軽蔑したりする傾向は、私たちが因果関係の説明に惑わされているせいかもしれない。社会科学と公衆衛生の研究機関は、太っている人は、普通体重の人や痩せすぎの人たちよりも能力も信頼性も、尊敬する価値も低いと見なされる傾向があると分析している。[20] 私たち、あるいは少なくとも私たちの一部は、肥満の人は自分で太るような行動をしたせいだと考えがちだ。そして、私たちは肥満の蔓延に関連する社会悪も、太った人のせいにすることができるかのように考える。肥満の人が自分で肥満になったという考え方はわからなくもないが、社会悪をもたらすという推論は、論理学者がいうところの「合成の誤謬《コンポジション・ファラシー》」*1の一例である。つまり、あるグループにあてはまる主張は、不当にもグループの個々のメンバーのせいにされる。社会的問題（食習慣関連の疾患の増加）の原因は、個人の健康状態の悪化が原因だとされてしまうのだ。これは、不摂生の例には当てはまらないことに留意されたい。酔っぱらった運転手は明らかに、無実の人や財産に重大な危害を引き起こす。それとは対照的に、たとえ肥満という社会的現象が有害であったとしても、太った人々は、他者にどのような物質的・肉体的な危害を及ぼすというのだろうか。

しかし、個々の太った人が、社会的傾向に対して因果的な責任を負うことができない場合でも、個人の意思決定を変えることで、その傾向を緩和できるかもしれない。もし、肥満の人が個々の食事ごとにカロリーの摂取を制限したり、BMIを下げるための運動に取り組めば、統計上の肥満率は下がると推測するのは常識にかなっている。もし、肥満が本当に糖尿病や呼吸器系疾患、心臓疾患の増加を引き起こしているのであれば、肥満の人を減らすことは、肥満に関連した疾患の蔓延の解消につながるはずだ。したがって、社会的傾向を個人の行動のせいにすることに論理的な問題があるとしても、個人がより良い意思決定をすることで、その傾向に歯止めがかかるだろう。そして、この傾向を倫理的に正当な理由で緩和させる必要がある場合、意思決定によってその傾向に歯止めがかけられる人々は、正しい選択をする倫理的な義務があると推論することは妥当と思われる。この種の論法に似たものが、慢性疾患の蔓延に対する道徳的責任を肥満の人に負わせるという、広く行き渡った考え方の背後にあるに違いない。くり返しになるが、この考え方と、環境への害を避けるために行動を起こす責任を個人に課す主張との間には、類似点がある。[21]

個人が自らの肥満について因果的にも良識的にも責任があるという論法はまた、肥満体型に悪いイメージを植えつけることが倫理的に良い結果につながるのだという主張にも繋がりうる。肥満の人が体型のせいで仲間外れにされたり社会的に苦しめられるなら、健康面以外でも、肥満につながる食事行動や活動を矯正しようというインセンティブが働く。人に悪いイメージを植えつけること自体は倫理的に問題ではあっても、そのような結果は社会的には好ましいことだろう。こういったインセンティブの有効性に関する社会科学研究はさまざまに解釈できるが、肥満の人に肥満の蔓延を終わらせる道徳的責任があるという主張には、行動を矯正する動機づけは良いことだという含みがある。しかしながら本質的に、社会的に好ましい結果が望めるからといって、肥満の人の排斥や侮辱その他の社会的慣習は正当化されない。哲学・倫理学の多くの文献は、良い結果を生み出す行動であっても、その対象となる人々に十分な敬意と配慮を示さなければ不当なものでありうるという状況を例示している[22]。したがって、肥満の人の排斥については、それを正当化しようと試みる人々のさらなる議論を必要とすると、食農倫理学の立場からは言える。

社会・文化的な因果関係と責任追及

個人責任の仮説は、肥満の蔓延についての責任を押し付ける一見それらしい方法を提供するが、なぜ過体重が昔より大きな人口比率を占めているのかについて説明できてはいない。体重管理に個人的に責任があるというのが常識であるならば、なぜそうすることが過去よりはるかに困難になっているかを明らかにするべきである。かつてカロリー消費を必要とし、体を健康に保っていた肉体労働の多くは、機械に置き換えられてきた。同じ働きをする娯楽は減少してきており、テレビを見たりパソコンでSNSを眺めたりする、座りながら楽しめる趣味に取って代わった。また、ちょっと店に買い物に行くのにも、歩かず車に乗る。そして毎日の通勤距離は、徒歩や自転車で向かうことが考えられないほど遠くなった。

現代のライフスタイルが健康をむしばんでいるのだ。

それと同時に、先進工業国では人々の食生活が著しく変化した。その変化がもっとも顕著なのが合衆国だ。肥満研究によれば、カロリー摂取量の全般的な増加[23]、家庭外での食事の摂取量の増加[24]、甘味飲料などの単糖類から得るエネルギーの割合の増加[25]、果物や野菜の摂取量の減少が挙げられる。[26] このように先に述べた身体活動に変化が起きている理由の簡単な説明はできるが、食習慣におけるこれらの変化はもっと分かりにくい。合衆国食品医薬品局（ＦＤＡ）の元長官デビッド・ケスラー（David Kessler）は、この現象を説明する注目すべき発言者の一人である。要約すれば、ケスラーは食品業界を非難している。ケスラーは、レストランチェーンや食品製造業者――加工食品を箱・缶・冷凍容器に入れて販売する企業――は、神経学的な食欲の引き金を見つけるために何十年にもわたる研究に取り組んできたと主張している。彼らはその研究を実らせ、消費者にとって非常に魅力的な商品を世に送り出している。こういった会社は当然利益を得んがために、甘塩っぱい味と脂っこくサクサクした口当たりの食品を開発するために互いにしのぎを削るようになった。人々がこのような食品を好む理由は、人類の進化の歴史の中に深く潜んでいるのかもしれないが、これらの食品が食品店やレストランの随所で見られるようになったため、人間らしい健康的な食事の選択肢が締め出されてしまった。[27]

また、昔と比較して、食べものに関する知識が乏しくなっているらしい。ある論文は、親は子にこの情報を伝える道義的責任があり、したがって、現代の肥満の蔓延は親が責任を負うべきものであると主張している。[28] もう少し広い意味では、現代のライフスタイルは食べることを商品化し、かつては相当な計画と考察を伴った活動を、即時に満足感を得るための取引に変えてしまった。その変化はゆっくりと進み、農家が収穫した野菜や穀物、精白小麦、牛乳、肉、卵から栄養価の高い食事を作っていた技術が一九世紀においてさえ損なわれ始めた。今日では、多くの男女に食べものを調理・選択するスキルが不足している。[29] この論題は栄養学的知識を与えることが教育の責任であるという考え方と結びついている。事実、栄養学志向のカリキュラムへの教育支出は著しく増加している。[30]

大きな声では言えないが、科学的な失敗が影響しているのかもしれない。栄養科学は畜産学に端を発し、一方で霜降りの肉質に、他方で低い投入コストによる早い生育に焦点を合わせた飼料配合を開発することが目的であった。栄養教育は、家政学の課程と、農業研究機関に入っている郡の学外教育事務所から生まれた。栄養学は、歴史的に医師や生物医学研究者によって軽んじられてきたのだ。[31] ニューヨークにあるコロンビア大学のティーチャーズ・カレッジで栄養教育の教授を務めるジョアン・ダイ・ガソウ（Joan Dye Gussow）は一九七〇年代、成長と免疫に寄与する化合物の同定に焦点を絞った還元主義的な研究戦略により、栄養学者は失敗をしたのだと主張した。これらの研究の全ての成果は、製造過程で食品に入れても良いとする添加物のリストを永遠に増やし続けて良いと食品業界に許可し、この製造過程に疑問を呈する者が拠って立つ科学的根拠を奪った。これらの農業研究室での研究は、科学者にとっては助成金や出版につながり、食品業界にはマーケティング戦略と利益を生み出す機会を提供した。そういった状況に反して、ガソウは自然食品（すなわち、工業的に加工されていない食品）をバランスよく食べることに焦点を合わせたほうがよいと主張したのだ。[32]

ガソウの研究は、栄養学者が自然食品に対置するものとしての栄養面に傾倒しすぎていることへの非難として栄養素還元主義（nutritionism）という言葉を作り出したオーストラリアの学者、ジョージー・

スクリニス（Gyorgy Scrinis）の最近の研究にもつながる。[33] 栄養学に対する批評は、マイケル・ポーランの『食物を守る』で知られるようになった。ポーランはまた、アメリカ中西部でのトウモロコシ生産への補助金が加工食品を不当に安くしたと主張して、農業政策との関連を指摘した。彼はトウモロコシから作られた異性化糖の開発とその広範な利用に特に注目している。ポーランは、農業政策が機能しないことが肥満の蔓延の根底にあるという考えを広めるために、ウェンデル・ベリー（Wendell Berry）の「食べることは農業行為である」という格言を多用した。農業大学は、化学会社や食品産業と蜜月関係にあり、農業法案からの資金を使って、考えられない程安価だが、栄養的にも環境的にも特に健全でない食品を生み出す研究を支援してきたというものである。[34] 先述のように、ポーランの二〇〇四年の著書『雑食動物のジレンマ』は、食農倫理学への世間的な関心が高まるきっかけの一つとなった。

　実際、上に挙げた肥満が蔓延する原因と考えられる社会的要因は、いずれも相互に背反するものではない。その全てが、アメリカ人やその他の工業先進国の市民における食事関連の疾患の増加の原因となった可能性がある。原因が複数あることには、倫理的に重要な意味がある。まず第一に、複数の原因があることで、肥満の蔓延を引き起こした原因から、それに関連する道徳的責任の所在を突き止めることが難しくなる。少なくとも、責任そのものがあいまいになる。第二に、二つ以上の要因が存在する可能性があることにより、ごまかしたり、責任転嫁するための仮説が立てられてしまう。いざ、誰が責任を負い、責務を果たすのか特定する段階で、別の原因のせいだと逃れることができるのだ。この見解は、食品産業に責任があるとするケスラーの主張に特に関係している。食品会社にとって、運動機会の減少や教育の失敗に重点を置いた調査の委託やキャンペーンの実施はたやすい。最後に、道徳的責任が広く共有されているとき、誰も実際に責任を負わないということが生じる。複数の要因が関係する限り、食品業界は責任を免れ、自分たちに向けられるかもしれない法的措置を巧みに回避するだろう。

食品会社が責任の一端を負うことに抵抗して、他の原因もどれも政治的失敗だと主張し始める。どの民間機関にも責任を負わせられないとき、私たちは自然と、行動責任を想定するべき行為者としての政府に視線を向ける。実際、ポーランは政府の怠惰を直接非難している。運動機会の増加と食品業界の規制、研究や教育についての優先順位の変更は全て、何らかの政府の決定を含む可能性がある。確かに、複数の領域における政府の決定は、多くの倫理的・政治的視点から支持されるかもしれない。功利主義の理論もカント哲学の理論も、政府が人類の繁栄を促進すべきことを強調する。また、食生活が関与する疾病の管理の場合は、人々の医療へのアクセスを維持するために、個人の支払い額の増加を抑える施策が政府によってなされ、人類繁栄の理論的根拠がますます強化される。もちろん、これらの主張が政府の決定への賛同の輪を広げると同時に、自由主義者はそれに反対する主張とそのゆるぎない理由を提示する。肥満ではない人は、そもそも政府がする必要がない施策のために税金を取られることに不満を抱き、政府を制限して市場の動きに委ねることを主張する者は、民間企業（例：食品産業）の経済活動への政府の介入を忌み嫌う。要するに、社会的原因仮説は少なくとも個人的責任の主張と同じくらいもっともらしいが、規則や規定による対応をしようとすると、現代の多くの政治問題に対する効果的な政策を邪魔してきた大きな政府対小さな政府の議論から、私たちは抜け出せなくなる。

医学的な因果関係とその道徳的意味

先に論じたオランダのグループの主任研究者、ミヒール・コーサルズ（Michiel Korthals）によって示されたように、医学的な原因の仮説はゲノミクスの出現と密接に結びついている。コーサルズは、ヒト母集団の中のある小集団が遺伝的に肥満になりやすい素因を持っているとした。この医学的発見は、オーダーメイドの食事の考案から、問題を起こす遺伝子により生産・制御されているどんなタンパク質にも対応する薬の開発にまで至る、技術的解決策を提案するだろうという着想を研究している。コーサルズはこれらの技術的解決策を目指す科学についてだけでなく、医師や医療機関に道徳的責任を委ねるような方法で問題を医療化することについても懐疑的だった。それは病院や診療所に新しい儲け方を提供するだけであるように強く思われた[35]。

ケスラーは、脂肪遺伝子仮説についても批判的であるが、それにはさまざまな理由がある。彼はその仮説が肥満率の増加を説明するのに実際には役に立たないと指摘している。もし、ヒト母集団のある小集団に太りたいと思わせる遺伝子が実際に存在するのであれば、前の時代の集団においても今日と同じくらい肥満が広く分散していたと想定するのは当然である。たとえ人口の何パーセントか、例えば三〇パーセントが平均体重よりも太りやすい遺伝子を持っていたとしても、この脆弱性への反応を強める引き金となる何らかの環境変化が必要だろう。肥満の一因となる医学的に特定可能で治療可能でさえある健康状態はいずれも、せいぜい肥満を引き起こす要因の一つでしかない。環境において何が違うのかを探す理由はまだあり、そして、ケスラーにとってそれは食品産業の無責任な営利活動である。医学的な原因は、薬物や手術、行動療法の形で、肥満の蔓延に対する代替的な対応を提供するかもしれない。しかし、このような対応が倫理的に適切な対応であるかどうかという疑問には、医学的介入の利点とリスク、コストを、遺伝的体質の引き金を引いた環境条件の変化を緩和する政策志向のアプローチと比較した後に、初めて答えが出る。

実際、ケスラーは、彼が食品会社のマーケティング戦略と関連づけたところの食事の変化（より多くの脂肪と砂糖）に対する神経学的・発達的反応を徹底的に調べた相当数の医学研究を精査している。分かりやすい遺伝的体質とは対照的に、ケスラーが引用する研究は、遺伝的差異に関係なく、ヒト母集団にわたってかなり広範囲に影響をもたらすだろう。特に、ケスラーは、示唆に富む（しかし決定的ではない）研究を引用して、幼児期における脳発達の化学について論じている。甘くて脂肪の多い食べものを食べる子供たちは、生涯にわたって甘くて脂肪の多い食べものを食べる癖がつき、空腹の神経信号を止めるという身体の自然な能力を失う。[36] これは肥満率の急激な増加の説明になるだろう。成長期にこってりした甘い食品（スナック菓子、甘いソーダやフルーツジュースなどのソフトドリンク）をしょっちゅう与えられていた人々は、甘くて塩っぱい食べものに惹きつけられ、それが満腹感を感じる能力の低下と結びつく。子供時代に第二次世界大戦後の食品業界の製品の最初のターゲットとなった世代全体が肥満になり、そして今や食生活が関与する疾患に見舞われているのである。

食事と脳の発達に関するケスラーの研究の要約は、遺伝の可能性のある遺伝子発現の変化と、ＤＮＡの内在的な変化に関与しない細胞機能に関する研究のより深い意味合いについては調べていない。食物摂取は人体の各細胞内に存在する生化学的環境に寄与する。これはあなたが食べるもので決まるという、文字通りの意味である。しかし、細胞内の生化学的環境はＤＮＡが機能する環境である。したがって、この環境における変化は、通常の細胞活動においても、細胞分裂の間にも、遺伝子に影響を及ぼす可能性がある。このように、母親や祖母の生殖細胞内で経験された生化学的事象により、人のＤＮＡはその細胞環境のいわば下地が作られている可能性がある。食事関連の疾患の増加がエピジェネティックな影響に起因するという説明は、私たちのＤＮＡは前の世代とかなりよく似ているというケスラーの観察をうまくかわしている。現在では、現世代の祖父母の食事が変化したことが、癌や心臓病、糖尿病などの食事関連の慢性疾患が増加する基礎を築いた可能性を提唱する仮説が立てられ、調査されている。[37] もし、これらの経験的推論が将来の研究によって裏付けられれば、栄養遺伝情報科学の取り込みは、コーサルズと彼のオランダの研究仲間が恐れている肥満の医学化では行われず、肥満と公衆衛生の文脈における道徳的責任の概念についての深く体系的な再考において、実施されることになるだろう。

この医学的原因仮説の要約から、重要な倫理的意味が二つ導き出せる。まず、食事と遺伝子発現、神経活動、そして脳や細胞の発達を結びつけるさまざまな因果関係のメカニズムは、現代世代の肥満の人がテレビを見たり座りがちな仕事をしたりして長時間を過ごしていることと論理的な矛盾を起こさない。このことをもう一度強調することが重要である。実際、運動機会の減少と食事の変化の説明は、相反するというより補完的な仮説である。ここで、補完的な原因が存在するために、食事と肥満、遺伝学を結びつける複雑な仮説の実験での立証は難しくなる。ヒトの子供に対する実験的研究（リスクレベルが高いため、倫理審査委員会によって承認されることは決してないだろう研究）は実施できないからだ。このことにより、自由主義者や食品業界の支持者にとっては、疑念の種をまく余地が非常に大きい。要するに、医学的原因に関する経験的議論は、イデオロギーの観点と経済的利益が支配する文脈の中で起こるだろう。ケスラー自身を、民間企業の敵および政府介入の支持者として描写することは可能である。倫理と政治、科学の絡み合いを解きほぐすことは、今後何年にもわたって科学研究者にとっての手ごわい仕事となるはずだ。

次に言及すべき重要な事柄は、運動機会の減少と食事の変化は補完的な経験仮説であるが、道徳的責任の分析の矛盾を示唆していることである。ある人が仕事や余暇をパソコンの画面やテレビの前で座ったり横たわったりして過ごしたために肥満になった場合、その人が肥満が原因となる病気について道徳的責任を負うのは合理的である。社会科学者や統計学者は、社会の動向を追跡するデータから個人レベルでの因果関係を推論することに警告を発するかもしれないが、食品の過剰摂取や活動量の減少の説明に説得力がある限り、太った怠け者はその健康問題に道徳的責任があるとみなされ続けるだろう。しかし、おばあさんが食べたもののせいで、あなたが糖尿病や過体重であるなら、あなたの健康上の問題の責任をとるべきはおばあさんである。おばあさんは道徳的に責められるべきではないかもしれないが、それはおばあさんが自分のしていることをおそらく自覚していなかったからである。このことから得られる教訓は、食生活が関与する疾患の素因を受け継いだ人が実際に発症したとき、全面的にその責任を問われるということには、明確な意味がないということである。

結論

実は長い道徳的飲食論の歴史の中に、食事と肥満についての伝統的な道徳的・科学的思考様式を今日の事情から切り離す、大きな断絶があることを見てきた。統計的に観察可能な肥満の増加とそれに対応する糖尿病や心臓病、特定のガンの増加に直面しながらも、私たちは食習慣を道徳的義務とみなす明確な手段を持っていない。人々が痩身で健康でいることについて、個人的な動機は十分だ。太った人は、人生において多くの面であまり成功できないという通説を、科学的証拠が裏付けているからだ。しかし、体重管理についてのこの純粋に良識的な理由の説明からさらに進んで、それを道徳的義務とみなすことは難しい。

一つのありうる系統的論述は、集団的行動や共有資金のジレンマとの類似性を引用するものである。この見解によれば、太りすぎることは、消費活動が汚染や気候変動の一因となるのと非常によく似た形で、肥満でない人々に保険の不当な費用を課すことになる。たとえ個人による集団的結果への寄与が小さく、他の人々による同様の活動がない場合には害を及ぼす程ではないとしても、個人的行動の集団的結果は全員によって共有される負担の原因となる。この類似性は不完全である。誰もが大気汚染や水質汚染に苦しんでいるのと同じように、誰もが健康保険により高い料金を支払い、食生活が関与する疾患が医療制度に与える負担に苦しんでいる。しかし、太った人がこれらの病気に苦しんでいるという事実と、彼らには個人としてそれらを避ける良識的な強いインセンティブがあるという事実には、重要な違いがある。実際、肥満の人に、保険料を抑えることに対して道徳的責任があると告げることは、このような食生活が関与する疾患の罹患率における増加の犠牲者を非難するように聞こえる。自分の状態を享受している肥満の人はほとんどいない。食事の無効性に関する実証的研究は、個人的行動の集団的結果という道徳的責任の説明が合理的、効果的かどうかを疑問視する理由になる。

脳の発達と遺伝学、エピジェネティックなメカニズムを重視する食事と健康の関係に関する最近の研究は、肥満や食生活が関与する疾患の増加に対して個人が全責任を負うとするあらゆるアプローチを疑問視する根拠をさらに提供している。かくして、デビッド・ケスラーのような医学の権威は社会的な原因をますます指摘し、社会的な救済策を推奨している。しかし、これらの救済策は、私たちが何を食べるかについては、本人以外の誰の問題でもないと考えるように私たちを導いてきた哲学的伝統と深く対立する。これらの伝統はまた、政府が活動を後援するのが適切な分野と、消費者の需要だけに基づいて製品を自由に開発・販売する分野とを切り離す、責任の境界線を引く。ここでもまた、食生活が関与する疾患の罹患率の上昇は、環境問題と集団行動のジレンマとどこか似ている。政府の規制はきわめて適切で、政治的に正当なものと見なされるかもしれない。しかし、公害や環境負荷を規制する上での政府の役割にはいつも議論が巻き起こる。公害と、食生活が関与する疾患の増加は、何が違うのだろうか。

要するに、私たちは食事と肥満の問題について議論や討論をするための有効な道徳的語彙を、未だ持っていない。この観察の哲学的意味は、人のメタ倫理観にかかっている。倫理の基本概念とその根底にある論理は、分析的真理と非矛盾の問題であると考える哲学者は次のどちらかのように考えるだろう。倫理学者が食事と肥満について言えることは何もないと結論づけるか、本章における私の考察が、問題を解決し、倫理的責任がどこにあるかを示すための重要な観察を見過ごしたと結論づけるかだ。私はむしろ、道徳的能力とは、私たちの談話の機能であると考えたいと思う。食事と肥満が倫理的に示唆するものについて話し合い、議論を始めれば、私たちは多くの人々の痛みと、悲惨な状況の原因となっている深刻で困難な社会問題に向き合う。その中で、前進するための規範や原則を特定・明確化する、より強力で説得力のある方法を発見・開発するだろう。さらに広く言えば、食事と肥満の問題を霧のように覆い隠す倫理的な低迷は、食べものの重要性を、交差する場、すなわち、遠く離れて関連性がなさそうに見える社会的・政治的トピックを私たちの個人生活に統合する接点として見ることで、少し晴れていくかもしれない。

さらに、この対話式の論題は、食農倫理学への横断的なアプローチによって強化されるだろう。私たちは食事と肥満の倫理について話す必要があるが、それは一つには、ここに強い葛藤があるという社会的認識を獲得するためである。肥満と慢性疾患の原因について考えるとき、私たちは多くの理由を見つけるが、その全てが同時に作動し、増大しつつある社会問題に相互作用的に寄与している可能性がある。しかし、倫理の問題としての食事と肥満の議論に移ると、相互に背反する可能性がいくつもあることがわかる。それは、個人または社会全体（あるいは政府や食品業界の企業などの特定の団体）か、あるいは道徳的に責任があると見なされる遺伝子のいずれかである。どれか一つの仮説を採用すれば、他の仮説は窮地を脱する！　これにはあまり意味がないが、後の章で見るように、肥満と食料安全保障、そして人間以外の生き物と環境への影響がまったく別の問題であると考えることも意味がない。食農倫理学は関係性の中で生きており、私たちはもっと多くの接点を検討する必要がある。

4　食農倫理学の根本問題

肥満は、食べものが多すぎるがゆえの問題だが、それよりも、食べものが少なすぎるがゆえの問題を食農倫理学で扱うことの方が、私たちにはずっと馴染みがある。空腹による不快感は、誰でもある程度は理解できる。もちろん、ディナーが運ばれるまでの一時的な空腹と、長期にわたり十分な食料がなく暮らしている人の苦しみを同様に考えることは、恐しく不適切だろう。ただ、もしわずかでも空腹感を味わった経験があれば、世界中の貧しい人々が経験しているような極度の、あるいは慢性的な食料不足の深刻さに、間接的にとは言え触れたことになる。飢えていない人々は、飢えている人々に対して道徳的義務を負うという考え方は、少なくとも聖書の時代から存在していた。

第二次世界大戦が終結し、国際機関が生まれ、世界規模の発展が始まって以降、飢餓の問題について論じるための専門的な語彙が出現した。自主的に食事を控えている裕福な人と異なり、慢性的な食料不足に曝されている人は、栄養不足または食料不安と呼ばれている。食料安全保障（food security）という用語は、まさに今栄養不足の状況に耐えている人と、近い未来に十分な食料を確保できない人の両方を含むが、このことを自然に理解できる良い表現である。くだけた言い方をすれば、そのような人は明日の食事にも事欠いている人である。食料不足と栄養不足に付随する害は数多くある。空腹感に伴う苦しみもさることながら、栄養不足の人は多くの病気や慢性疾患にかかりやすい。栄養不足の子どもは、発育障害と認知機能の障害から大人になっても苦しむ傾向がある。本章では食料安全保障の倫理的側面を中心に見ていくが、飢餓状態の人を襲う苦悩の深刻さと多様さをしっかりと心に刻みつけることが重要である。

飢餓は、至るところで問題になっている。産業化社会は、慢性的な栄養不足を予防し、経済危機や天災の時に経験しうる短期的な食料不足に対応するために、さまざまな社会的対応策を講じてきた。それにもかかわらず、さまざまな要因から起こる食料不足が根強く残っている。例えば、合衆国農務省（USDA）のために作成された文書では、「アメリカの世帯の推定一四・五パーセントが二〇一二年の間に一回以上食物不安を抱えていた。つまり、彼らは一家全員が活動的で健康的な生活を送るのに十分な食料が入手できなかった」ということである。[1] 国連の食糧農業機関（FAO）によれば、発展途上国の人口のおよそ一五パーセントが、さらに長期間にわたり慢性的な飢餓と栄養不足を経験している。この集団にとって、飢餓は生命にかかわる状況だ。[2] 重要なのは、先進工業国と発展途上国の双方における飢餓の事実と、その程度や性質を示す数字を把握することである。読者諸氏はネット検索により、詳細な最新情報を得られる。よって、本書では食農倫理学に焦点を当てていく。

道徳的問題としての飢餓

お腹を空かせたままでいることは、良いことではない。それは、食農倫理学の本を開くまでもなくわかることだろう。読者諸氏の中には、運悪く本当の空腹を経験した者もいるかもしれないが、ほとんどの人は誰かに支援を求められた時にはじめて飢餓について考え、道徳的問題に直面しただろう。もしかしたら、街で見知らぬ人に食べものを買うために物乞いをされたことがあるかもしれない。世界には、足を踏み入れると物乞いに取り囲まれるような街もある。彼らは、明らかに貧しくて困窮している。また、教会や学校を通じて寄付を求められたことがあるかもしれない。アメリカ援助物資発送協会（Care）やオックスフォード飢餓救済委員会（Oxfam）あるいはユニセフ——すべて貧困の緩和のために活動する国際組織——から、地元のフードバンクに至るまで、何百もの慈善団体が寄付を募っている。他にも、地元のスーパーで食料を購入したとき、缶や袋入りの食品の寄付を頼まれたことがあるかもしれない。可能な限りそのような寄付をするべきという感覚を全員が持っているとは言えないが、多くの人は直感的に、空腹な人々への援助は道徳的に良いことであると感じているのではないかと私は思う。

食事と肥満の問題とは異なり、過去五〇年間においては、飢餓の道徳的側面について書かれたものが多くある。一九世紀の「三人のM」（マルサス、マルクス、ミル）の哲学による研究の遺産は、ピーター・シンガーの一九七二年の論文「飢饉、富、道徳」の発表と共に大きく広まった。シンガーは、当時インドの東ベンガルを襲っていた飢饉の解決に向けて、個々人が自発的な貢献をすることに賛成していた。彼の主張は、シンプルだ。もし少ない費用で誰かの身に降りかかる深刻な被害を防ぐための助けになるならば、その行動をしなくてはならない、というものである。彼は事実上どの倫理学の理論もこの原則を支持すると主張し、数ドルのちょっとした寄付であっても、皆が（あるいは、多くの者が）その後に続けば、飢饉の被害者に大きな貢献ができるだろうと述べた。[3]

シンガーの論文が発表されたとき、世間には食料安全保障が悪化するという恐怖が広がっていた。一九六八年に、ポール・エーリック（Paul Ehrlich）とアン・エーリック（Anne Ehrlich）が刊行した著書（同書はポールだけが著者としてクレジットされている）は、一九七〇年代を通じてアジアとアフリカ、ラテンアメリカに食料危機が訪れると予測した。[4] 生態学者ギャレット・ハーディン（Garrett Hardin）は一連の論文の中で、無制御な人口増加が飢饉を生み出し、食料を巡る暴力的な紛争は避けられないと論じた。ハーディンは、私たちが取りうる唯一の倫理的な対応とは、飢餓と栄養失調による死亡者数は、人口増加による死亡者数よりも、最終的には少ないと認識することだと述べた。[5] 利他主義——シンガーが推奨していた援助——は、ハーディンの見解では、近視眼的な指針である。ハーディンのこの主張は、お腹を空かせた誰かに助けを求められても何も感じない人の心には届くかもしれない。

多くの大学の課程では、倫理と食料安全保障に関する論考の基本的な出発点として、シンガーとハーディンの論文を紹介している。しかし時の流れとともに、近い将来、また飢饉に見舞われるかもしれないという緊張感は薄れていってしまった。エーリック夫妻は二〇〇九年の著書で、自分たちはあまりに悲観的であったと認め、緑の革命型の農業開発プロジェクト（第7章で考察する）のお陰で、一九七〇年代に来ると予測した飢饉を避けることができたと述べた。[6] それと同時に、根本的な問題は、いまだ取り組まれていないままであるという見解を表明した。資源の欠乏と人口増加という最も重要な倫理的問題は、今では環境の持続可能性——私たちが第6章で考察する議論——のもっと大きな議論の一部として取り込まれている。しかし、これは食料安全保障の話をする必要がなくなってしまったということではない。先に紹介した統計は、栄養不足は依然として、世界の貧困層のかなりの割合の人々にとって問題となっていることを示している。

その一方で、シンガーの論文に対して行われた多くの哲学的考察は、当初の焦点である食料安全保障の問題から話が逸れてしまった。第1章で指摘したように、ピーター・ウンガーなどの哲学者は、もしシンガーの論理に忠実に従うならば、私たちは今よりも、他者にはるかに多くのものを与えなければならないだろう、という考えを力説している。しかし他の哲学者はそれに異議を唱え、シンガー自身もそれは心理学的観点から荷が重すぎると認めている。[7] 他の哲学者は、お腹を空かせた人が目の前にいようが遠い国にいようが、道徳的にはその距離は関係ないというシンガーの発言に焦点を当ててきた。この議論では、自分の家族や近所、町内、あるいは自国の人間を優先することは道徳的に容認できるのかが話合われてきた。このような議論は間違いなく食農倫理学に属するものではあるが、食料安全保障について批判的に考える手助けにはまったくならない。一つの問題は、飢餓の道徳的側面は、貧しい人から食べものを求められる経験をすることで自分事として感じられるという私たちの直観が置き去りにされていることである。

アマルティア・センの貧困と飢饉

一九七〇年代以降は、戦争や紛争に関連するものは別として、比較的飢饉が起こらなかった。食料安全保障の問題に対する危機感が減り（しかし、食料危機は実際には起きている）、慢性的な貧困の問題として見られることが多くなってきた。考え方がこのように変化していった主な理由は、ノーベル賞経済学者アマルティア・センによって提出された、飢饉に関する二つの影響力のある分析にある。センはさまざまなデータを用いて、東ベンガルとエチオピアの飢饉において、食料は地元で入手可能であった、もしくは近隣から調達しようと思えばできたと論じた。センの研究は、少なくともこのケースにおいて、食料不安は食料そのものが不足して起きた問題ではなかったと示した。この発見は、ハーディンとエーリックにより広められていた考え方とは真っ向から対立した。センの研究が、食料安全保障に取り組む人に浸透し始めると、それはスローガンのような言葉、「空腹は生産が少なくて生じる問題ではなく、食料配分の不均衡によって生じる」と要約されるようになった。

しかし、センの分析には、このような要約よりもっと深い意味があった。センは『貧困と飢饉』(*Poverty and Famines: An Essay on Entitlement and Deprivation*)において、私たちは個人のフード・エンタイトルメントという観点から、食料安全保障を考えるべきではないかと提起した。エンタイトルメント(権原)という言葉は、誤解を招くかもしれない。センは法的権利(医療サービスや雇用保険など)や、ある人や政府から要望されうる道徳的な食料入手の権利さえ念頭にはなかった。センはこの用語を、所与の個人の食料へのアクセスを、制度的に構造化する三つの方法を説明するのに用いた。第一に、所得に基づくエンタイトルメントである。食品を買えるだけの所得があれば、食料が確保できる。産業化社会のほとんどの人々にとって、食料安全保障は所得に基づくエンタイトルメントとして構造化されている。私たちは食品を食品店とレストランで購入する。つまり、ニーズを満たすのに十分な食品を購入できるだけの所得がなければ、私たちは食料不安に陥る。

ここでもほとんどの産業化社会では、個人が食料不安に陥った際に利用できる制度を設けている。合衆国には、フードスタンプの後継である補助的栄養支援プログラム（ＳＮＡＰ）がある。所得が減った人や失業した人は、このプログラムに申請し、食品と交換できる引換券を受け取る。イギリスは二〇一二年、同様のプログラムを地域毎に利用できるようにすると公表した。他の諸国は、食料と住居を含む基本的な生活費を確保する一般所得扶助制度を設けることにより、この問題に取り組んできた。所得に基づくエンタイトルメントが十分でない人々のために、無償で食事が提供される食堂などの非政府の慈善活動もある。この種の制度的構造をセンの用語で、供与物や助成金のエンタイトルメントと呼ぶ。

　センが自著の中で分析した東ベンガルの食料不足は、急速なインフレで説明可能だ。これにより所得の低い人々は打撃を受けた。食料生産とは関係のない経済的現象のために食品価格が急騰し、食品が店に並んでいても、所得が上がらなかった人には買うことができなかった。ＳＮＡＰの給付などにより定額の商品券をもらっていたとしても、そのようなゆとりはなかっただろう（しかも、センが研究していた期間、インドにはそのような制度はなかった）。彼の論点は、食料供給の混乱がなくても、経済的な不安定さは、所得に基づくフード・エンタイトルメントがある者の安全すらも脅かすということである。しかし、これはセンが研究したエチオピアの飢饉の説明にはならなかった。この飢饉は、天候の異常に伴う干ばつと疫病から起きたが、飢饉が起きた地域からほど近いところでも食品の入手は可能だった。しかし、エチオピアの農家の手には届かなかった。

　このような農家は、センが直接的生産のエンタイトルメントと呼ぶものを持っている。彼らは自分たちで食べる物を栽培していたが、皮肉なことに、直接的生産のエンタイトルメントを持つ小規模農家は、東ベンガルを襲ったような食料不安で苦しむことはない。経済的な危機の際には苦しむかもしれないが、自分の土地を耕す権利が保障されている限り食料は十分に確保できる。あるいは、土地と肥料（動物の堆肥から作られるかもしれないもの）、水へのアクセスが保障されている限り食べる物には困らない、と言うべきだろう。しかし、直接的生産のエンタイトルメントのある人々は、イナゴの異常発生や干ばつ、洪水、砂塵嵐、ハリケーンなどの自然由来の古典的な飢饉に対しては弱い。また、農作物を直接畑から盗んでいく侵入者に対しても脆弱である。侵入者は野生動物――シカやレイヨウ、昆虫――の場合もあれば、人間の場合もある。[8]

この三本柱からなるフード・エンタイトルメントの構造――所得に基づくエンタイトルメント、供与物や助成金のエンタイトルメント、そして直接的生産のエンタイトルメント――は、食料安全保障について理解を深めるための基礎となる。この理解により、「食料安全保障とは、分配の問題である」という曖昧な解決策を乗り越えることができる。それぞれのエンタイトルメントがそれ自体に特有の脆弱性を持っていることを認識することで、飢餓と栄養不足の倫理について注意深く洞察し、考察することができる。特に重要な点は、三つのエンタイトルメントが、予期しない、悪意のある形で相互に関連し合うことがあると見抜くことができることだ。

帰ってきた道徳的問題としての飢餓

多くの哲学者は、センの飢饉についての研究や、ケイパビリティ[*1]と人間開発についての研究から、ざっくり以下のようなメッセージを受け取った。食料安全保障とは、食料不足の問題ではなく、むしろ、貧困と所得に関連する問題である。もしも人々を貧困から救い出せたならば、食料安全保障の問題は解消するだろう。本書を執筆している時点で、世界銀行が定める最も貧しい所得基準は一日一ユーロ（あるいは、年間約四七五ドル）である。栄養不足と食料不安のリスクがもっとも大きいのが、この閾値より下の人々である。これを前提とすると、開発倫理について書いている哲学者が、飢餓と食料安全保障、食料入手の権利について語るのを二〇〇五年までにほとんど止めてしまったことは、さほど驚くべきことではない。[9] 生きるには食べものが必要だということは誰もが分かっていることだが、住居と衣服、医療も必要である。もしこれらの需要を満たせない原因が貧しさであるならば、食農倫理学の長い講釈にはあまり意味はない。

実際、グローバル化に伴い、世界規模で生じる諸問題について倫理学的に検討する多くの研究は、ピーター・シンガーの一九七二年の著作に倣い、貧しい人に対して裕福な人々がもっと支援をしなければならないと説得することが大きな仕事だと結論を出している。しかし、これに関連して、センの飢餓に関する研究が影響力を持つ前の一九七〇年代まで遡ることは、非常に啓発的なことである。人々がシンガーの論文を読んだとき、誰もが飢饉の犠牲者を助ける方法は食料を送ることだと思い込んだ。実際、一九七〇年代の世界的な開発援助の多くは、食料援助を中心に組織されていた。合衆国は、一九五四年から、「平和のための食料」（Food for Peace）政策として一般的に知られている国際援助プログラムの主な構成要素を、公法（PL）四八〇を通じて構築した。合衆国の農業の余剰作物は政府が購入し、世界中の飢えた人々に再分配されることになった。「平和のための食料」は、ほとんどのアメリカ人の支持を得ている数少ない対外援助政策の一つであった（そして今もそうである）。

お腹を空かせている人々に食べものを与えることは、世界の発展途上地域の貧困に対処することを目的としたあらゆる慈善活動の主なメッセージとなった。これは今日も続いているテーマであり、お腹を空かせた子どもたちを助けるというイメージが、Oxfam やワールド・ビジョン（World Vision）といった慈善事業に寄付する大きな動機となっている。ある意味、シンガーの元の主張は、飢餓の倫理学の焦点であり続けている。センの分析が、おそらく現地には食料があるだろうと示したとき、慈善活動はいくらか下火になった。しかし、注意深く彼のフード・エンタイトルメントの研究を読めば、もっと複雑な示唆があることに気付くはずである。

食料援助が貧困国に届くとき、必ず所得に基づくエンタイトルメントのある人々が恩恵を授かる。発展途上国において食料が無料で配られる、あるいは（もっと一般的には）地元の市場で相場以下の価格で売られることで、街で暮らす貧困者は食品が入手できるようになり助かる。しかし簡単な経済の話で、以前から商店に並んでいた食品の値段は下がってしまう。結局、食品を求めて市場に訪れた人の一五〜二〇パーセントが援助品等で満足してしまうので、店主は在庫をさばくために価格を下げることになる。これは日持ちしない食品について顕著で、加工されていない食品の多くは腐りやすい。

この時、直接的生産のエンタイトルメントのある人々には何が起きているのだろうか。一日一ユーロで生きている人々には何が起きているのだろう。自給自足の生活をしている農業従事者は食べる物はほとんど自分で賄えるが、生活上で必要なものは他にもある。そのため、豆やアワ、大麦をカゴに積み込んで村の市場へ運び、生活に必要な品を揃えるために農作物の一部を販売する。彼らが商品を並べて座っている横に、「平和のための食料」のラベルとアメリカの旗のついたトウモロコシや米、小麦、大豆の大きな袋が運び込まれてくる。彼らは豆やアワ、大麦など持ち込んだ作物が希望の価格で売れないことを認識して落胆する。要するに、都市部の貧困者に対する慈善的援助（すなわち、彼らの所得に基づくフード・エンタイトルメントを供与物や助成金で補助すること）は、実は直接的生産のフード・エンタイトルメントを有する人々の生計手段の価値を下落させている。[10] これこそが食農倫理学の根本的な問題なのである。

貧しい農業従事者のための食料安全保障

都市部の貧困者のための食料安全保障の強化は、かねてより「所得を上げつつ、食品価格を低く抑える」という二つの側面の問題と考えられてきた。ここには良識と常識が働いており、所得に基づくエンタイトルメント、または供与物と助成金の観点から食料安全保障について考えている限り、これに異論を唱えることは難しい。しかし、貧しい農家にとっての食料安全保障は、これよりはるかに複雑なものである。地元の市場でレンズ豆の大きなカゴの後ろに座り、村へ食料援助が届くたびに、客の激減に直面する貧しい農民（多くの場合は女性）の状況を想像してみよう。気付くべき点は、すでに述べたとおりである。このような農家は皆、生きるために何かを売らなくてはならない。道具や薬、その他の必需品を手に入れるために、農作物を売る必要のない者もいるかもしれないが、その数はほとんどゼロに等しい。さらに、自分たちが育てたものを食べている自給自足の農家でさえ、市場で食品を買う必要に迫られるケースはよくある。例えば、作物の収穫前に去年の蓄えが尽きたときなどだ。その際には、農家も食品が安く手に入ることを望むかもしれない。ただし、このような厳しい時期に食品を買うお金は、彼らが以前に農作物を売って得た収入であることに留意すべきだ。

二つ目のポイントは、自給自足農家という考え方そのものである。最初に思い浮かぶイメージは、文字通り自分たちが食べるものをすべて栽培し、育てたものをすべて食べている人々である。そのようなイメージに近い農家もあるが、家での消費用に一つの作物（または作物の一部）を栽培して、現金収入を得るために他のものを栽培しているという農家の方が一般的である。これは特に、綿花やコーヒー、茶、ヤシや大豆などの油料作物といった、食べることができない物を栽培している小規模農家に当てはまる。そのような農家で、換金作物だけを栽培しているところは非常に少ない。そのような農家はたいてい小さな圃場、何本かの果樹、プランターや植木鉢で何か食べられるものを作っている。また、森で果物やきのこ、イモ類を採取しているかもしれない。また、魚を釣ったり、狩りをしたりすることもある。食品をすべて店で買っている人たちにとって、直接生産型のフード・エンタイトルメントがどのように構成されているかをすべて想像することは難しい。それは地域によって異なることは言うまでもなく、農場毎に非常に異なる様相を見せるだろう。さらに、季節によってもさまざまな形で直接生産型のフード・エンタイトルメントに影響を及ぼす。いずれにせよ、小規模農家の食料安全保障は、食べるための何かを生産できること、売るための何かを生産できること、そして、農作物がとれない時期に必要なものを市場で買えること、という複雑な組み合わせで構成される。

三つ目のポイントには、生産に基づくエンタイトルメントの脆弱性により、影響を受ける人々の数が関係している。食料安全保障に関する国連特別報告者、オリビエ・デ・シュッター（Olivier de

Schutter）は、一日一ユーロ（およそ一・三〇ドル）未満で生活する世界人口の、およそ五〇パーセントが食料生産者であると推定している。さらに極度の貧困層の二〇パーセントは、食料と繊維の生産から得られる収入に依存している。彼らのフード・エンタイトルメントは、収入と直接生産が合わさったものかもしれない。しかし、彼らの所得は、農作物と家畜の生産のための労働力として、あるいは輸送、供給、農業を支える他の活動を通して間接的に、農業に依存している。さらにそのうちの一〇パーセントは、狩猟者やゴミ漁りをする人であり、そのフード・エンタイトルメントは、少なくとも森林やその他の共有資源へのアクセスにも依存している。これらの割合は、従来の食料援助が世界の最貧層の二〇パーセントの人々に恩恵を与えている一方で、残りの八〇パーセントの人々にマイナスの影響を与える可能性があることを意味している。この最貧層の八〇パーセントにとって［食品を売ることによる］収入の向上が重要であることは間違いなく、それは都市部に居住する世界の最貧困層の残り二〇パーセントの人々についても同様である。貧しい農家は、生活必需品を確保するために、より多く、より確実な収入源を必要としている。しかし、確実なフード・エンタイトルメントを獲得する能力と、収入を増やすことによって強化されうるその他の能力との関係は、都市部の貧困者よりもかなり複雑である。

農業開発に携わる経済学者やその他の専門家は、何が実際に小規模農家支援になるかについて議論している。ある者は、小規模農家は食品を購入する必要があるため（特に価格が最も高くなる時期に食品を購入する可能性が高いため）、都市部の消費者と同様に、世界的な食料価格が低くなれば、実際には恩恵を授かることになると主張する。小規模農家が貧困から抜け出るには、技術を向上させ、より多くの商品を販売できるようにさせる必要がある。一方で、自給自足農家には二つのことが必要だと主張する者もいる。農作業の生産性を向上させることと、あらゆる種類の農産物の世界的な価格がゆっくりと安定的に上昇することである。この見解では、たとえ世界的に綿花価格が上昇しても、小規模な自給自足農家の食料安全保障は高まる。私は、マセル・マズワイ（Marcel Mazoyer）とローレンス・ルダー（Laurence Roudart）の研究によって、この見解に幾らか納得できた。マズワイとルダーは、農業システムが人類史のなかでどのようにして社会制度を可能にし、相互に浸透させ、文明を生態学的なニッチに定着させたかを示している。基本的な生産力――消費されるエネルギーと、その後に収穫可能な作物の形で刈り取られたエネルギーの比率――は、今日のもっとも貧困な小規模農家の多くにおいて低すぎであり、もっと良い方法が必要であると彼らは主張している。しかしながら、生産力を大幅に向上させた一部の小規模自作農家も、世界の食料価格が低すぎるために、依然として貧困のままである。[11]

経済学者が世界的な食品価格の上昇を警戒する理由の一つは、小規模農家が値上げの恩恵を受けることは滅多にないからである。事実、農場での生産方法の技術的改善はトレッドミル現象[*2]を引き起こし、しばしば小規模農家にとって害となる。新技術が利用可能になると、初期にそれを採用した者は生産コストが平均より低くなる。市場価格は平均生産価格を反映するため、初期の採用者は棚ぼた的に大金が手に入り、それをさらに生産の拡大に投資するのが一般的である。その技術が広く行き渡るにつれて平均の生産コストは下がり、それに伴い市場価格も下がる。しかし、遅れて新技術を採用した者は平均より高い生産コストがかかるため、原価が回収できない。結局、彼らは破産し、農場は放棄される。土地市場が安定しているところでは、初期の採用者が、価格が下がる前に獲得した利益から得た資金でその土地を購入する。新しい均衡状態に達すると、すべての農家は同じ場所に留まるため、気がつけば前よりたくさん働いている（すなわち、もっと生産している）。新しい技術が生まれる前に享受していたのと同じ経済レベルに達するには、作物を以前より多く生産・販売しなければならない。

最貧の農家は新しい技術をいち早く採用する競争で、もっとも不利であることも多いため、トレッドミル効果が観察されるとき敗者になる可能性が高い。一方で、規模が大きく裕福な農家は、さっさと土地を手に入れ、さらに豊かになる。しかし、経済的な理不尽はそれに留まらない。都会の消費者は食品に定価を支払うことに疑問を持たないので、生産現場で物価が低下しても、中間業者――商人や食品加工業者、小売業者――が儲かるばかりである。効率的で生産的な農法による恩恵は、最貧の農家には享受されず、所得に基づくエンタイトルメントを持つもっとも貧しい人々の手にも届かないことがほとんどだ。しかし、私たちは食農倫理学の導入における開発専門家の議論を終わらせるつもりはなく、この問題については一つの注釈をつけて未解決のままにしておくことが最善かもしれない。価格変動は、値段が低いときに売り高いときに買う可能性が高い小規模農家にとって不利になるということには誰もが同意する。食品価格の相対的な上昇が貧しい農家にとって良いことであっても、これは過去一〇年間の特色であった価格の変動と下落を支持する論説ではない。

倫理学的観点からの分析

では、この経済的な状況を倫理学の観点からどのように理解すべきだろうか。私は一九九二年に、『援助と貿易の倫理』（*The Ethics of Aid and Trade*）の「道徳性と、食料難の神話」の章で、権利に基づく道徳理論と功利主義的な道徳理論の両方が、物資の自然な不足の仮定を通じて、分配における正義の問題の骨組みを作ってきたと論じている。[12] その欠乏は、所得に基づくエンタイトルメントと生産に基づくエンタイトルメントが互いにどのような緊張関係にあるかのヒントを示す。しかし、他の多くの消費財とは異なり、食品の需要には上限がある。衣服や電子機器はいくらあっても困ることはないが、食品は一定量以上はいらないのである。このことが食品の市場性に上限を設ける。上限に達すると、農家はいくら価格を下げても買い手を見つけることが絶対にできないのだ。[13] お金がすぐに必要ないときは、農家は作物の一部を市場に出さずに保管して、この問題に対処していた。翌年の畑の肥料にすることもある。前述のように、センの研究は、食料の不足によって飢餓と飢饉が起きることは、最近ではほとんどないことを示している。市場や所有権、マクロ経済力（急速なインフレなど）の崩壊が、フード・エンタイトルメントの確保を妨げる核心を成しており、食品を買えないときも売れないときも崩壊が起きる可能性がある。

第二に、権利に基づく道徳理論と功利主義的な道徳理論はいずれも、地域単位でフード・エンタイトルメントの崩壊をもたらす財産権の体系の正当化に大いに役立っている。人々が横で食料の配給に列をなしていても、農家は自分たちの作物を肥料にするし、そうすることに疑問を感じていない。[14] こういった道徳哲学から延長した話は、貧しい農家が直面している窮状に、まったく無頓着であることが証明されている。特に功利主義者は、そこに問題があることを認めない。先に説明したトレッドミル効果に似たことは、他の多くの業界でも見られる。生産方法や流通方法が発展し、効率性が上がるにつれて、それに乗り遅れた企業は倒産する。こういった倒産に伴う痛みや損失はあるが、経済の他の部分での利益

——消費者が安い価格で手に入れられる、もしくは仲介会社や雇用主に還元されるもの——が、こういった損失を上回る。この結果は、かなりわかりやすいパレート改善である。[*3] すなわち、社会全体としての利益は、少数の人々が被るかもしれない実害を補うのに十分な大きさであるということだ。これは、功利主義の根本原理が、食料安全保障にどのように適用されるべきかを理解するもっともらしい方法である。最大多数のための最大幸福の達成を目的とするならば、利益がコストを相殺するとき私たちは正しい方向に動いていると言える。[15]

実際に、ジェフリー・サックス（Jeffrey Sachs）のような成長志向の経済学者たちは、先進国における農業の工業化を擁護する中で、この主張を明確に述べている。彼らは、農作物生産者の間で所有権の集中が生じ、労働者が次々と農業雇用から離職するプロセスを、途上国も歩まなくてはならない道であると考えている。[16] このような成長志向の経済学者たちにとって、農業は単に産業の一つの分野に過ぎず、私たちは最大限に可能な福祉という功利主義的な目標を達成する。[17] 経済全体がこの原則に則って組織化されたとき、可能な限り効率的に商品を生産しなくてはならない。経済成長によって相殺されるという提言は、この功利主義的な哲学の最も先鋭的な特徴である。農業経営に失敗した者が負う痛手は、カント主義の信条を持つ道徳哲学者は、この論法は敗者が負う痛手を一種の併存する損害として扱い、よって、道徳性に関するカントの最上の原理である定言命法に背いていると主張している。この見解によれば、コストが内部化されるべきと主張する道徳的根拠は、本当の効率性を獲得することよりも、効率を最大化するすべての計算の基本原則を規定する一連の副次的な制限と関係がある。人は、他人を自分の目的達成の手段としてだけ扱うような行動をしてはならない。人は他人を自律的な主体として尊重しなくてはならない。それは、万人のための平等な自由の原則に一致する人生計画を追求するという、彼らの基本的自由を損なってはならないことを意味する。

トレッドミル効果の正当化に対する賛否は、このように、結果を重視する功利主義者と権利を重視するカント主義者の間の哲学的論争の好例となっている。それらはまた現在進行中の、財産権の性質と経済的リスクを負うことについての豊かな哲学的議論への道を開く。今ここで説明した要約は、せいぜい功利主義者とカント主義者の哲学的議論の最初の一歩であって、彼らはもっと洗練された疑問について互いを批判し続けるかもしれない（例えば、経済的損失をカバーするために定言命法を拡大することは、カント主義の観点からも常に正当化されるものかどうかが疑問視されるかもしれない）。しかし、この問題を哲学的な難問の一例であると見ているだけでは、現場の事実がどのように道徳的に重要かを見落とすことになりかねない。危機に瀕しているのは農業生産と食料消費であるという事実は本当に重要であり、世界の最貧困層の半数以上の人々が現在、直接生産のエンタイトルメントを通じて食料を調達しているという事実も同様に重要である。生産者と消費者の間に生じる葛藤は、いままで紹介してきた事例以外にもさまざまな形で表れるだろう。

実際、カント主義の観点からのフード・エンタイトルメントについての議論は食料の交換関係とその他の交換関係の事例の相違点を裏付けている。例えば、ヘンリー・シューは、基本的権利を論じるなかで、他の多くの政治的自由や社会的権利よりも優先されるものとして、フード・エンタイトルメントをあげている。シューは、言論の自由や集会の自由などの自由でさえも、食料を得る権利がすべての人に確保されるまでは、社会的資源を投入してまで確保することは適切ではないと主張している。[18] 彼は、言論の自由は十分な食料のない者にとっては意味がないので、生存権はその他の権利よりも優先されるという考え方に依拠している。世界人権宣言で認められている食料入手の権利を支持するために、多くの同様の主張がなされている。しかし、この権利志向の思考パターンは、農村部と都市部の貧困層間の緊張関係において、生産者側よりも消費者側の道徳的意義をはかるに強く支持するものである。倒産して、農場を失った小規模農家には食べる権利があるが、食料の生産にかかったコストを埋め合わせ、農家としての生活を続けることができるだけの価格を付ける権利もまた食べる権利に含まれているとは考えにくい。別の言い方をすれば、食べる権利を主張することは、小規模農家の人としての権利は守ることになるが、彼らが農家としての生業を続けることについては何も保証しない。

なぜ農家が道徳的に重要なのか

論理的な一貫性を持って、小規模農家は農民としての特別な考慮には値しない――ただし、貧困者であったり、飢えていたりする者としては考慮に値する――と結論づけて、ここで問題を締めくくることはできる。また、これは少なくとも皮肉な見解であることに留意して、次の分析のプロセスに進むこともできる。農業従事者は自身や他者を養う手段を持っているにも関わらず、経済的に農業収益では貧困から抜け出せないために、それらの手段を活かす機会を奪われている。彼らは食料を自分で生み出すことができる。それでも私たちは供与物や助成金に依存する受け手として彼らを完全に位置づけ、それが道徳的に正しい結果だと考えるのである！　すでに言及したように、伝統的な功利主義的立場は、より効率的な農業生産の代償的な社会的利益を重視することによって、この皮肉を活用できた。

貧困と飢餓のより緻密な倫理が、すでに紹介した二つの点を振り返ることによって始まる。第一に、世界の食料価格が上昇したときに暴動を起こしたり、抗議の叫び声を上げたりするのは、貧困や飢餓に苦しむ人々の半分にも満たない。彼らのほとんどはカメラが来ない田園地帯にいて、綿花や羊毛、コーヒー、茶葉の市場での複雑な位置づけによって、その能力と幸福をほどほどに保証されているかもしれない。貧困は、一様に括れる現象ではない。私は、都市部の貧困層の叫びを無視しろと言っているわけではない。所得に基づくフード・エンタイトルメントに依存しているのは、多くとも問題の半分である（おそらくは半分よりずっと少ない）と言っているだけである。現場で飢餓に対処してきた経済学者のように、センの研究はエンタイトルメントが出現し、互いに対立する方法に非常に敏感である。しかし、フード・エンタイトルメントが人間の発展に貢献する方法を一般化しすぎると、貧困についての理解が進むというよりむしろ妨げられる。私たちは、農民の農民としての道徳的地位を否定するべきではない。

第二に、飢餓は「生産の問題ではなく流通の問題」であるという提言は、農村部の貧困者にとって不利な結果を容易にもたらしうる。最悪の事態は、産業界の善意の人々が流通問題は食料の余剰分を再分配すべきだと解釈するときに起こる。それが必要な場合もあるが、先に論じたように、そのような取り組みが農村部の貧困者にとっては害になることの方が多い。もっと複雑なケースは、開発自体の性質に関与する。合衆国では農業人口が全人口の二パーセントにも満たない。世界中がそのような状況になって良いのだろうか。たとえ小規模生産に終止符を打つことでこの問題を解決できるという結論に達したとしても、目的達成のための手段が正当かどうかを問うことは倫理的に必要である。現在、多くのアフリカ諸国の人口の約八〇パーセントが農業に携わっている。アジアとラテンアメリカの農家の割合はそれよりも低いが、ヨーロッパと北米の一桁台の比率には遠い。廃業と農場の放棄、都市部への移住は農家に語られない苦悩をもたらすだろうが、そこにはさらにもっと重要な道徳的コストが生じる。

小規模農家のために、あと少し言いたいこと

センの人間開発の理論における画期的な研究は、富よりもケイパビリティを重視している。ケイパビリティとは、人々が生活向上のために着手しうる、実際に実現可能な行動や行為である。実現されたケイパビリティは機能、あるいは生活の質を有意義に改善する必要性と欲求が実現されている、個人の生活と社会の生活という領域を生み出す。ここで、私たちは食べものに焦点を当ててきた。フード・エンタイトルメントはケイパビリティで、人が食品へどのようにアクセスできるかを示す。しかし、普段通りの健康的で満足できる食事をとることは機能《ファンクション》である。それはケイパビリティが確実なものであるときに、誰もが実現することを選択するであろう、特に重要な機能《ファンクション》である[19]。センがケイパビリティと機能性を区別する理由の一つは、手段が限られた人でも、他の多くの需要と欲求の中からどれを実現するかを選択したいと願うからである。場合によっては、教育の機会、あるいは医療さえも進んで切り捨てられる。

セン自身と共に、デビッド・クロッカー（David Crocker）も、開発の目標と焦点であるケイパビリティの中の行為主体性《エージェンシー》*4の重要性を強調した。ここで行為主体性という言葉は、人が生活したり働いたり

している環境を管理する手段を持てるようにする、かなり複雑なスキル一式と条件、そして操作手段を意味している。クロッカーは政治的行為主体性（political agency）、つまり、自分の見解を表現し、政府と社会の意思決定のプロセスに何らかの影響を与えるケイパビリティに注目している。等しく重要なのは経済的行為主体性、つまり、日常生活を営むための手段を確保し、それを管理し、影響を与えるケイパビリティである。産業社会に身を置く人の多くは、経済的行為主体性を多様な雇用機会を有する堅調な雇用市場に依存している。産業社会はまた、起業家精神――特にそれに見合った恩恵の保証もなく個人的な経済的リスクを負う、より過激な形態の経済的行為主体性（economic agency）――のケイパビリティを保証する。起業家としての能力を先進産業社会における機能性に転換することを選択する人は比較的少ないだろうが、それでもなお、そのケイパビリティは自律性と個人的自由の重要な要素と考えられている。[20]

食料安全保障は人間開発にとって重要なケイパビリティの一つであり、行為主体性とはまた別のものである。二～三世代かけて小規模農家の生産方法を工業化すれば、農家が現在持っている行為主体性とケイパビリティの大半を奪ってしまうだろう。雇用を他者に依存している賃金労働者に対し、農業は世界の最貧層の手の届くところにある行為主体性の形態を代表している。[21] 行為主体性を、開発の道徳的義務を明確に表現するケイパビリティとして認識するには、貧困者を貧困であること以上の意味で理解することが必要である。それには、たとえ極貧の人々でも、日々の自助と自立の手段を獲得するスキルを持っているという認識が必要である。それはすなわち、私たちが彼らを、手短に言えば、農家として認識するということである。今日の田舎に住む人々のケイパビリティを奪い去る開発プロセスは、長期的な結果をもって倫理的に正当化されることはない。また、農業強化政策によって彼らの人生と生活を混乱の中に陥れた後に現れて、一ドルや一斤のパンを与え、食料入手の権利を保障したと言うことは、正しいわけがない。

世界中の多くの小規模農家は貧しく、絶望的な場合もあるが、それでも彼らは経済的行為主体性を十分持っているかもしれない。彼らに仕事にいつ行くのか問う者はなく、どうしたら良いのか教える者もいない。場所や技術、知識基盤の制約を受けるかもしれないが、どのような作物を植えて、それらをどのように世話し、収穫するかは彼ら自身の自由である。小規模農家が非常に貧しくて確実なフード・エンタイトルメントがない場合であっても、賃金労働者になるために農業をやめれば、弱まったり完全に失われるケイパビリティを、彼らは持っている。最低賃金で働けば、スキルのない労働者として雇用を他者の手に完全に委ねることになる。仕事がないせいで、もっとも基本的な機能性を獲得するために、政府の供与物や助成金、慈善事業に依存することになる。いずれの場合も、彼らは生きるために日々の仕事を自分の手で管理するという、農民として持っていた行為主体性を失ってしまっている。

私の主張は物議をかもしたり、誤解を生むかもしれない。極度の貧困状態にある農民が、低賃金の工場労働者へ喜んで転身するということは疑いようもない。そのような選択は日々行われている。一日に一ユーロも稼げない食料不安を抱えていれば、たしかに一日二ユーロの賃金雇用が非常に魅力的なものに見える。さらに農業が否定的に見られる文化があり、農民は社会的名声がほとんど、あるいはまったくなく、離農することが社会の階段を上っていくことだとみなされている。そのような状況——アフリカ大陸では珍しいことではない——では、小規模農家の貧困は、深刻な尊厳の欠如となっている。このような状況下では、小規模農業従事者が賃金雇用を今や遅しと受け入れることにはなんの不思議もない。私が言いたいのは、農民が農民でいたがっているということでも、彼らは農民でいたがるべきだということでもない。私の主張は、彼らが離農して賃金収入の勤労階級に入ってしまえば、（たとえ、すべてのケースについて当てはまらないとしても）農民として持っているケイパビリティが弱まってしまうということである。

しかし、小規模農家が尊ばれている文化もある。農民はその才覚と自立性を称賛される。彼らはその主体性と勤勉さゆえに尊敬される。そういった美徳は東洋と西洋の文化において等しく農業と結びついており、農民が経済的行為主体性を持っているという事実と密接に関連し合っている。農家の多い社会は、よくそう思われるように、自然に社会的自立の形態を実現し、将来への継続性を確保するために想定されなければならない負担を認識するだろう。トマス・ジェファーソン（Thomas Jefferson）が農家を称賛したことは有名であるが、これがその思想の背後にある考え方である。

> おおかたの開拓者における道徳の堕落は、どの時代にもどの国にも例のない現象である。それは、生きていくためにお百姓がするように、天を見上げたり、自らの耕土と農業に目を向けたりすることもせず、思いがけない出来事とお客の気まぐれを当てにする者に付けられる刻印である。依存は追従と金銭的な無節操を生み、美徳の芽を摘みとり、野心の企てにぴったりの道具を準備する。[22]

ジェファーソンが農民の共和国を支持したことは広く知られている。彼は製造業で構築された国を恐れた。製造業者《マニュファクチャラー》（ジェファーソンは「技術者《アーティフィサー》」と呼ぶ）は、「国の自由をあまねくひっくり返す悪と道具の仲介者」である。[23] ジェファーソンは資本所有階級を評価しないかもしれないが、彼の懸念は、誰かが自分のために仕事を生み出してくれることに依存している者は、経済的にも政治的にも依存的になり、判断力が欠如し、かくして市民の義務を果たさなくなってゆくかもしれないことにあった。ジェファーソンの懸念はやや過剰だったかもしれないが、ここでのポイントは、彼が農民の生計手段から生じる行為主体性――経済的なものも政治的なものも――を高く評価していたことである。このように行為主体性の価値は、多くの小規模農家がどれほど貧困であっても享受することができる能力という意味で個人的であり、人々が民主的な市民としての義務を果たすのによりふさわしい能力という点で社会的でもある。

ジェファーソンの農業に対する賞賛は、食農倫理学の根本的な問題をはるかに超えているが、小規模農家の行為主体性への着目は、農業の産業哲学《インダストリアル・フィロソフィー》に懐疑的になる理由を与える。農民をできるだけ早く農業から追い出すことで食農倫理学の根本的な問題を解決しようとするのは、二つの理由から早計である。第一に、未熟な労働者として市場に参加するために農業を捨てる貧しい農民は、一つの能力をもう一つの能力と引き換えに放棄することになる。この取引は、それを行う個人にとっては魅力的で、そうせずにはいられない力があるかもしれない。経済的行為主体性の能力を放棄することは、食料安全保障のための代償としては小さいように思われるかもしれない。しかし、この取引は必要だろうか。個人がより確実なフード・エンタイトルメントを獲得しながら農民のままでいること（したがって、より強い経済的行為主体性を維持すること）は可能だろう。そして、そちらのほうが開発倫理学の観点から優れた結果になるはずだ。私たちは人々を農業から追い出す戦略に対して、慎重になったほうがいい。

第二の理由――ジェファーソンがあげる理由――は、より大きな経済的行為主体性を持つ集団の方が、民主的な方法を通じて政治的行為主体性を実現する可能性が高いという仮説を前提としている。民主主義に抱かれる懸念とは、ある種の人々は自分の利益を確保するために投票はするが、いざ税金の支払いとなると反対するのではないか、というものだ。農家がそういった懸念材料となりにくいと考えられるのは、経済的行為主体性を濃密に共有することで、財政と社会的持続可能性の関係を自然に理解することができるようになるためだ。さらに、農家の資産は土地と結びついているため、政治が地理的な単位と結びついていることや、自分たちの経済的行為主体性との間に関係があることを理解しやすい。移動可能な資産を持つ起業家には、それは当てはまらない。農家は、自分たちの住む場所で、民主的な政府を機能させなければならない。税金や人件費が上がっても、どこか他の場所には移れない。農家は、自分たちの農場がどこにあっても、物事をうまく進めていかなければならない。以上の理由から、民主主義のための社会的能力は、一般人口に占める農家の割合に対応しているとされる。

いずれも、貧しい農民は彼らの意志に反して農業を営むことを強制されるべきだと言っているわけではない。また、これらの主張は、農業が文化的汚名《スティグマ》を負っているところではあまり説得力がないものもあるだろう。にもかかわらず、これらの考察は、都市部の貧困層に集中する食料不安への対応を判断するための、より幅広く、より社会的根拠のある倫理を提供する。貧しい農家が今ほど貧しくなくなっても、農家を続けられるように手助けする理由がある。その理由は、単に農業のことなら彼らはやり方を分かっているという事実には留まらない。民主的な制度が定着した後よりも、何十年にもわたる国家建設の期間においての方がより重要かもしれない。民主的な制度が一世代から二世代生き残れば、政治的な風土と伝統としては十分かもしれないが、民主的な政治的実践の経験がない社会においては、農民が提供できる民主政治の美徳の補強が必須かもしれない。農業人口が経済的または政治的行為主体性に貢献する限り、食農倫理学の根本的な問題を真剣に考えるべきと言える。

結論

開発の理論は比較的新しい。ただし、その先駆的なものとして、ジャン＝ジャック・ルソーの『人間不平等起源論』（*A Discourse on the Origin of Inequality*）やイマヌエル・カント（Immanuel Kant）の『永遠平和のために』（*Perceptual Peace*）などの哲学的研究がある。多くの人が、デニス・グレット（Denis Goulet）が開発倫理（ethics of development）の考え方を紹介したことを評価するだろう。グレットの著書『残酷な選択』（*The Cruel Choice*）は、シンガーが一九七二年に飢餓の倫理について最初に論文を発表したときに出版されたばかりだった。アマルティア・センは、経済的・社会的発展の政策の背後にある倫理的側面について、その途上の数十年間に私たちの集合的理解を大きく広げ深めた唯一の著者というわけではない。しかし、開発倫理という考え方が根付くにつれて、飢餓が中心的または独特の問題であるという考え方は衰えてきた。食べものはすなわち、健康や教育、レクリエーション、感情的な愛着と並ぶ、良いものの一つに過ぎないと見なされている。実際、食べものはマーサ・ヌスバウム（Martha Nussbaum）の有名なケイパビリティのリストの身体的健康の領域に――まるで、フード・エンタイトルメントに対する管理は大いに医学的問題であるかのように——組み込まれている。

食料生産者は、この開発倫理の構図からほとんど消されてしまっている。このことは、彼らが占めている世界の極貧層の割合から考えると衝撃的なほどである。その理由は明確ではないが、ただ、工業社会の人々が食料生産の具体的な経験から切り離されていることに、その一因があるに違いない。その結果、貧しくて自分の食料安全保障を確保するのに必死の（と同時に、驚くほどの行為主体性と自立を享受している）食料生産者と、都市部の貧困者のニーズとの緊張関係は、正しく認識されていない。食農倫理学の根本的な問題は、貧しい人々を支援するためのあらゆる努力を複雑にしてしまう、倫理的な問題である。それは、先進国や裕福な人々の義務を明示するあらゆる提案をふるいにかける。しかし、それはまた非常に複雑な社会的・経済的問題へと急速に広がる倫理的問題でもある。シンプルな答えが出るような問題ではない。

私たちは、ペンの一振りで食料生産者と食料消費者の間の緊張関係を解消するという、壮大なアイディアを疑うべきである。私は倫理が食料不安の問題を解決しないことは痛いほど分かっているが、本章において、この緊張関係が根本的な道徳的問題として存続していることを示すことにより、何かに寄与することを願う。富裕層による援助を要求し、ケイパビリティの一般化された解釈を行い、新自由主義の全面的な批判をする哲学的議論は、食農倫理学の根本的な問題を解決していない。グローバル化した世界における私たちの第一の責任とは、生産者と消費者の間の緊張関係は、近代化とともに過ぎ去った問題ではないことを認識することである。

5　家畜福祉と食肉生産の倫理

ここまでの食農倫理学のテーマはいずれも、肉食の議論ほどには哲学者の興味を惹きつけてこなかった。人々は古代から肉を食べることの倫理について議論してきたが、議論の内容は時代とともに大きく変化した。西洋科学の黎明期のヨーロッパでは、人間には生物学的に菜食主義《ベジタリアニズム》が不可能であると考えられていた。しかし、インドの食文化を知り、国全体で不可能であるはずの菜食を実践していることが分かったとき、文化的に不可能だと思い込まされてきた菜食主義《ベジタリアニズム》が徐々に再検討され始めた。肉を食するために動物の命を奪うという慣習に疑問を持つようになった人の多く（ヘンリー・デイヴィッド・ソロー（Henry David Thoreau）など）が、ベジタリアンになった。[1]

古代ギリシャ人は、人間と人間以外の種の類似点と相違点という、現代人にもなじみ深い観点から議論してきた。アリストテレスが、人間だけが理性的な動物であると考えた一方で、ストア哲学者は、人間以外の動物が理性的な行動をとることの証拠を多く発見した。[2] 合理的思考は本質的には、道徳的差別をする能力を意味しないかもしれないが、人間以外の動物は道徳的主体――道徳的な理由に基づいて行動する生物――とは見なされないものがほとんどであるにも関わらず、それらは道徳的な考慮と尊重の対象に値する。そしてそのことは、動物を食べるべきでないことを意味するのではないだろうか。この推論はやや性急かもしれないが、古代世界の多くの哲学者は、何らかの形で菜食主義《ベジタリアニズム》を実践していた。中には、第3章で検討したように、自己鍛錬を理由に肉抜きの食事をしていた人もいるかもしれないが、動物に対する敬意に基づいて菜食を実践していた人がいたことも明らかである。

動物倫理の復活

食肉生産に関する中心的な倫理的問題は、過去半世紀において新たな考察と議論の対象になってきた。一九六四年には、ルース・ハリソン（Ruth Harrison）の著書『アニマル・マシーン——近代畜産にみる悲劇の主役たち』（*Animal machines : the new factory farming industry*）がイギリスで出版された。本著は、発生学者F・W・ロジャース・ブランベル（F. W. Rogers Brambell）の指示の下に、集中家畜飼養経営（CAFO）で飼育されている動物の福祉を再検討する委員会の設立を促した。ブランベル委員会（Brambell Committee）は、その報告書を一九六五年に発行し、すべての食用動物に対して、どの生産現場においても主だった配慮は行われるべきだと述べた。その配慮は最終的に五つの自由（解放）としてまとめられた。

1. 飢えと渇きからの解放——健康と活気の維持のための、新鮮な水と食事への容易なアクセス
2. 不快感からの解放——住家と快適な休息場所を含む、適切な環境を提供する
3. 痛み、けが、病気からの解放——予防や迅速な診断と治療に取り組む

4. 種としての通常の行動を表現する自由――十分なスペースと適切な施設、同種の仲間を提供する
5. 恐れや苦痛からの解放――精神的苦痛を避ける条件と処遇を確保する[3]

ハリソンの著書とブランベルの報告書は、オックスフォード大学のあるグループが、ヒト以外の動物の道徳的地位についての新たな科学的、哲学的議論を開始するよう刺激した。当グループの参加者の一部は一九七二年、この論題に関する小論文集を出版した。[4]ピーター・シンガーによるその論文集のレビューが一九七三年に『ニューヨーク・レビュー・オブ・ブックス』で「動物の解放」（Animal Liberation）というタイトルで発表され、人間以外の動物に関する新しい時代の哲学的考察は広く人々の注目を集めた。

シンガーは、飢饉に関連して発展させた議論と重要な類似点を持つ倫理的根拠を適用して、動物は実際に痛みを感じ、また、道徳理論は、人がほどほどの犠牲を払うことで大きな害を避けることができるならば、そうすることを要求する。したがって、彼は、人間以外の動物の世界に対する人間の多くの慣行を再評価するときが来たと結論づけた。シンガーは、誰かがこの議論の前提を否定するとしたら、それは考えなしの偏見によるものだと主張した。彼は、動物の解放が、一九六〇～一九七〇年代の解放運動、例えば、黒人などの人種集団や女性の解放運動に続いて起きることを示唆していた。一九七三年の小論文はまもなく、一九七五年にシンガーの著書『動物の解放』（*Animal Liberation: A New Ethics for Our Treatment of Animals*）の序章となった。この著作は発行以来、何度も改訂され、再版されている影響力のある書籍だ。

それからすぐ、トム・レーガンは、シンガーはまだ十分に議論を尽くしていないという見解を示した。シンガーは人間と人間以外の動物は苦痛を感じる面で共通していると主張したが、レーガンはもっと深い類似性が存在していると主張した。人間と同様に、多くの動物（もちろん、すべての脊椎動物）は生命の主体である。第1章で考察したようにレーガンの権利観は、あらゆる動物は個々の存在として、権利論者が常に道徳的意義の源であると考えてきた統合された主観性を持っていることを示唆していた。レーガンは、すべての脊椎動物は生活史を持つ個体であり、その精神生活は長く保たれる個々のアイデンティティの基礎であると考えた。彼らは愛情を持っており、将来のことを考える。人間以外の動物への倫理的義務を、人間が彼らを利用することによって得られる利益に照らして、その苦しみを計ることで判断するだけでは不十分である。シンガーの功利主義的なアプローチによって特徴づけられる、一種の費用《コスト》と便益《ベネフィット》のトレードオフのレンズを通して、人間以外の動物について考えるという倫理的慣行が、すでにそれぞれの動物が生命の主体として有している高潔さに対する非礼である[5]。

その後の哲学的議論の多くは、「そもそも人間以外の動物は道徳的尊重に値するのか？」という道徳的地位の問題に集中した。別の言い方をすると、「私たちは、自身の行動を決めたり自身の行動を倫理的に評価したりするとき、人間以外の動物の利益を考慮に入れる義務があるのか？」ということである。この疑問は、意識と精神生活の本質について、他の哲学的な疑問とも交錯する。もし、人間以外の動物には意識的な精神生活がないと仮定すれば（機械のようなものであると仮定すれば）、人間以外の動物が道徳的尊重に値するかという問いには、すぐに否と答えられるだろう。ルネ・デカルトからドナルド・デイヴィッドソン（Donald Davidson）に至る哲学者らは、人間の意識に特有の性質を言語能力と関連づけ、そうすることで動物界におけるヒトと他の生物には根本的な差異があるものとした。

しかし、人間以外の動物にも実際に精神的な活動が存在しているのであれば（これは一部の論者にとっては議論の余地がないことのようだが）、哲学ゲームが始まる。一九七〇年代以降行われてきた動物の道徳的地位に関する哲学的立場の見直しは、食農倫理学への一つの入口を提供し、近年の多くの教師や作家が取り入れてきたものである。食用の動物に知覚がある、つまり、痛みや幸福の感情があることを認めると、菜食主義《ベジタリアニズム》が食農倫理学のテーマであることを否定することはできない。肉食という食習慣は、繁殖、屠殺、そして動物の生涯にわたる農場での飼育を必要とするため、動物への危害と密接な関係がある。動物の肉を食べることの正当性は、ピタゴラス（Pythagoras）やポルピュリオス（Porphyry）の時代以来、哲学的思考を刺激してきた問題である。食肉生産についての食農倫理学を考える人々は、農場の動物は大きな苦しみを受けており、動物の死を必要とする製品の消費は正当化できないと結論づけてきた。菜食主義《ベジタリアニズム》を支持する意見は、牛乳や卵、羊毛など、動物の死を必要としない他の生産物にも拡大されうる。これらの製品は屠畜せずに得られるものの、現代社会では牛乳や卵、羊毛の生産は食肉生産に大いに統合されているため、その違いはおそらく無視できる程度である。過去数十年間で菜食主義《ベジタリアニズム》を主張している哲学者の筆頭が、シンガーである。

このテーマについて発表された論文は数百を超え、それらは圧倒的に菜食主義《ベジタリアニズム》の立場を支持している。しかし、バーナード・ローリン（Bernard Rollin）が論じているように、哲学者が何を言おうとも、生産者自身は、自分たちが世話をしている動物が痛みや恐怖、その他の形態の精神的苦痛を経験することについて疑ったことがない「当然だと考えている」。食品の生産に利用される動物が、道徳的な考慮に値するかどうかを真剣に問うことは、少なくとも畜産業に何らかの経験のある者たちの間ではなかった。[6] しかし職業上、食用動物を生産することに関わっているほとんどの者は、道徳的立場からベジタリアンである義務があるとは思わない。このことは、動物の意識の存在を認めても、この問題を解決することにはならないことを経験的に明らかにしてくれる。倫理的菜食主義《ベジタリアニズム》に対する賛否両論が既に哲学者から多く提示されているにもかかわらず、なぜかその多くの哲学的分析を免れてきた一連の疑問に、本章では取り組みたい。

家畜生産の倫理

家畜生産に関して食農倫理学には、少なくとも次の一連の三つの問いを立てることができ、これは取り組むべき問いでもある。

1. 動物の肉を食べたり、動物性食品のために家畜を飼育して屠殺したりすることは、倫理的に許容できるか?
2. 今日の家畜の飼育方法は、倫理的に許容できるか?
3. 今日の家畜生産システムは、動物福祉《アニマルウエルフェア》の向上を図るためにどのように改革または修正されるべきか?

多くの人（そして、ほとんどの哲学者）がこれら三つの疑問にアプローチする際、暗黙の内に次の順番で考える。まず1の問いが、もっとも重要な疑問であると想定する。この想定を前提とすると、1の問いへの解答が他の二つの疑問へのアプローチを決定する。1の問いは確かに古く、遠い昔から哲学者や他の倫理学者によって議論されている。しかし、CAFOは一九世紀に産業用屠殺場周辺で造成された家畜を一時的に収容する囲いに由来しているので、動物は二〇世紀半ばまでは、CAFOの限られた空間で一生を過ごすようなことはなかった。過去の動物の待遇が必ずしも良かったと推測するべきではないが、歴史的な文脈をひも解くと、1の問いは古いが、2の問いと3の問いは産業生産システムの存在を前提としていることが分かる。それらの問いは比較的最近になるまで、存在し得なかった。よって、2の問いと3の問いには、直接的な哲学の先例がない理由が簡単にわかる。

しかし、ほとんどの学術的な哲学者（そして多くの普通の人）が、これらの問いに取り組む際の暗黙の順番はもっとたくさんある。まず、1の問いに対するあなたの答えが「いいえ、食料生産のために動物を殺したり監禁したりすることは、道徳的に許容できません」であるとする。あなたが道徳的な理由で肉を食べるべきではないと結論づけたならば、次の現実的なステップはベジタリアン向けの料理本を購入することである。続けて、2の問いの価値を検討することはない。動物を監禁したり殺したりすることが通常の（つまり、無人島に取り残された場合のような思考実験は除外する）状況下で倫理的に許容できない場合、2の問いに対して付け加えるべきことは何もない。そして、どんな状況下でも動物を殺したり監禁したりすることが許容されない場合、工業生産システムを修正する方法はなく、したがって、3の問いについて何も言えない。実際、2の問いに進むのは1の問いに「はい」と答えた者だけである。

ここで多くの人々は、ハリソンの著書とブランベル委員会によって初めに述べられた論旨を辿った。そして、彼らの多くは2の問いに「いいえ、産業システムは道徳的に許容できません」と答えた。上記のパターンを考えると、彼らは3の問いについては端から考えない。ベジタリアン向けの料理本を買う代わりに、実際に許容可能な代替的な種類の動物性製品を探して、その肉を購入する。

これは、個人の食生活の実践的なアプローチという観点からは非常に理にかなっているが、3の問いは他の二つの問いから論理的に独立しているという事実が見落とされている。倫理的菜食主義《ベジタリアニズム》の支持者を含め、社会的な観点から動物の利用について考えたことがある人は、ほぼ全員が、動物がしばらくの間、ＣＡＦＯで生産され続けるであろうことを不本意ながら認めている。菜食主義《ベジタリアニズム》に賛同する社会運動はいつか定着するかもしれないが、熱心な支持者でさえ、一夜にして果たせることではないことを認めている。いつか立法府が産業的生産を禁止する日が来るかもしれないが、特定の家畜生産活動を対象とした法案を可決したヨーロッパ諸国においても、その日がすぐに来るわけはではない。したがって、たとえすべての動物生産が倫理的に正当化できないと考えていても、または、すべてのＣＡＦＯが倫理的に正当化できないと考えていても、ＣＡＦＯで飼育される動物の状態を改善する方法を問うことは非常に有意義である。そして大切なことは、この問いは、動物の観点から見ても意義があるということである。

1と2の問いにどう答えようとも、現代の畜産活動をどのようにして改革できるか、そしてするべきかを判断しようとする際には、疑問が残るだろう。[7] これらの疑問に答えるためには、与えられた状況下で動物福祉《アニマルウェルフェア》を向上させるためには何が必要になるかについて、誰かに説明してもらわなければならない。

1の問いについての哲学的論考と比べて、この疑問を概念的に扱った研究は非常に少ない。一つの難点は、生理学的、神経学的、行動学的に人間とはかなり異なる種を考えているという事実に関連している。3の問いは、「コウモリであるとはどのようなことか?」という疑問を生む。シンガーが動物に対する道徳的義務についての新しい倫理的考察を始めたのとほぼ同時に、トマス・ネーゲル（Thomas Nagel）がこの疑問を投げかけた。彼は、コウモリが主な知覚として反響定位《エコーロケーション》を用いていることを考えると、私たちがコウモリの主観的経験を共感的に評価することは非常に難しいと論じた。それでも、私たちはコウモリであるとはこのようなことだという何かがあることを疑わない。[8] CAFOの状況を改善するために何が必要かを問うには、豚や牛、鶏その他の家畜種について同様の疑問を検討する必要がある。しかし、そこには哲学的な問題以上のずっと多くの要因が絡んでいる。3の問いについて洞察するには、家畜の主観的な経験について、どのような憶測を持っているかを一つずつ解き明かす必要がある。家畜の主観的な経験が、私たちの経験とまさに同じであると考えるべきではない。幸いなことに、神経科学や動物行動学、獣医学の学者は現在この問題に関連する研究成果をかなり蓄積している。しかし、それでもまだ足りない部分と、哲学的な課題が残っている。

二つ目の難しさは、改善が既存のシステムの変化を前提としていることだが、3の問いは、この変化に対する社会経済的制約を認識しているからこそ、重要性を帯びてくる。魔法の杖を振って（多くの菜食主義《ベジタリアニズム》の哲学者の著作が想定しているように）突然人類全員をベジタリアンにできるなら、家畜の飼育状況をどうやって改善するかを問うことなどしないだろう。3の問いは、家畜の飼育設備や飼育法のある程度の変更は、まさに実質的かつ政治的に実施可能だからこそ意味があるのである。2の問いから3

の問いへの移行は、誰もが倫理的な農場から動物性食品を購入するようになるまでに、どのような変化が必要かという問いであることを暗に意味している。工場的な畜産（および、肉や牛乳、卵を購入する消費者の習慣）を直ちに変化させることが容易であれば、2の問いだけを考えればよい。しかし、家畜の福祉向上を目的としたフードシステムに柔軟性をもたらすために、どのようなパラメータを設定すれば良いかという課題には、経験的な社会科学と哲学的判断を統合的に行うことが求められる。このような統合には議論の余地があるはずなのだが、最近の食農倫理学ではほとんど議論されていない。[9]

動物福祉《アニマルウェルフェア》の三つの領域

ブランベル委員会の「五つの自由」は、動物の生産が道徳的に許容できるかどうかを評価するための枠組みであったが、実際には動物福祉《アニマルウェルフェア》の改善方法を検討するための枠組みとしても機能することに着目すべきである。痛みや怪我、病気からの解放について考えれば、人間を含め、痛みや怪我、病気のない生活を送っている動物はない。自由という言葉は、動物の生活に望ましくない状態が完全になくなることを意味するが、これは「五つの自由」の合理的な解釈ではない。畜産の観点において痛みや怪我、病気からの解放が意味するのは、動物が永続的な痛みに苛まれたり、怪我や病気が適切な獣医の治療によって緩和されることがなかったりする畜産条件下で、動物が飼育されてはならないということである。[10]同様に、恐怖と苦悩からの解放は、精神的苦痛を避ける条件と処遇を必要とする。これはストレスの観点から解釈されることが多いが、動物（人間を含む）はピーク時に、短時間の生理的ストレス（例：性的オーガズム）を経験する。これは、私たちが動物の生活から取り除くべきストレスではない。したがって、恐怖と苦悩からの解放は絶対条件ではなく、相対的な幸福の度合いを表す勾配である。「餌と水がすぐ手に入る」という単純な基準でさえも、段階的に飼育を改善するための指標に置き換えることができる。例えば、水飲み場と餌箱の間を何メートルあけるべきか。答えはゼロではない。なぜなら、餌が湿気でだめになるからである！

　五つの自由の中に、相反するポイントがあることに注意することも重要である。「通常の行動」には同種の仲間が必要だが、それも恐怖や苦悩、精神的苦痛の原因になる可能性がある。個々の動物は上下関係を確立するために、くちばしでつついたり、歯で噛みついたり、角で押したりする。いったん上下関係が確立されるとそのような行動は治まるのが通常だが、支配的行動への強迫的、衝動的な固執と呼べる行動をする個体はすべての種にいる。実際、動物の行動において何が普通または典型的であるか（ここでも人間は例外ではない）についての特定と評価は、動物倫理[*1]にとって重大な問題となるが、菜食主義《ベジタリアニズム》を主張する哲学者には過小評価されがちである。これについてはこの後に考察することにする。

　五つの自由は一体となって、幸福の相対的な状態を評価するための枠組みとなるが、それは家畜生産者が、あらゆる場合に完全かつ明確に満たすことができる、絶対的な基準を意味するものではない。私たちは五つの自由を、人間の権利や資格と同じようなものと考えたくなるかもしれないが、幸福の指標を過度に一般化することは、倫理的な過ちとなりうることを認識すべきである。現代社会の人間の中には、仲間がいないせいで精神的苦痛に耐えている人間もいるが、仲間がいるために大きな精神的苦痛を味わう人間もいる。五つの自由で明確に表現されている複数の基準が、自分自身や他の人間にとって許容できる生活の質に、どのようにつながるのかを明確に示す術はない。私たちは、それが他の種にとって常に幸福を生み出すことを期待するべきではない。[11]

ブランベル委員会の勧告の後の二〇年間に、動物行動学と獣医学の専門家は二〇世紀の分析哲学の中でもっとも難解で衒学《げんがく》的な討論ともいえる、動物福祉《アニマルウェルフェア》の基準についての議論を行ってきた。ある者は動物福祉《アニマルウェルフェア》は感情の問題であると主張した——それは動物の意識的な生活の問題である、と。それに対し、動物は眠っているときには、福祉がいらないという意味かと尋ねて反論する者がいた。二〇世紀が終わりに近づくにつれ、この分野の科学者たちは、家畜の幸福は指標の複雑な組み合わせであることを認識するようになった。その一部はブランベル委員会によって特定されたが、その他は五つの自由アプローチによって特に明確にはされていない。例えば、獣医学的な健康の通常の要素は、痛み、怪我、病気からの解放によって、暗黙裡のままにおかれている。さらに、動物福祉《アニマルウェルフェア》の科学はこれら複数の幸福の要素を組み合わせて優先順位をつける際に、倫理には欠かせない役割があることを認識するようになった。[12]「コンセンサス・アプローチ」は、動物の幸福の多様な要素を三つの広いカテゴリーにまとめたものである（図3参照）。第一に、健康の生物学的指標が福祉の主要な要素であることが認識されている。いかなる種の動物であっても、病気や怪我、生活環境の結果として病的な状態や死の運命に苦しんでいる場合、それらの福祉は損なわれている。

個々の福祉の生物学的指標には他に、成長や呼吸、およびその種について標準化できるその他の種類の生物物理学的機能がある。家畜の多くは、野生または改良されていない同種の典型的な特質とはかけ離れた形質を持つように飼育されているため、これらの統計学的基準の計算は難しいことがある。この

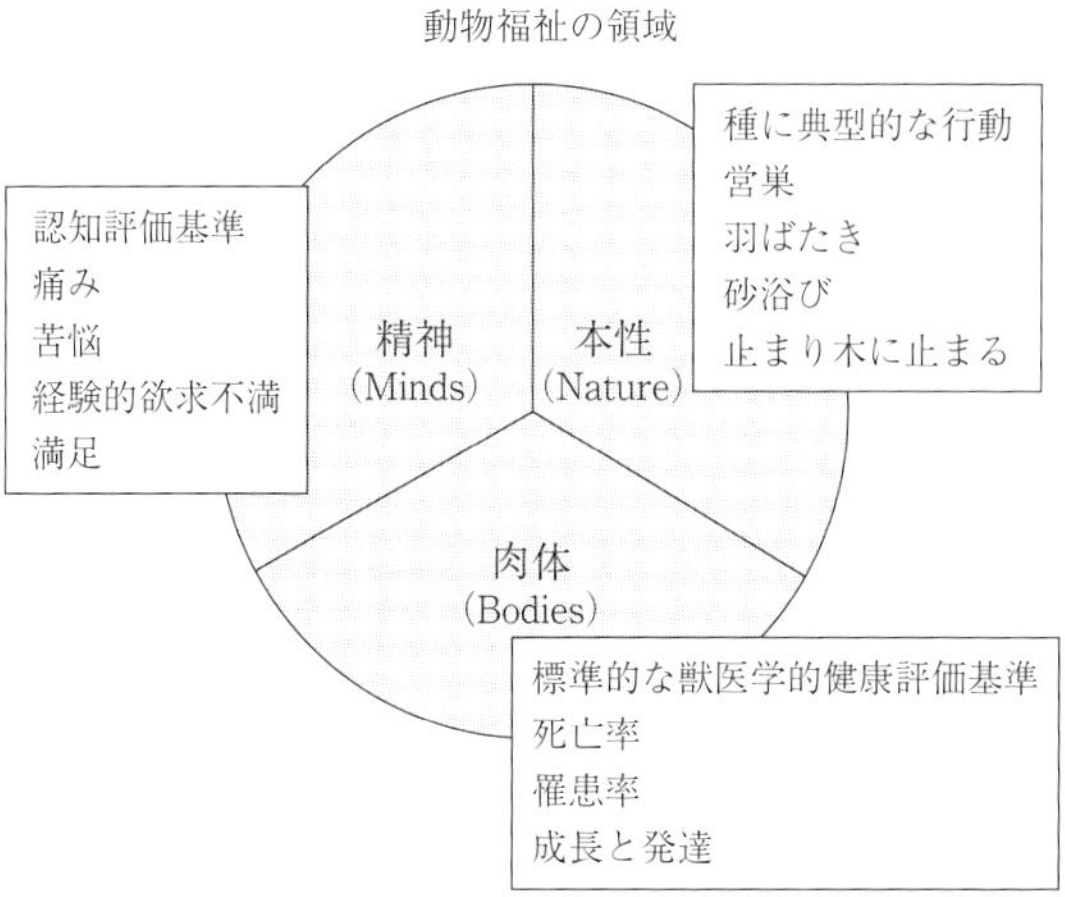

図３ 「コンセンサス・アプローチ」

出典：Michael C. Appleby, *What Should We Do about Animal Welfare?*. (Oxford, UK: Blackwell Science, 1999)

問題はともかくとして、生物医学的または獣医学的な健康評価基準のカテゴリーは、すべての動物について比較的明確な福祉のあり方を示している。それはすべての家畜生産者がその有効性を認めるであろうという点で、議論の余地のないものだ。

第二に、動物の感じ方に由来する福祉の側面がある。痛みや喜びなどの情緒的な状態や、恐怖や性的オーガズムなどのより複雑な感情の経験は、動物の世界にほぼ確実に広く存在しており、家畜がそのような感情を持ちうることを疑う理由はほぼない。これらの精神状態を測定して特徴づけることは、人間においてすら困難だが、人間と大きく異なる遺伝構造と神経構造を有する動物についてはさらに難しい。しかし、ネーゲルが主張したように、コウモリであるとはどのようなことかを想像するのは難しいかもしれないが、コウモリであることについての何か、つまり、あらゆる動物の経験に質的な特性を与える何かがあることには疑いがない[13]。私たちは、動物の感情的または経験的な領域を、動物の心に言及するものとして特徴づけることができる。これは、獣医学的な健康指標が、動物の体に言及していることを示唆している。[14]

この経験則を開発した科学者たちは、動物の肉体と動物の精神を超えた、第三のカテゴリーに注目している。彼らは、ある家畜は飼育下では、その種にとって典型的だと考えられる行動の一部をすることができないことを観察している。例えば、鶏はジャングルにいる野生の鶏から品種改良されたが、野生の鶏は自然にある棒や枝、岩に頻繁に止まる。家畜の鶏も止まり木につかまる機会があればそうするだろうが、止まる場所がない生産環境に住んでいる鶏はそんな行動はしない。最初のブランベル委員会以来、動物福祉《アニマルウエルフエア》に関する研究は、こういった種特有の行動をする能力が動物福祉《アニマルウエルフエア》の一要素であることを認識してきた。デビッド・フレイザー（David Fraser）その他の行動学の専門家によって開拓された研究では、福祉の第三の領域はそのような行動をするための能力が重要であることを認識することと規定されている。科学者で動物活動家でもあるマイケル・アップルビー（Michael Appleby）はこのカテゴリーを動物の本性と呼んでいる。[15]

五つの解放についての議論は続いているが、「肉体―精神―本性」（Bodies-Minds-Nature）という一連の評価基準は、家畜の生活をどのように改善できるかについて考えるためのツールとして利用価値がある。第一に、五つの自由のいずれも消されていない。飢えと渇きからの解放は、病気と怪我からの解放と組み合わされて肉体の分類に属し、痛みと苦悩からの解放は、精神の分類に属している。実際、認知や感情を重視することにより、苦悩という表現によって、何が倫理的に意図されているのかが明確になる。第二に、この三つの領域は動物のために実施されるべき動物福祉《アニマルウエルフエア》には前向きな側面があることをより明確に示している。これはおそらく感情の分野でもっとも現実問題に直結する。そこでは満足のいく認知体験を提供することの重要性は、単なる痛みや恐怖、苦悩の回避以上の意義のある展開になるかもしれない。最後に、この三つの領域は、福祉の側面が互いに対立しうる状況を強調する、より有用な枠組みを提供し、動物の自由を制限しないだけではなくバランスをとる行動として福祉を考えることに役立つ。

家畜福祉の向上──いくつかの思考実験

食用動物の倫理の一般的な議論に移る前に、「肉体─精神─本性」の評価基準を使って、いくつかの具体的な畜産活動を評価してみることは有効だろう。ここで紹介する事例のいくつかは実際に起きた例である。それらは数十から数百人の畜産業者、数百万頭の動物を巻き込む非常に大きな規模で実施されてきた。それ以外の例は思考実験である。この事例では、推奨された改革は一度も実施されたことがなく、したがって、実施の結果の影響は推測にとどまる。

評価基準が、明確な行動を示唆している場合がある。二〇〇〇年以前には、事実上、合衆国のすべての産業用の産卵鶏が一羽あたり四八平方インチ（A5サイズの紙とほぼ同じ面積）のケージに入れられていた。バタリーケージと呼ばれるこの畜舎システムは、餌と水の配給だけでなく卵の自動回収もラインに沿って作動するように、幾段にも重ねられた長いケージで構成されている。[16] 四羽の雌鶏を収容するケージは通常、各辺が約一四インチ（三五・五センチ）だ。この檻の収容密度は、純粋な収益性のみに基づいて導き出された。これは、鶏、飼料、卵の回収、飼料の分配、糞尿の処分の全てを行う高価な機械へ生産者が支払った投資金に対して、最大の経済的利益をもたらすデザインだ。

「肉体―精神―本性」の枠組みを採用している動物福祉《アニマルウェルフェア》の研究者たちは一連の研究を行い、鶏一羽あたり六八〜七二平方インチ（A４サイズより少し狭い面積）の密度で収容すれば、三つすべての領域の指標において、明確な改善が達成されることを示した。[17] もちろんこれが雌鶏の福祉にとって理想的とは決して言えない。鶏がどうにか押し合いせずに床に立つことができ、向きを変えることができるだけの広さである。[18] 羽を広げたり、種に特有の行動を行ったりするのに十分なスペースはない。六八平方インチという数字は、雌鶏の福祉のあらゆる側面での改善を重視することから導き出されたものであり、獣医学的健康（動物の肉体）より行動（動物の本性）または認知面での福祉（動物の精神）を優先する人の間で意見の不一致が起こる可能性を最小限に食い止める。曖昧さがないことが、合衆国における鶏卵生産の自発的な改革のために招集された会議で決定力を持った。マクドナルドのレストランチェーンでは、この数字を使用して一九九〇年代後半にサプライヤの製造規則を規定し、全米鶏卵生産者協同組合(United Egg Producers: UEP)――卵を食料品店に供給する商業生産者を代表する業界団体――は、一九九九年に同様の措置を講じた。[19]

採卵鶏の例は「肉体―精神―本性」の基準が、動物福祉《アニマルウェルフェア》の改善の余地について精査するために使用できることを示しており、ＵＥＰの例は生産者が前向きに改善に取り組む意思があるケースがあることを示している。しかし、すべての問題が推奨される収容密度ほど明確になるわけではない。例えば、ＵＥＰは雌鶏に強制換羽させるための飼料制限の放棄を含むさらなる改革を行うために、動物福祉科学諮問委員会と議論を重ねている。雌鶏は天候が寒くなったときに自然に産卵を止め、春が来るのを見越して羽を落とし（すなわち換羽）、春になれば新しい羽を生やして産卵を再開する。生産システムの雌鶏は換羽に向けた季節の兆しを感じることはできないが、生産者が冬の訪れに起きる飼料の不足を再現すれば計画的に換羽を誘発できる。しかし、給餌制限の間に雌鶏が経験する飢餓は、認知的観点から明らかにストレスが強く（これは「五つの自由」にも反する）、そのため、換羽を誘発する慣行は放棄されてきた。その代わり、全盛期の一羽あたりおよそ一日一個の産卵ペースから次第にペースは落ちていき、生産者は飼料を与えても利益が出なくなった時点で、鶏舎の口減らし（すなわち雌鶏を鶏舎から出して屠殺）をするだろう。鳥が換羽に耐えることになれば、産卵率が上がり、その寿命は最長一年延びることだろう。このように、認知面での幸福（飢餓の主観的経験）と寿命を延ばすという動物の肉体的目標との間のトレードオフがある。

給餌制限による換羽をなくすことが、雌鶏の福祉を向上させるかどうかが明確でない場合、状況はもっと難しくなる。先述のように、一羽あたり六八平方インチへの移行により、産業的な畜産が発明される以前に（すなわち進化論的な先祖、すなわちジャングルにいる野生の鶏が）していたようなさまざまな行動を雌鶏ができるようになったとは決して言えない。それでは、なぜケージを全部取り払ってしまわないのか。ほとんどの読者諸氏がご存知のように、平飼いまたは放し飼いの状態で卵を生産することは可能である。その場合の、すべての鳥が納屋の床中を歩き回ったり、好きなエリアに産卵して床に飛び降りたり、好き勝手に過ごすことができる。このシステムの経済的な欠点は、卵を回収するのが難しくなるという点である。（多くはないにせよ）機械が見つけられない場所に卵は産み落とされるだろう。近代的な衛生と安全の基準を満たす食品を望むならば、卵をいつまでも放置しておくわけにはいかない。人を雇い、取り残しの卵を納屋中くまなく探さなくてはならない。ケージのないシステムでは、はるかに大きな労働力が必要となり、その卵は生産者がそのコストを回収できる価格で販売されなくてはならない。

それは、私たちが負担することに同意すべきコストなのだろうか。この疑問には、先に説明したようなバタリーケージが規制によって禁止されているヨーロッパ諸国では、同意すべきという答えが出ている。問題は、これが動物福祉《アニマルウェルフェア》にとって明確に良いと言えるかどうかである。良いとは言えないかもしれない理由は、つつきの順位が種特有の鶏の行動（動物の本性）の一要素だからである。鶏はお互いをつつき合い、一方があきらめ従順になるまで続けて支配を確立する。その後、つつくことは止まるか、少なくとも回数が減る。これはジャングルにいる野生の鶏の間で観察することができるように、一〇羽や二〇羽の鶏の群れでは結構なことである。おそらく一九〇〇年の一般的な農場で見られた四〇～六〇羽の鳥の群れにおいても許容される。鶏の集団のサイズが三～一五羽で、ケージで飼われているときも問題はない（比較的新しいシステムの一部では、最高六〇羽の鳥を収容する非常に大きなケージもある）。しかし、商業用の平飼い・放し飼いの採卵用家畜小屋では、同じ広さに一五万から五〇万羽の雌鶏が飼われている。そのような環境でつつき順位の最下位にいる鶏は、四方八方からつつかれ続けることになる……なんとも散々なことである。

平飼い／放し飼いのシステムは、平均的な鶏にとっては良い福祉を提供するかもしれないが、もっとも弱い個体にとっては、ケージよりもはるかに辛いことは確実である。ただし、これはやや楽観的な見積もりである可能性がある。論点を明確にするために、鶏の福祉について現在知られている領域を離れ、思考実験を試みる。つつき順位は、雌鶏がお互いを認識し、誰が誰のボスであるかを覚えていることを前提としている。行動観察からは、六〇羽の群れでは確かにつつき行動が起こることがわかるが、群れのサイズが大きくなれば、認知的な限界に達するかもしれない。生協やファーマーズ・マーケットに供給している小規模な有機卵生産者でも、一〇〇〇～五〇〇〇羽の雌鶏を飼うことがよくある。一〇〇〇羽の群れにいる鶏とはどのような気分だろうか。五〇〇〇羽は？　二五万羽なら？　トップに立ちたいと願う鶏は、この大きさの群れの中で常にその立場を確立しようとするとき、ある種の認知的な撹乱や動揺に耐えていると推測される。それは単に安定したつつき順位を確立する能力をはるかに超える集団でただ自由に動き回ることによって、たえずストレスや不安の種を経験している可能性がある。[20]

さて、私たち（「私たち」とは人間のことである）は、素直に分からないということを認めなければならない。哲学的に注目すべきポイントは、動物の本性と動物の精神の間には、ほぼ確実にトレードオフがあるということだ。序列を確立することは、鶏が普通にする行動であり、自然なことだ。平飼い・放し飼いの卵を選ぶとき、動物の本性を尊重している。と同時に、この種の施設においては、序列の低い鶏にとっての福祉（動物の精神というカテゴリにおける福祉）は尊重されていない。さらに、つつくことが十分な暴力レベルに達したとしても、鶏たちの肉体も尊重しない。一〇〇〇羽程度の比較的小規模な鶏卵農場にとっても、つつかれたことによる怪我や死亡率は問題であり、ケージのない環境における高い死亡率はUEP生産者によってビジネスコストとして扱われている。この推論的思考実験が有効であるとすれば、鶏はケージの中で暮らすほうが幸せだろう。[21]

この哲学的問題は、動物福祉《アニマルウエルフェア》の改善をどのように考えるかについて実用的な含蓄を持つ。間違ったことにはコストが付きまとうが、そのコストは主に動物が負担している。人間の立場からすると、消費者が動物製品を購入するときの良心の呵責を和らげるための対策のなかに、事態を悪化させてしまう可能性があるのは皮肉なことである。雌鶏の立場からすれば、それは皮肉どころの騒ぎではなく、恐ろしいことである。いま挙げた例は、動物愛護者であることを自認する人たちの間ではもっと注意を払うに値する、多くの事例の内のほんの一例に過ぎない。

少しでもましな答えは何か？

読者諸氏の中には、首を横に振って、この難問についてこうつぶやく人がいるはずだ。「今までの話は、なぜCAFOが道徳的に受け入れられないのかを証明しているだけではないのか？　菜食主義《ベジタリアニズム》でなく、何らかの代替的で人道的な家畜生産の方法こそが必要だというのが本章の答えなのか？」と、私はこの考えに対して二つの返答をしたいと思う。一つ目の返答は、「まさにその通り」。本章で述べた内容はどれもCAFOを擁護していない。私は読者諸氏が裏庭で鶏を飼うことや、平飼い・放し飼いを諦めるように説得しようともしていない。本書の冒頭で述べたように、私はあなたが何を食べるべきかを教えるためにここにいるわけではない。もし、あなたの答えが肉を食べることを一切諦める、もしくは肉や牛乳、卵を、家畜の福祉に配慮した生協や市場で購入するというのであれば、私はあなたの健闘を祈る。このことは「もし自分の食生活を変えなければならないと、私の思考実験を読んであなたが考えたならば、それは私たちが異なった問いを問うていることを示している」という、二つ目の返答に私を直接導く。もし倫理がより良い質問をするための学問ならば、これは非常に意義深いポイントである。

どうすれば、CAFOで飼育される動物の状況を少しでも改善できるかという問題は、肉を食べることが道徳的に正当化できるかどうか（1の問い）、あるいはCAFO自体が道徳的に正当化できるかどうか（2の問い）とはまったく別の話である。たとえ1の問いと2の問いに対する答えが「ノー」であっても、改善について問うことには意味がある。私はそう主張することから、この動物倫理における探究を始めた。CAFOは現代のフードシステムに広く行き渡っており、発展途上国では日々新しく建造されている。このような施設で生活することになる動物の状況を改善できるならば、それらを建造し運営する人はそうすべきである。もっと言えば、私たちの多くは道徳的に許容されない不当な行為を犯している組織や機関（家族、州）で暮らし、働いている。道徳的に不完全な世界に住んでいるからといって、すぐにできる小さな改善をする責任が免除されることにはならない。食農倫理学の文脈において、動物のために何かをすることは、3の問いについて考えることを意味する。

しかし、あなたは「それは1の問いについて考えることを意味しているのではないか？」と思うかもしれない。「CAFOにおける動物の福祉を改善することは、もっとも重要な倫理的問題である1の問いを考えずに済むようにするだけである」という主張に異議を持つ人がいるかもしれない。そもそも動物を食べることは倫理的なのか。これに対する答えが「ノー」ならば、工業生産施設で動物に与えられている危害を和らげることは、動物虐待の問題に対する真に倫理的な解決に向けて人類を動かすものにはならない。分析哲学者ジョン・マクダウェル（John McDowell）は、産業農場経営の下に飼育されている動物の生活改善を真剣に提案する人に応えて、以下のように述べている。

ヨーロッパのユダヤ人を排除する計画は、その犠牲者が命を奪われる以外のあらゆる点で、最大限の配慮と優しさをもって扱われていれば、その邪悪さはましなものになるだろう、と誰かが言ったとしよう。このような判断がゆゆしく進歩的でありうるのは、学術哲学という幾分気の狂った環境に限られる。それは、物事が実際にどのように問題であったかを歪めてしまう。[22]

実際、CAFOはできる限り恐ろしいところであるほうがいいのかもしれない。なぜなら、その方が家畜製品の使用をより多くの人がやめる気になるからだ。

確かに、私はCAFOを改善することで動物の屠殺をましな邪悪にするという主張を、慎重に避けてきた。それでも、現在の家畜の生産システムがいずれも倫理的に擁護される動物福祉《アニマルウェルフェア》の目標を満たしていないのであれば、倫理的ビーガン（完全菜食主義者）[*2]——動物性たんぱく質をいっさい食べない人——が結局正しいのではないだろうか？　多くの倫理学者が、人類は肉食という習慣から抜け出すべきであると結論づけてきた。実際、倫理的菜食主義《ベジタリアニズム》を選択する人たちに対しては、その理由が何であれ、倫理的な根拠に基づいて反論する理由はないと私は考えている。もし完全菜食主義が全人類にとって唯一倫理的に正当な立場であるのだとしても、一夜のうちに世界中の誰もが完全菜食主義になることがない以上、現実的であるとはいえない。これが3の問いを検討する理由となると、私は主張してきた。しかし、おそらくマクダウェルならこう言うだろう。そういう実用主義は、ナチスによるユダヤ人の虐殺に抵抗することは、ヒトラーのドイツにおいて現実的でも実行可能でもなかったと認めることと同じである、と。もしそうであれば、完全菜食主義や菜食主義《ベジタリアニズム》以外のものは、すべて道徳的に不当ということになる。

倫理的問題として1の問いについて考えるだけでなく、全員が「ノー」と答えるべきであると提案することは、何を意味するだろうか。ちょっと考えてみよう。世界銀行によると、極度の貧困の基準は平均収入一日一ユーロであり、これは約一・三〇ドルと算定される。一日二・六〇ドルを稼げば、もう極度の貧困ではなく、（世界銀行の基準では）単なる貧乏ということになる。貧困をこのような一面的な基準で測定するのは難しいが、合衆国ではおよそ一日三二ドル（アラスカでは四〇ドル）未満の収入の者は貧乏であると考えられている。世界の約三〇億人が貧困ラインの下にあり、その内の約半数が極度の貧困状態にある。家庭経済学者の研究によると、極度の貧困からただの貧困へと移行した人は、一日の二ユーロ目を主に動物性タンパクに対して使う。彼らは少量の肉か、あるいは卵か（卵ほど頻繁ではないが）牛乳を買う。私は一日あたり二・六〇ドルで生活している人の声を代弁できると豪語するほどあつかましくはないし、そのような人の食事の好みを正当化したいとも思わない。しかし、肉を食べることが倫理的かどうかについて全員が考慮すべきであるという主張は、貧しい人が道徳的に間違ったこと［つまりは肉食］をする可能性が非常に高いことを示唆している。

悲惨な環境にある人は、普通の人にとって普遍的な義務であることを免除されることを指摘して、この反論を認めない人がいるかもしれない。トム・レーガンでさえ、人命を救うために必要ならば、自分の犬を喜んで救命艇から外に投げ出すだろう。[23] しかし、その応答は私の論点から逸れている。言い訳は酌量できる余地がある場合に適用されるが、言い訳の論理は、その行動自体は道徳的に間違っていることを意味する。貧しい人は、パン一斤を盗んでも目をつぶってもらえるかもしれないし、貧しい人の状況が悪化したときには窃盗も許されるかもしれないが、このケースについて言えば、彼らの状況はより良い方向に向かっている。やや改善された状況下で、極貧の人は食事に少量の肉や牛乳、卵を加える。私の主張は、道徳体系には何か不思議なものがあるということである。合法的かつ伝統的に是認された社会の最周縁にいる人々の行為は、見咎めるべきではないものと見なす。これは普遍的な完全菜食主義の立場にとって、示唆に富む背理法のようなものではないだろうか。

普遍的な完全菜食主義に対するもっと伝統的な反論は、ゲイリー・バーナー（Gary Varner）が提唱してきた動物倫理へのアプローチを採用することによって行われうる。バーナーはリチャード・ヘア（Richard Hare）を大いに参考にして、もっとも倫理的な意思決定は直感的であって慎重に考えたものではないと述べている。批判的な道徳的思考は、一般的な道徳的直感が役に立たないとき、または直感が行くべき方向を見失わせていると考えられるときに必要になる。動物に関する哲学的研究の多くは、これらの判断基準の二つ目が完全菜食主義でない人について満たされるという仮定の下で行われる。しかし、バーナーはこれが食事に肉を取り入れるすべての人に当てはまるわけではないことを認識している。歴史を通して、ほとんどの人は個人的なリスクと困難のある環境で生きてきた。そして、彼らの道徳的な直感――一般的な道徳感――は、彼らが日々直面している課題を反映していた。食事に動物性製品を取り入れることに関して批判的な道徳的論考を行うことを彼らに期待するなら、それは不当だろう。[24] 同様のことが現代社会の多くの人に間違いなく当てはまる。私は、一日の二ユーロ目を少しだけ動物性タンパクに費やしている貧しい人だけでなく、産業社会でぎりぎりの生活をして、子どもがお腹を空かせているかもしれない家庭も含めたいと思う。考えるべきことをすでにたくさん抱えている彼らに、さらに食事の抜本的な転換を求めるのは、酷というものである。食の砂漠《フードデザート》に関する研究が示すとおり、地元のファストフードのチキンやハンバーガー・レストランの利用は、仕事を抱え、料理する時間がろくにない親にとっては安い買い物かもしれない[25]。これは、バーナーが示唆しているように、完全菜食主義は道徳的根拠に基づく模範的行為と考えられるかもしれないが、道徳的義務と考えられるべきではないことを意味する。

あるいは、さらに別の言い方をすれば、シャーマンのアウア（Aua）によるとされることもあるイヌイットの格言に、「私たちの存在の大きな危難は、私たちの日々の食事がすべて魂から作られているという事実にある」がある[26]。イヌイットは北極圏に住んでおり、野菜中心の食生活は生物学的に不可能である。彼らは狩猟を中心に文化を発展させてきた。1の問いの後半の、家畜の飼育と屠殺に関する問いは、伝統的なイヌイットにとっては意味をなさないだろう。彼らが前半の部分（「動物の肉を食べることは倫理的に許容できるか？」）に否定的に答えることを期待するのはばかげているが、それはイヌイットが食生活の哲学的・精神的な意味合いについて熟考したことがなかったということではない。スーパーに行き豆腐を買って食べることのできる現代のイヌイットは、狩猟鳥獣を食べることを文化的伝統への儀式的な参加として経験しているのかもしれない。しかし、今引用した格言は、イヌイットがたしかに動物の魂の消費を、ある種の実存的な危難と関連づけていることを示唆している。実際、多くの宗教的伝統は、食べる前に宗教的な感謝の意と、形而上学的な依存を表現することを求めている。この章の冒頭にあるソローについての言及は、ある意味、知覚を持つ生き物を食べることは、非常に胸の痛む経験になることを強調している。要するに、動物性タンパク質を食べることについて倫理的な考慮をするべきだとする立場は、かなり広い範囲で見ることができる。これらの論争は、食農倫理学の重要なテーマであり続けるだろう。そして、私たちは、肉食について考えるすべての人々がみな必然的に「動物の肉を食べることは倫理的に許容できない」と答えると想定するべきではない。

倫理的菜食主義《ベジタリアニズム》に賛成している哲学者や、動物活動家の多くにとって、この意見が説得力を持たないことについて、私は確信している。もし、すべての脊椎動物が主観的な生活という点では人類と非常によく似ており、かつ、この種の主観性は倫理的主張が正当化される根拠であると（トム・レーガン同様に）結論づけるならば、肉の消費を倫理的に正当化する余地はほとんどないだろう。しかし、「肉体―精神―本性」の枠組みは、家畜が人類と似ているかどうかを問う出発点であり、そうであると想定してもしなくても、私たちは同じだけ過ちを犯しうることを示している。私たちの思考実験ですでに考慮された点に加えて、人間以外の動物が注意力――追跡を容易にするために捕食者の中で進化した、自身の意識を一点に集中させる能力――を特徴とする精神生活を送っているかどうかを考えることが重要である。また、それらがエピソード記憶システムを持っているのか、あるいは単なる意味記憶システムを持っているのかを問うことも重要になるだろう。前者は将来の計画に伴う想像的思考に必要だが、この能力は人間でさえ児童期後期になるまで発達しないという証拠がある。こういった能力が欠如している動物は危害を加えられる可能性が非常に高いが、それらはほとんど生命の主体らしくないかもしれない。[27]

農場で動物を飼育する場合には、その動物が餌を得られないのではないかと心配するよりも、同種間の付き合いを心配することの方が、ずっと重要でありうる。豚のCAFOで奇妙なのが、隔離された分娩室や妊娠室で飼われている個々の母豚は、[28]大部分が明らかな動揺を示さないということだ。[29]このような監禁状態はは人間ならば耐え難いだろう。動揺を示さないからといって、豚のCAFOが倫理的に正当化されるわけではない。とはいえ、私は豚の行動や畜産の分野の専門家との交流を通じて、もっと良い飼育方法があると確信した。しかし、非専門家（多くの哲学者を含む）は、こういった施設にいるすべての豚が水責めやその他の拷問に等しい苦痛に常に耐えていると信じ込んでいるのではないかと感じている。私たちは妊娠ストール〔母豚を妊娠期間中、三ヶ月ほど単頭飼育する個別の檻〕にいる豚がどういう気分でいるかについては確かにはわからないが、実際に家畜の生活の中で起きているのではないかと私たちが疑っていること――そして、なぜそれが倫理的に問題なのか――をより明確に説明し、理解できるようにすることが食農倫理学の次のステージとなるだろう。

制約のある選択の倫理

家畜の生活を改善するための努力は、実際に起きていることがどのように問題なのかを無視しているというマクダウェルの主張は、2の問い「今日の家畜の飼育方法は倫理的に許容できるか」の亜種の一つとしても解釈されるかもしれない。先に考察した、卵生産のすべての代替的手法は、実は現在の社会経済的環境において商業的規模で存在する。それらは現在のところ経済的に実行可能であり、商業生産の重要な選択肢を示している。しかし、例えば群れのサイズを制限したり、一九〇〇年ごろのヨーロッパや北米の家畜の生活に似た状態に戻したりすることによって、先に考察した問題に対処することは可能だろうか。食品動物倫理におけるもっとも意義のある問題を問うために、私たちはどのような実用面での限界を受け入れるべきだろうか。

当たり前のことかもしれないが、商業的な畜産農家はお金のために畜産に携わっているという事実から始めてもいいだろう。もちろん彼らは飼育している動物にある程度の愛情を抱いているかもしれない。特に何千、何万人の牛肉生産者が、採算に合うかどうかにあまり注意を払わずに［牛舎ではなく］放牧地で牛を飼っている。しかし、家畜生産者が自分は動物のために何かをしていると言っても、それは人がペットにするように努力したり、お金をかけたりするということではない。家畜生産者は、動物を育てるためのお金を、生きた動物や動物製品を売ることによって得ている。最終的な収支は、プラスにならなくてはならない。なぜなら、生産者はその収入を、家を暖めたり、服を買ったり、医者にかかったり、子供を大学に行かせたりするために使うからである。

牛肉や豚肉、有機栽培のビーツなど、生産するものが何であれ、産業社会の農家は生産コストを回収しなければならず、そうでなければ、生産者を続けることはできない。[30] この状況は、利益の必要性の観点から説明されることがあるが、コスト回収を重視すると言う方がより正確である。本当の利益は、自分の労働によってそれと比較可能な仕事の市場価格に匹敵する収益を達成し、[31] さらに利息の歩合を超える資本利益があって初めて発生する。驚くべき数の農業生産者がこの基準による利益を得られていないが、彼らの多くは請求書の支払いができて、家族をなんとか養うことができる限りは、農場にとどまり続けるだろう。それと同時に、産業規模の農家は作っているものが作物であれ家畜であれ、貧しくはない。ほとんどが中流階級の生活水準を達成しており、一部は本当に裕福である。[32] 動物福祉《アニマルウエルフェア》を犠牲にすることで、家畜生産事業の収益を少しでも上げることが可能であるならば、市場の論理が結果を操る。少数の生産者が動物福祉《アニマルウエルフェア》を犠牲にして節約するようになると、牛肉や豚肉、ブロイラー、牛乳などの商品相場で、すべての農家が受け取る価格にそれが反映されるようになるだろう。労働力と資本に対して高い収益を絞り出すことができない者たちは、コストを回復できなくなり、やがて業界の人間すべてが同じく搾取的な生産方法を用いるようになる。[33]

もし、動物福祉《アニマルウエルフェア》が生産者個人の倫理的責任であるとみなされるのであれば、生産コストの回収という経済的圧力から抜け出すことはできない。不健康な動物は価格が下がるので、農家には家畜の福祉を維持しようとする経済的なインセンティブがある。しかし、事実上すべての畜産業において、農場の動物福祉《アニマルウエルフェア》を低下させるようなことをすることで、自分の利益を増やす方法は数多く存在している。これについては、農家には選択の余地がない。もし、より良い動物福祉《アニマルウエルフェア》を提供するために業界の標準的な慣行に逆らうことを選択した場合、彼らは最終的に破産してしまうだろう。もっとも重要な倫理的教訓の一つは、動物福祉《アニマルウエルフェア》を向上させる責任は、業界全体に分散させなくてはならないということである。農家は動物福祉《アニマルウエルフェア》を犠牲にしないようにするゲームのルールに同意し、誰もがそのルールに従っていることを保証しなければならない。

産業的な動物生産は大規模に行われるため、福祉のさまざまな側面同士の矛盾をより一層悪化させる。例えば、二〇世紀初頭の多角的な家族経営の農場にいた四〇羽の鶏や一五頭の豚の群れなら、支配的行動の福祉問題に対して、もっと簡単な解決策を与える余裕があるだろう。しかし、私たちは思い出さなくてはならない。これらの農場が多角的であるという事実は、膨大な数のさまざまな生産活動が、農家の時間と平常心を奪いあっていたことを意味する。多くの種類の食用動物（牛、豚、鶏、山羊、羊）が飼い主の気を引こうとして、果樹やナッツ樹、穀物や繊維作物の畑や（何十種もの野菜が栽培されている）数エーカーの庭の区画と競い合っていた。小規模農場での理想的な畜産業が多くの動物福祉《アニマルウェルフェア》の問題を解決できる見込みはあるものの、往時の平均的な家族経営の農場にいた動物たちに理想的な飼育が行われたとは思われない。したがって、そういった動物たちが、今日の平均的な産業用動物農場の動物たちよりも優れた福祉を得られていたかどうかは、まったく分からない。病気でも治療してもらえずに苦しみ、長時間日差しの中に放置されたり水を与えられなかったりしただろうし、オオカミやタカ、コヨーテ、ヘビからの攻撃を回避できないときは犠牲となった[34]。

　現代の動物生産者が、この過去についてある程度の歴史的連続性の感覚と個人的な記憶を持っているという事実は、なぜ彼らが動物福祉《アニマルウェルフェア》を改善することを意図した幅広い社会的戦略または政府の構想に対して二の足を踏むのかを部分的に説明する。また、多くの農民が規制を嫌い、政府を信用していないのも事実である。たとえ農民が動物の運命を改善する規則の変更を哲学的な意味では喜んで支持するとしても、そのための州の取り組みに対しては反対する傾向にあった。特にヨーロッパでは、動物保護団体が動物福祉上の理由から特定の種類の農場運営を制限するために、国家レベル、場合によっては欧州連合全体にわたる法律を通過させることに成功してきた。一方で、彼らは農民たちの反対を受けてきた。その理由の一端は、どこの農民も政府を信用していないことだけでなく、動物保護団体の提起する規則はさまざまな指標のバランスをとる際に特定の要素だけを重視し、また、技術や畜産の変化に対応せず、あまりに融通が利かなかったためだ。これまでのところ、合衆国における最高の成果は、さまざまな農産物組織――全米肉牛生産者・牛肉協会（National Cattlemen's Beef Association: NCBA）、全米豚肉生産者協議会（National Pork Producers Council: NPPC）、全米鶏肉協議会（National Chicken Council: NCC）、全米生乳生産者連盟（National Milk Producers Federation: NMPF）――が発表したガイドラインである。UEPは本書の執筆時点で、動物福祉《アニマルウエルフェア》に関して他に抜きんでて積極的に取り組んでいる[35]。

　合衆国における変化は、コンプライアンスへのインセンティブを生産者に提供する小売部門の行動と相まって自主基準で成功してきた。そのもっとも有名なものは、ハンバーガーの巨人、マクドナルドによって始められた。マクドナルドは卵と豚肉の生産について動物福祉基準を公表し、サプライヤがマクドナルドとの供給契約を保つには、この基準を満たしていることを証明することを要求した。このモデルは市場の結果としてレストランチェーン業界全体に広がり、ウォルマートなどの他の大手小売業者もこれに着手している。このアプローチが既存のすべての動物福祉《アニマルウエルフェア》の問題を解決すると考えるのは早計だろうが、これにはヨーロッパで採用されている規制アプローチよりも優れている点がいくつかある。第一に融通性である。新しい知識が得られたとき、基準が調整できる。生産者が協力するという事実は、これらの新しい基準の段階的導入の時間が非常に短期間であることが多いことも意味する。UEPが一九九九年に雌鶏へのスペースの割当てを増やすことを決定したとき、その三年以内に業界の八〇パーセントが新しい基準に従っていた。ケージを禁止するヨーロッパの規制基準には、一三年間の段階的導入期間があった。また、事例報告によると、段階的導入期間が終了した現在でも、ヨーロッパの生産者の二〇パーセント未満しか、これを遵守していない可能性がある[36]。動物の生活への影響という観点からは、これらのアプローチのどちらがより倫理的に正当化されるかについては、少なくとも論争の余地がある。

動物の生活改善の可能性を現在制限している制約を緩和するには、他の方法がある。例えば、攻撃性の低い鶏を育種することが可能かもしれない。食肉生産に使用される鶏肉の品種はつつき順位の問題に悩まされることがはるかに少ないが、動物福祉《アニマルウエルフェア》の擁護者たちはそれらの鶏は頭が鈍く無気力で、全般に鶏らしくないと批判している。それらはまた、産卵鶏としては悪名高く、そのことがなぜまだ卵の生産に使われていないのかの説明になっている。鶏のブリーダーは膨大な数の卵を生む穏やかな性格の鳥を探し続けている[37]。事実、動物福祉《アニマルウエルフェア》の問題を切り離して繁殖させれば（または、遺伝子工学のようなより極端な技術的介入をすれば）、動物の本性と、動物の精神・肉体との間に倫理的摩擦を免れない。動物の繁殖や遺伝子組み換えは、動物の精神のカテゴリにおいて言及された痛みと苦悩に優先的に取り組み、過激な方法で動物の本性を改造することで――すなわち、痛みと苦悩に対処する種に特有の能力がまったくない個体を生み出すことにより――痛みと苦悩を緩和する。このことは最終的には擁護でき、賞賛さえできる対応かもしれないが、倫理的論争は免れない[38]。

結論

「家畜の生活を改善することは、学術的哲学の気の狂った世界においてのみ意味をなす」〔本書一七八頁参照〕。マクダウェルのような主張は、確かに学術的哲学の世界において一般的である。その世界の住人は、人間が人間以外の動物について、それらが置かれている状況をほとんど知らずに、また、自分たちの提案が実行されたとき何が結果として起きるかについてもほとんど理解しないままに、もったいぶった話をする。これに対して、私は産業用動物の生産に伴う動物福祉《アニマルウェルフェア》上の害《ハーム》の緩和に向けて措置を講じる集合的義務が、産業社会にはあると結論づける。[39] 本章では、そのような対策を講じるにあたって取り組むべき問題のいくつかを精査した。害《ハーム》を緩和するにはまた、現在の生産方法がもたらす環境および動物福祉《アニマルウェルフェア》への影響を軽減する努力をすると同時に、畜産物の生産量を減らす必要もあるだろう。このことは、現実の問題に直結する環境倫理的な責務――気候変動の影響を防ぐために温室効果ガスの排出を削減する義務など――を果たすことになるだろう。

ビーガンやベジタリアンの食習慣は、誰にとっても確かに合理的である。このことについてさらに考察すれば、おそらく、すでに入門的な議論をはるかに超えてしまっている本章が、さらに長くなってしまうだろう。[40] 今日の哲学界には、菜食主義《ベジタリアニズム》への賛否両論が数多く出回っており、これらの議論に興味のある読者諸氏は多くの情報を入手できる。当面の間、牛、山羊、豚、羊、鶏その他の家畜は飼育され続けるだろう。人間が食べるために飼育されるこれらの動物たちに対して、人類はどうすればよりよい扱いができるのかを考えるにあたり、私たちは、昔ながらの農業が、私たちが工業的なフードシステムに関連づけているジレンマから解放されていたという仮定をひっくり返すような、いくつかの事例を考察してみよう。これらの事例に照らしてみると、倫理的菜食主義《ベジタリアニズム》は、食に対する真の意味での関与と、よく考えて食品を評価することからの後退であるかのように見え始める。この論題を締めくくるに当たり、私は先に述べた論点を繰り返す。

今日、世間で広まっている倫理的菜食主義《ベジタリアニズム》に対する多くの賛成論は、食生活が持つ見えない多くのつながりを無視した簡略化と一般化を伴っている。ときに、この無視は、軽蔑にまで達することがある。肉を食べることは単にささやかな喜び——人間以外の動物の利益のために容易に犠牲にされることができる何か——であるという主張はその好例である。一日一ドル三〇セント以下しか収入がない人に対して、シチューに入っているわずかな動物性脂肪や出汁がささやかな喜びとなっていると言うことは、たとえ彼らがそれを食べなくても生きられるのが本当だとしても、きわめて失礼である。実際、人類が何を食べるかは主に、あるいは頻繁に、快楽追求の問題であるという見解は、食農倫理学をひどく歪めてしまうだろう。食べものからほとんど喜びを得ない者もおり、それは先進国の裕福な人にも当てはまる。第3章で詳述した食事と健康の問題のように、多くの人は自分の食べものをよく考えて選ぶことが難しい、あるいは不可能でさえあると感じている。何年間も肉を食べていたあとでベジタリアンになった人は、自分自身を作り直し、他の多くの人が変えることを熟慮しようともしなかった一連の行動を、改善することができた人である。彼らはこの変化を簡単とは感じていないかもしれないが、これらの人がそうしたという事実は、人生の遅い時期にベジタリアンになることを選ぶ人は、純粋に自由裁量の観点から自分の食べものを見つめることができる人類の少数派の一人であることを示唆している。倫理的な菜食主義《ベジタリアニズム》の支持者は、この転換がまるで靴を履き替えるのと同じくらい簡単で、誰にでもできるかのように書く傾向がある。しかし食農倫理学の交錯する地点を注意深く見れば、そうでないことがわかる。

6 フードシステムと環境への影響――地場産の魅惑

リチャード・ホッブス（Richard Hobbs）とエリック・ヒッグズ（Eric Higgs）、キャロル・ホール（Carol Hall）は最近の著書で、新しい生態系を次のように定義している。

人間の影響によって歴史的に優勢になったものとは異なり、将来的に人間の関与なしに自己組織化し、その新規性を保持する傾向がある、生物的および非生物的構成要素（およびそれらの相互作用）から成る物理的システム。[1]

ホッブス、ヒッグズ、ホールが議論しようとしているのは、人為的な気候変動によって、従来の規範や方法を非実用的なものにしてしまった時代における、保全生態学に関する科学的、哲学的なさまざまな問題についてだ。生態系を歴史的に自然な状態に保全したり、復元したりする事業は、かつてそこで育っていた植物にとって、暑すぎたり、乾燥しすぎたりするようになると、かなり困難になる。とはいえ、彼らの新しい生態系の定義が、私が環境倫理学の片隅で使用している専門用語とぴったりと一致していることは印象的である。食農倫理学の分野に携わる私たちもまた、人間の甚大な影響を反映した生態系を研究している。私たちはそれらを農場と呼んでいる。[*1]

確かに、農場が継続的な人間の関与なしに、その生物・非生物的要素の特徴的な相互作用を維持することはあり得ないが、人間の関与なしに種の構成が決まる、いわゆる自然生態系などほとんど存在しない。例えば、先住アメリカ人による火の使用は、北米大陸のヨーロッパ人入植者が発見した手付かずの荒野に重大な影響を与えていたことが今では知られている。彼らは草原や森林の狭い範囲だけを野焼きして耕作用に拓き、鹿や野牛などの狩猟種が好む植物の成長を促した。また、壊滅的な火事の火口になる低木の厚い茂みを取り除いていた。[2] この山火事の予防法は、「スモーキー・ザ・ベア」キャンペーン[25]［熊のマスコットと「君だけが山火事を防ぐことができる」というスローガンで有名］を経て、現在の自然管理の時代に生きる西北アメリカの人々も行っていることだ。野焼きをしていたアメリカ先住民が農業を営んでいたかどうかは、農場という言葉の定義によるが、彼らは確かに食料や繊維の生産を目的として火を使用していた。私は保全生物学に新しい生態系の概念を適用することに異論を唱えるつもりはない。むしろ、私は人間が生態系プロセスに及ぼす影響が、環境にコミットする個々人の想定をどのように乱し続けているかを浮き彫りにするつもりである。

例えば、ローラ・ウェストラ（Laura Westra）は、農業地域は産業文明の影響から、自然地域を保護する緩衝地帯と見なされるべきであると論じている。彼女は、農場が生態系として本質的な価値を持っているという考え方は受け入れない。[3] 私はかつて、ウェストラと一緒に千手菊が咲き乱れるメキシコの花畑に行き、中に立ったことがある。彼女はそのとき「野生の自然の中にいるのは素晴らしいことじゃありませんか」と言っていた。千手菊は、大輪のマリーゴールドのような見事な品種で、死者の日の祝祭で装飾用として用いるためにメキシコの農家によって栽培されている。私たちが立っていた畑は（私にとっては）農場だった。花たちはすべて同じ高さで、同時に開花していた。それは事実、千手菊のモノカルチャーであり、その畑に他の植物は何もなかった。ローラの言い分では、そこにいるのは本当に素敵だったし、オンタリオ南部のトウモロコシ畑や大豆畑とは全然違っていたということだった。農場が自然環境の一部であるかどうかは、文化や美的感覚の影響が大きいということが分かる。イギリスでは何世紀もの歴史のある伝統的な公共歩道があり、自然の中で一日を過ごせば、農場を横切ることが非常に多い。一方、北米では私有財産権と法的責任が一体になって、人を公園と自然保護区に押し込めている傾向がある。環境倫理学は、農業から生態系を守ると考えることは可能である。しかし、農業や放牧の影響を大きく受けてきた、特定の動物相と植物相の構成を評価し、これらの構成を保存する必要のある自然であると見なすことも可能である。

　農業と自然環境を分ける明確なラインがないため、食料生産の環境への影響を評価する普遍的に適用可能な基準を規定、または擁護することは困難である。レイチェル・カーソンの『沈黙の春』は、春告げ鳥に寄生している農業病害虫を駆除するためにＤＤＴを使うことの影響について説明した。[4] 一九六二年に刊行されたこの著書は、化学物質の使用が生んだ偶然の結果をめぐって騒動を引き起こした。また、合衆国における環境保護運動を刺激したことを評価されることもある。合衆国において農薬は一九一〇年以降規制されてきたが、そのそもそもの目的は農家や他の消費者を詐欺から守ることだった。カーソンの著書は、リチャード・M・ニクソン政権の間に起きた改革の重要なきっかけとなった。これにより一九七二年に環境保護庁（Environmental Protection Agency: EPA）が設立され、合衆国の規制方針が改正されて、農薬の非対象種への影響を制限することの正当性が認められた。これは事実上、農業が畑の中や周辺の動植物に対して、不都合で望まれない影響を与える可能性があるという考え方を認めた政策だった。新しい政策は菌類や昆虫、鳥、げっ歯類が作物に被害を与えているときに駆除することの正当性を引き続き認めたが、同時に、無害な種に対する副次的な被害は生産者への利益が説得力のあるものである場合のみ正当化されることを示唆した。

合衆国におけるこれらの法改正は、自然保護区域の制定（Wilderness Act, 1964）と絶滅危惧種の保護活動（US Endangered Species Act, 1966, 1973）と並行してなされた。これらの政策的措置は、世界的な意識の変化を反映したものであった。一九八七年、環境と開発に関する世界委員会（World Commission on Environment and Development: WCED）は将来世代を含むすべての人のニーズを満たす天然資源の世界的開発を促進しながら、環境問題に立ち向かう必要性を認めた。[5] ＷＣＥＤは、一九九二年にリオデジャネイロで開催された地球サミットを経て、「生物多様性条約」（Convention on Biological Diversity: CBD）を制定した。ＣＢＤは、現在まで農業に重要な影響を与えてきた、国際的な拘束力のある条約である。動植物種の世界的多様性は、人間の活動によって悪影響を受ける可能性のある公的資源であることがこの条約では指摘されている。ＣＢＤはある意味、種の多様性の喪失を被害の一形態として認識した、一九七三年の「絶滅の危機に瀕する種の保存に関する法律」の背後にある哲学的論拠の延長線上にある。しかしそれだけでなく、ＣＢＤによる生物多様性へのアプローチは、科学的に未知のものを含むすべての種の保全を模索し、遺伝的多様性——野生種または栽培種の遺伝子プール内に複数の対立遺伝子が存在すること——の価値とも深く関わっている。[6]

その結果、種と生態系、生物多様性がどのようにその価値を評価されるべきかを議論する、経済学と哲学の学際領域が創出された。これらの問題は、少なくとも二つの形で食農倫理学に影響を及ぼす。第一に、生物多様性の保護は、遺伝子組み換え植物をめぐる国際的な論争の中で重要なテーマとなっている。本書でも、第7章で、バイオテクノロジーと、緑の革命のフードシステム開発へのアプローチとの関連で取り上げ、第8章でバイオテクノロジーと持続可能な農業の関係について考察する。第二に、環境意識の高まりと持続可能性への懸念が、工業的農業生産方法への不満と、有機栽培や地場産といった持続可能な農業に対する支持を高めている。多くの人が、特に後者の発展に関して、環境リーダーシップが合衆国からヨーロッパに移ったと論じている。ヨーロッパの小売業者と消費者、および政府は、エコロジーラベルと環境志向のサプライチェーン管理を利用してきた。第1章で考察したように、食農倫理学は、環境の持続可能性を支える食品を購入することと同義と考えられている。本章の目的は、そのような発想を支える倫理的根拠の概要を述べることである。

農業の持続可能性

三〇年以上前のこと、まだWCEDの報告書が持続可能な開発に関する国際的な議論を巻き起こすより前に、ゴードン・K・ダグラス（Gordon K. Douglass）は、農業とフードシステムに従事している人々のグループを集めて、持続可能な農業のコンセプトについて検討した。彼らの個々の着想は一九八三年の編書『変化する世界秩序における農業の持続可能性』（*Agricultural Sustainability in a Changing World*

Order）として出版された。ダグラスは、この書をまとめるにあたって著者らの寄稿を精読し、三つの異なる観点があることに気づいた。まず、多くの著者が食料充足性（food sufficiency）［十分な量の食料があること］に注目していた。彼らにとっての問題は、成長する世界人口を維持するために十分な食料を生産することだ。二番目のグループは、生態学的健全性（ecological integrity）の観点から持続可能性を定義していた。このグループにとっての問題は、食料を歴史的に再生可能な資源として扱うことを可能にしてきた生態学的過程を、工業的な生産方法によって摩耗させているという点だった。工業的な生産方法は大量の化石燃料エネルギーを消費し、水の供給源を脅かし、そして昆虫や動植物の病気による壊滅的な崩壊に対して脆弱だ。最後のグループは、ダグラスが社会的持続可能性（social sustainability）と呼ぶものに関心を持っていた。彼らは一九四〇年代にカリフォルニアの二つの町を研究していた人類学者、ウォルター・ゴルトシュミット（Walter Goldschmidt）の著書に触発されていた。小さな農場に囲まれた方の町は栄えていたが、大規模で経済的に成功している大企業が経営する農場が独占する地域にあるもう一つの町は、学校や社会福祉サービス、地元企業の維持に苦労していた。かのゴルトシュミットの主張は、大規模農業は健康で活気に満ちた地域社会に資するものではないというものだった。[7] 数年後、ミゲル・アルティエリ（Miguel Altieri）は著書『アグロエコロジー』（*Agroecology*）を出版し、ダグラスを引用して、「経済的」「生態学的」「社会的」という集合を重ね合わせたベン図を作成した（図4参照）。[8]

持続可能な農業についての議論は、持続可能な開発についての国際的な集会に先立って行われており、その議論が国際的な議論とどのように交差し、異なるテーマを発展させたかは注目に値する。将来世代

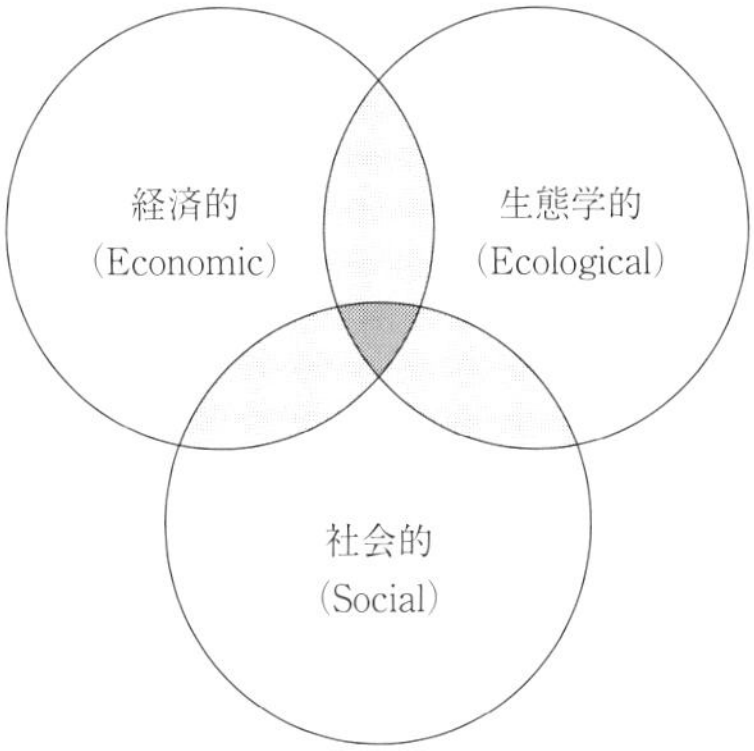

図 4

出典：Miguel Altieri, *Agroecology: The Scientific Basis of Sustainable Agriculture*. Westview Press, 1987.

は食料を必要とするだろうと想定することは、完全に理にかなっている。将来世代のニーズを満たす能力を損なうことなく、現在のニーズを満たすことは、世界の人口増加を予測し、より多くの人々の胃袋を満たすのに十分な食料の生産に向けて、農業技術に今日の投資を促す必要性を意味する。その原動力はシンプルである——世界は現在もっと多くの食料を必要としている（または、まもなく必要とするようになるだろう）。昔からより多くの食料を生産するためには、より多くの土地を農業生産に充てるか、または既存の土地の収穫高を増やす方法を考え出すかという選択肢がある。

　耕作地を拡大することは、自然の保護を目指す環境運動の（レクリエーションの場と生物多様性の保全、そして自然の本質的価値を守ろうとする）取り組みと衝突する。したがって、食料充足性《フード・サフィシエンシー》の見解を支持する者は、一般に二番目の選択肢に傾倒する。食料充足性《フード・サフィシエンシー》の支持者はまた、新しい科学技術の開発により個人的に利益を得る、農業科学者または資本家である傾向がある。このことは彼らの見解に懐疑的になる根拠にはなるが、一方で、将来の世界的な食料不足を予測し、措置を講じることが倫理的に説得力のある主張であるという事実が、曖昧にされてはならない。

増加しつつある世界人口のニーズに対応するには、食料生産に加えて、製造や採掘その他の活動が必要となる。これらの活動にはすべてエネルギーと水が必要であるため、資源をめぐり激化しつつある競争に農業も参入することになるだろう（近代農業は、動力機械だけでなく化学肥料を生産するためにも、大量のエネルギーを使用していることを想起されたい）。したがって、食料充足性《フード・サフィシエンシー》の観点からは、農業生産はより一層効率を高める必要があることが示唆される。農家や食料生産者は、土地や水、使用可能なエネルギーの供給量が低下していく中で、さらに生産量を高める努力が必要だろう。唯一、豊富にある資源は太陽光である。実際、多くの農業科学者や人口の専門家は、持続可能性を資源充足性（resource sufficiency）に焦点を当てた大規模で複雑な収支の問題と見なしている[9]。この問題の食料と農業に関する分野においては、水やエネルギーを増加したり、その他の人間のニーズ（健康や環境の質など）への供給に有害な影響を引き起こしたりすることなく、既存の土地基盤からより多くの収穫を目指す新しい農業生産方法を開発することで対処されうる。

食料充足性《フード・サフィシエンシー》の支持者が人口増加と食料需要を重視するのとは対照的に、生態学的健全性《エコロジカル・インテグリティ》と社会的持続可能性《ソーシャル・サステナビリティ》の支持者は、農業の生産性指向の技術導入について、すでに現実に生じている問題への注意を呼びかける。環境の側面では、化学農薬がもたらした意図せぬ結果に関するレイチェル・カーソンの告発がその一例である。もっと広く言えば、モノカルチャーの導入は、この章の冒頭で述べた新しい生態系の倫理問題とぴったり符合している。自然の生態系における生物的・非生物的要素の構成を重視するならば、大地を鋤で掘り起こして、トウモロコシと大豆だけを整然と並べる以上に悪いことは想像できない。さらに言えば、農業関係者は、土地を耕すことが、土壌侵食の問題と、土壌の肥沃さに不可欠な微生物の生態系に悪影響を与えることを認識していた。[*2] これらをはじめとする環境への影響はすべて、より生産的で効率的とされる工業的農業の手法に起因していた。そのため、生態学的健全性《エコロジカル・インテグリティ》の支持者は、代替的な農業方法であるならば（多少生産性は低くても）農業生態系を永久に持続できると信じている。

社会的持続可能性《ソーシャル・サステナビリティ》の支持者は、工業的なモノカルチャーによるさまざまな影響、すなわち健全な農村コミュニティの破壊に気がついていた。工業技術を批判する環境意識の高い批評家たちと同様に、彼らは自由奔放な資本主義によって解き放たれた経済的勢力の一部に対抗する規範と社会政策を重視することによって、これらの結果が避けられると信じていた。また、社会的持続可能性《ソーシャル・サステナビリティ》の支持者は、小規模農家の方が、生態学者が懸念する環境影響に比較的関心があるだろうと考えていた。つまり、生態学者と社会活動家の両方のグループが、持続可能な農業とは、何年も、何十年も、そして何世代にもわたって再生産される農法と社会組織のことであると考えていた。このビジョンは変化がまったくないことを意味するものではないが、生態系と社会システムの両方が、優れた農法だけでなく、農村の組織構造にも安定性と回復力《レジリエンス》を与える相互支持的要素と再生要素を持つと考えるものだった。このように、生態学者も社会活動家も、持続可能性をある種の機能的統合性（functional integrity）と同一視していたのである。

資源充足性《リソース・サフィシエンシー》と機能的統合性《ファンクショナル・インテグリティ》は、まったく別のものではない。世界的な食料生産の増加に関心がある者はみな、土壌侵食と土地の肥沃度に関心を払う。彼らは最終的に、生態学的健全性《エコロジカル・インテグリティ》を前面に出す生態学者と同じ科学的モデルを使うだろう。資源充足性《リソース・サフィシエンシー》の支持者は、農村の衰退についてはそれほど心配していないかもしれないが、農業には儲けが必要だということと、そのためにはある種の支援サービスが必要であることを、確かに認識している。資源充足性《リソース・サフィシエンシー》と機能的統合性《ファンクショナル・インテグリティ》の対照的な部分と重複する部分は、環境目標と食料生産の影響に関する倫理的な議論を理解するための枠組みを提供する。持続可能な農業について検討するこれら二つの方法は、農業とフードシステムに関連して生じる重要な価値観を概念化する方法という点ではまったく異なっているかもしれない。ただし、この枠組みを発展させるには、いくつか脇道に逸れた議論が必要になるだろう。

持続可能な開発とは何か——哲学的な幕間

先に述べたように、ＷＣＥＤの一九八七年の報告書は、環境問題を概念化し、議論する方法に目覚ましい変化をもたらした。ＷＣＥＤでは、元ノルウェー首相のグロ・ハーレム・ブルントラント（Gro Harlem Brundtland）が議長を務めていた。そして、報告書の中で示された「持続可能な開発とは、将来世代が自らのニーズを満たす能力を損なうことなく現在のニーズを満たす開発である」という持続可能な開発の定義は、現在ももっとも頻繁に引用されている。[10] ブルントラント委員会（ＷＥＣＤの通称）は、国際協定と開発政策に関連した分野内で、経済成長に対する環境的制約について考えるための枠組みを開発する独立機関として召集されていた。産業の成長が天然資源（石油その他の鉱物など）を枯渇させるだけでなく、何十年にもわたり大気汚染を引き起こすという理解が進むにつれて、その影響力は増していった。汚染排出物は有毒である可能性があり、喘息や癌、他の変性疾患の原因となりうる。温室効果ガスの場合、排出物は気温や気候、害虫だけでなく益虫（ハチなど）の生息地にも影響を与える可能性がある。気候変動に関する政府間パネル（IPCC）の第五次評価報告書は、世界の農業はすでに気候変動の影響を受けていると報告している。そこでは、海面上昇により、世界の生産的な農地の一部が水没する可能性にも言及されている。[11]

これらの変化の原因となる排出物は、製造や輸送、家庭で使用される電気や暖房用燃料の消費によって排出される。また、一部は農業生産そのものからも排出される。倫理的な観点からは、温室効果ガスの排出は農薬の有害作用に似ている。そして、食料生産と経済成長の利益と、農薬とCO2排出の悪影響の間にはトレードオフがある。このようにして、まさに現在世代の消費が、将来世代の「自らのニーズを満たす」能力を脅かす。それと同時に、第4章で考察したように、世界の発展途上地域に住む人々は、先進工業国ではありふれている快適さや消費活動の多くを享受できない。したがって、先進国が汚染排出量――政治的に非常に嫌われていることが証明されているもの――を削減したとしても、世界の発展途上地域における産業の成長によって、当分の間は総排出量を規制を設けずに増加させることを憂慮するのも当然である。過去の排出物から予想される環境影響も既に十分に悪いが、汚染が規制を受けずに増大してゆけば、壊滅的な影響が出る可能性がある。しかし、先進工業国の人々が持続不可能なレベルの消費を享受し続けている一方で、発展途上国に住む人々の生活の質を向上させる経済や産業の成長を制限することは、はたして公正と言えるだろうか。

このように、ブルントラント委員会による持続可能な開発の定義は、特に将来世代の権利と利益に関連するため、国際政治だけでなく、公平性の重要な問題を把握する方法にも大きな影響を与えた。サイモン・ドレスナー（Simon Dresner）は、WCEDによる持続可能な開発の定義の実施をめぐる論争を、持続可能性そのものをめぐる論争として解釈してきた多くの学者を代表する人物である。彼は著書『持続可能性の原則』（*Principles of Sustainability*）の中で、持続可能性を達成するためには、資源の消費に一定の制限を設ける必要があるかどうか、あるいは、技術と知識の変化によって現在世代の消費にかかわらず将来世代がより良い質の生活を享受できるようになるかどうかについて交わされた、経済学者の一連の議論を追って検討している。彼はそこで、この論争では、開発というものをどのように理解するべきかが焦点となることがあると指摘している。例えば、貧困層の生活の質の改善を反映していない可能性のある指標である、国内総生産（典型的にはGDPによって測られるもの）の増加という観点から開発を評価することを批判する者がいる。また他にも、経済成長（ＧＤＰ）は、汚染や天然資源の枯渇という問題が生じていることを――たとえ、それらが過去に生じていたとしても――必ずしも示唆しないと強調する者もいる。[12]

これらの問題は重要であり、また複雑でもある。私は別の場で、持続可能な開発に関する論争は、完全に資源充足性《リソース・サフィシエンシー》の枠組みの中で行われる傾向があると論じてきた。[13] ここでの基本的な考え方は、プロセスや活動はそれを実行するのに必要な資源が利用可能であると予見されるならば、持続可能だということである。このようにブルントラント報告書の背後にある考え方は、ダグラスの食料充足性《フード・サフィシエンシー》のそれによく即したものであった。食料充足性《フード・サフィシエンシー》の焦点は作物生産の慣行であり、「我ら共通の未来」［これはブルントラント委員会が一九八七年に発表した報告書のタイトルである］の主題は、経済発展のプロセスであった。確かに、作物生産から経済発展というような抽象的なプロセスへと移行することは、この論争に大きな影響を与える。にもかかわらず、何が重要なのか、なぜそれが重要なのかという倫理的な前提条件は、両者とも驚くほど似ている。報告書の残りの部分に目を向けると、より大事なポイントは、持続可能性と環境倫理学に関連するすべての倫理的問題が、資源充足性《リソース・サフィシエンシー》の枠組みに組み込まれると考える人がいる点にある。もしあなたの思考が、気候変動の時代に十分な資源を保有できるのか（または十分に保全しているか）という憂いにすっかり支配されているとしたら、一九九七年のブルントラント報告書の発表に続く論争が、環境倫理学における食料に関する見解のすべてを表していると思うに違いない。私はブルントラント報告書の発表に続く論争が「すべてだ」ということには意義があるが、その論争が重要な問題だということには異論がない。

資源充足性《リソース・サフィシエンシー》の倫理

資源充足性《リソース・サフィシエンシー》に関連して起きる倫理的問題は、誰にとって十分なのかという分配的公正という古典的な問題である。産業革命は、生産プロセスの効率化を強力に押し進めたが、これらの革新の恩恵が公平に共有されることはほとんどなかった。ブルントラント委員会は、世界規模の不公正を解決するために召集された多くの国際委員会のうちの一つにすぎない。この不公正は、二世紀間続いた植民地主義が生み出したものだ。グローバル・サウス（南の発展途上国）の経済は、原材料や安い食料品をヨーロッパに、そして次に北アメリカやオーストラリアで成功した産業経済に向けて流通させるように組織化された。このことは南の国々で、天然資源の搾取や地域の生態系の破壊、抑圧的な政治体制の創設、そして被支配民族の貧困をもたらした。さらに巧妙なことに、この搾取は、人種、文化、ジェンダーに関する固定観念を生み出し、被支配民族を隷属させ、ヨーロッパの権力者への財の流れを維持することを伴っていた。近年の社会的・政治的論争の大部分は、これらの不公正の正当性と、それに対する適切な現代の対応に関するものである。一部の著者が、利益の分配におけるこれらの不公正の永続化は、持続不可能であると主張する一方、分配の不平等に取り組む政策が、個人の自由を奪ったり、経済成長を危うくするのではないかという問題を強調する者もいる。

工業化の歴史が、倫理学における新しいアプローチの出現といかに結びついてきたかを思い起こしてみよう。第4章の「食農倫理学における根本的な問題」では、功利主義的倫理が、経済成長の恩恵によって相殺される構造的不平等を合理化する能力を持っていることの悪名高さについて述べた。しかし、イギリスの元来の功利主義者たちは、硬直した階級制度に関連付けられた不平等が固定化される社会秩序を強く批判した。かつて、イギリスとヨーロッパ大陸の貴族は、莫大な富と政治的権力を手にしていたため、意思決定も操作できた。ほぼ例外なく、彼らは自分たちの利益に反する政治的・経済的改革を行うことを（たとえそうすることが明らかに大多数の利益のためであっても）嫌っていた。ジェレミー・ベンサムの費用と便益の計算方法と、彼の格言「一人は一人として数え、けっして一人以上には数えない」[14]は、この特権階級の制度を根本的に崩すことを企図したものだった。人権についての見解、または人間の尊厳についてのカント主義の原則は、ベンサムの平等主義の精神を守り、同時に功利主義的算術の便益と費用の分配に対する鈍感さに対抗する試みとして、解釈することができる。工業化の時代に人権は、民主主義と統治の過程に参加する権利と密接に結びついていた。

しかし、金持ちに有利に働く分配の不平等の公正をめぐる歴史的な論争は、ブルントラント報告書の持続可能性に対するアプローチの倫理的意義を無駄にするものではない。実際、将来世代のための分配的公正の問題に注意を喚起する中で、ブルントラント委員会は懸念の範囲を大きく広げていた。将来世代はまだ生まれていないので、意思決定に影響を与える彼らの権利を、意思決定に参加する機会を設ける形で民主的プロセスに組み込むことはできない。民主主義は必然的に、今ここで行われる意思決定の問題である。せいぜいできるのは誰かが将来世代の利益を代表することだが、彼らに彼ら自身のために発言させるという考え方は使えない。ブルントラント委員会の持続可能性の定義は、政治団体によってなされた珍しい哲学的原則の表明であり、それは分配的公正の問題は単に裕福な人と貧しい人の間で利益をどう分配するかの問題ではないことを確固として認めている。また、工業化の費用と便益を、「共時的だけでなく」通時的に分配することの問題もある。ブルントラント委員会の資源充足性《リソース・サフィシエンシー》に対するアプローチは、将来世代に環境コストを課すことによって現在世代の食料安全保障の問題を解決することは、特にそのコストが彼らの食料生産能力を制限する場合には、間違っていることを示唆している。しかし、将来世代のために懸案事項を実行することは、デレク・パーフィット（Derek Parfit）が考えた哲学パズルを引き起こす。つまり、もし私たちが今日することが、将来世代がどのような生活をし、どのような興味を持つのかに影響を与えるのであれば、ある意味、将来世代のアイデンティティそのものが、私たちのすることによって影響を受けることになる。パーフィットは、将来世代はその存在そのものを私たちの意思決定に負っているため、私たちが文字通りの意味で将来世代に害を及ぼす可能性があると考えるのは誤りであると主張した。[15]

しかし、ブルントラント報告書は、分配的公正の範囲を十分に広げられていないという批判も受けてきた。ブルントラント報告書における持続可能性の定義は、人類にとっての費用と便益に限定されている。それは人間中心的主義である。それと対照的に、環境哲学者たち［ここでは、人間非中心主義者を指している］は、私たちの倫理的思考の範囲は人類を超えて拡大される必要があると主張した。第1章と第5章で考察したように、ある者は、人間以外の動物が人間のように喜びや苦痛を経験するという事実を重視し、またある者は、他の動物は一種の主観的な考えを持つので、彼らには道徳的権利があるとまで述べている。他にも、すべての生物はそれら自身の興味や価値を持っていると言えると主張する者もいる。このように、分配的公正の問題はすべての生物に拡大する根拠がある。そして、一部の環境哲学者は種と生態系、そしておそらく地球という惑星自体が道徳的考慮に値する内在的価値を持っていると主張している。これらの見解はいずれも、富裕層と貧困層、将来世代の人類だけを考えたとき、私たちは工業生産の費用と便益を適切に分配してきたという思い込みへの疑問を提起する。誰にとって十分なのかを問うとき、私たちはあらゆる人間の活動（食料生産を含む）が、はるかに多くの道徳的に重要な存在に、どのように影響するかを考慮するべきということだ。ただ、そのような分配的公正の過激な再解釈はしても、非人類が人類と全く同じ種類の道徳的考察に値するとまで主張する者はほとんどいないだろう。この種の環境倫理学は、持続可能性についての倫理的問題は、誰にとって十分なのかという形をとるという見解を受け入れると同時に、その誰かは人間に限定されているブルントラント委員会の想定に異議を唱える。

要約すると、持続可能性に関する資源充足性《リソース・サフィシエンシー》の見解には、困難で挑戦的ではあるが、哲学者や環境保護主義者、政策立案者らによって広く認識されている一連の倫理的問題を抱えている。これらの問題に注力した文献は大量にあるが、それらが特に食農倫理学にどのように関連しているかを検討した文献は比較的少ない。「食農倫理学の根本的な問題」を扱った第4章で説明したように、見過ごされてきた特別な哲学的課題があるかもしれない。それでも全般的に、食料は現在の世界で、不平等に分配されている多くの財の一つであるという見方は正しい。他にも、医療と住居、エネルギー、基本的な人的サービスもまた、分配的公正の対象となる。これらの財へのアクセスと使用が人々の間で、つまり一方で富者と貧者の間でどのように分配されるかという問題があり、他方で人種間や階級間や男女間でどのように分配されるかという問題もある。また、これらすべての財の生産と利用が、将来世代の機会と、人間以外の多彩な存在——生きているのもいないのも——にとっての展望の両方に、どのように影響するかという一連の疑問もある。分配的不平等の対象となる他のすべての財から、食品を区別するものは何もないからである。実際のところ、これらは食農倫理学の問題であるとは言い難い。私はこれを農業の産業哲学と呼んでいる。農業によって生産される商品（例えば、食品や繊維）は、分配的正義に関連して発生するすべての倫理的議論の対象となるが、産業経済の他の分野（例えば、ヘルスケア、エネルギー、製造業、輸送）と比較して、農業が何か特別であるわけではない。

アグラリアン哲学とは何か——哲学的な幕間

産業界の見解とは対照的に、農業における生態学的健全性《エコロジカル・インテグリティ》や社会的持続可能性《ソーシャル・サステナビリティ》の支持者は、農業には非常に優れた特徴があり、持続可能な農業には特別重要な意義があると見なす傾向がある。このような見解は、農業や他の形態の食料生産の特徴を強調しているため、私は農業のアグラリアン哲学の一つとしてそれらをまとめている。農業は特別である。私たちは農業の生態学的・社会的側面を注意深く考察することによって、持続可能性について独自の重要な事柄を学ぶことができる。農業が特別であると感じることは様々であり、そのうちいくつかについては以下で考察する。農業の持続可能性を機能的統合性《ファンクショナル・インテグリティ》と同一視するアプローチが、農業生産の独特の役割と地位を主張するとき、多くの珍しい、場合によっては長い間忘れられていた哲学的な考え方が最前面に押し出されることに注意されたい。

意外なことであるが、歴史哲学に関するG・W・F・ヘーゲル（G. W. F. Hegel）の講義は、アグラリアン的観点への入口を提供している。ヘーゲルは、文明史において哲学的に重要な四つの段階を特定し、それらが発生した地理的環境と関連づけている。歴史は、部族社会とともにアフリカで始まり、最初の多様な文明が出現するアジアへと進む。重要な段階はギリシャ（ヘーゲルが意味するところのギリシャ・ローマ世界）とドイツ（ヘーゲルが意味するところのヨーロッパ）であり、そこでは複雑な社会組織の形態が、社会規範とそれに伴う精神構造や気性（啓蒙主義と人間の進歩に関連するもの）の出現を支えている。

ヘーゲルの歴史哲学の講義に出席した学生は、それがヘーゲルの難解で悪評高い絶対精神の哲学への分かりやすい導入であると感じた。それは彼らが進歩と合理性の本質に関して、ヘーゲルとある種のヨーロッパ中心主義の偏見を共有したためかもしれない。二一世紀の私たちは、人種差別主義者のようなヘーゲルの見解だけでなく、歴史的な出来事に関する異様に見える見解についても粗を探したいという誘惑をひとまず置いておかなくてはならない。そうすることで、ヘーゲルが、農業がどのように特別であるかについて、農業そのものが魅力的であり、機能的統合性《ファンクショナル・インテグリティ》の観点からいくつかの重要な要素を含んでもいる物語を語っていることを理解できる。

ヘーゲルにとって、アフリカの生活はあまりにも容易で発展がない。[16] 食料は豊富にある。それは文字通り、木に実る。アフリカ人は捕獲と狩猟のために部族の中で部隊を結成し、領地をめぐる紛争が起こる一方で、複雑な形態の文明を発展させる必要はない。その必要は、古代エジプトを含むアジアで起きており、エジプトの複雑な農業生産システムを考察することによって説明づけられる。エジプトは、ナイル川に呪われるとともに恩恵も受けている。ナイル川で毎年起こる氾濫は国の大部分を覆いつくし、土地を豊かにする栄養を高地から一気に運んでくる。エジプト人は、ナイル川の洪水の水を貯めておくために、巨大な石と土の作品を建造し、綿密な計画のもと放水を行うことによって、氾濫の呪いをまぎれもない恵みに変えた。ナイル川は全流域に水と肥料を安定供給し、エジプト人は農業以外のたくさんの労働人口を養うことができた。そのほとんどは奴隷であり、エジプトの指導者たちは、彼らが利水設備の建設や保全に携わっていないときにも、私たちが今日よく知っている巨大建築の建設で忙しくさせておく方法を見つけた。他の者たちは、上・下エジプトを支配するのに使われていた軍隊に派遣された。

それ以外にも司祭職にある者がいたが、エジプトの司祭職は儀式の職務に加えて、下流の農場のための放水の管理だけでなく収穫や貯蔵、作物の分配も行っており、非常に忙しかった。

ヘーゲルは、エジプトの農業システムの複雑さと環境の持続可能性をそこまで強調してはいないが、マセル・マズワイとローレンス・ルダーによる現代の精緻な分析から、エジプト人の天然資源の管理とその主要な社会制度は七〇〇年以上続いたことがわかる。[17] これは既知の他の農業システムでは（持続可能でなければ）太刀打ちできない存続期間の記録だろう。もちろん、ナイル川が毎年、天然肥料を運んでくれることとは大きな幸運であり、奴隷制度への依存は、持続可能性を社会的公正と結びつける人から見れば、ファラオのエジプトの偉大さを損ねている。それでも、そのシステムの安定性と回復力《レジリエンス》は、将来世代がどうやって食べていくかを深く考える者にとっては一つの教訓となる。ヘーゲルは、狩猟者と採集者で構成される部隊では達成されなかったであろう食料生産のための社会工学システムの複雑な相互作用について、エジプトの司祭職は、全体像を把握していたと述べている。中央管理という視点には、それぞれのパーツがどのように組み合わさるかについての構想が組み込まれ、操業全体の崩壊を防ぎたければ、特定の時期に特定のことが起きなくてはならないということを、エジプトの指導者に認識させた。ヘーゲルが言うところのアフリカにいる者は、採取する木の実や果実、あるいは狩猟する動物を生み出す森林やサバンナの生態を理解していたわけではないが、エジプトの専制的な指導者は国が存続するために何が必要かを見極めることができた。ヘーゲルは、専制君主だけがこれを知る立場にあったということがアジアを舞台とする人類史にとっての重大な限界であったという。

話が面白くなるのは、ヘーゲルの古代ギリシャの扱いにおいてである。ヘーゲルによるギリシャの歴史は、彼のアフリカとアジアの説明と同じく、地理と気候の話から始まる。ペロポネソス半島は山岳地帯だが、降雨量と融雪量の多い肥沃な谷が点在している。この地形は、一年生植物の穀物の種を谷底にまき、補完的に木やつる性の作物を傾斜地に植えて、石灰質の浸食土壌を保持させる農法によく適している。羊や山羊はこのシステムを通って移動し、作物の切り株畑で越冬し、果樹園で春先に芽吹く草を食べ、そして高山の牧草地で夏を過ごし、各季節を通して自然に堆積した肥料でこれらの土地を肥沃にする。このシステムは、季節によって一つの農作業からもう一つの農作業へと移ることができるため、家事労働者による管理に適している。木やつる植物は、作物を植える前にも後にも収穫できる。オリーブは通常、晩秋または冬まで収穫しない。子どもや一〇代の若者は家畜の世話ができるが、重要な決定はすべて世帯レベルで行われる。エジプト農業のような中央管理や階層的な組織化の必要性がないだけでなく、ギリシャのシステムにおける意思決定と生産地との密接な関係は、特定の場所の特殊性に合った農業知識の発達を促進する。

さらに、特にナイル川を上下輸送することによって可能になる（軍隊の移動は言うまでもなく）コミュニケーションのとりやすさと比較して、山自体が中央集権的な意思決定を妨げている。古代ギリシャはこのように、比較的独立した自治権を持つ渓谷の王国で構成される文明として発展し、それぞれが都会的な中心部を持ち、そこには家族経営農場を支援するのに必要な車大工や鍛冶屋、その他の専門技能職が集まっている。アリストテレスの『政治学』で展開された議論のゆるい解釈をもって、ヘーゲルはこれらの多様化されたギリシャの農家の家計管理（家政学、経済学：*oeconomics*）がポリス——都会の密集地とそれらを取り囲むやや独立した農場からなる政治的単位——の統治モデルになると主張する。人が自然に家族への帰属意識や忠誠心を発達させるように、ギリシャ人は家族間の連帯感を発達させ、それが市民権の規範の基礎となる。ヘーゲルにとってこれは、自身が依存し臣従の義務を負う社会的有機体の一部として自覚する人類の能力の、歴史的発達を促進するものである。ギリシャ文明の次にはキリスト教時代が訪れ、憲法君主制が出現するため、ヘーゲルの歴史哲学では、共有の利益と共通の運命に対する認識の高まりだけでなく、より洗練された法と霊性の理解へと続くことになる。

ギリシャの農業と市民権の美徳との関係についてのヘーゲルの哲学的考察は、古代ギリシャの現代歴史家であるビクター・デイビス・ハンソン（Victor Davis Hanson）の著作を参考にすることによって肉付けされる。ハンソンは『私たちの知らないギリシャ人――家族経営農場と西部文明のルーツ』（*The Other Greeks: The Family Farm and the Roots of Western Civilization*）の中で、ギリシャの都市国家のこういった農家、「中間の者」（ホイ・メソイ：*hoi mesoi*）の精神構造を考察している。[18] 古代世界のどこにおいてもそうであったように、一年生作物は侵略軍による破壊や襲撃に対して脆弱だった。しかし、ギリシャの農民は他の者たちのように、ただ丘に逃げ込んで包囲攻撃をじっと待つ気はなかった。というのも、彼らの農業システムに不可欠な果樹やつる性作物は、一年生の穀物とは異なり、侵略者が去ったあとに単に植え直すというわけにはいかないからである。果樹やつる性作物は、生涯にわたる労働を象徴する。オリーブは特に成長が遅い木で、何世紀にもわたって実をつける。軍隊の略奪により失われた収穫は、何年も何十年も戻ってこない。ハンソンによると、こういった事情からギリシャの農民は自らの農場を守り、自分たちの安全を保障するような統治形態を必要とした。最終的に、重装歩兵による密集陣形《ファランクス》に代表される、各兵士間の絶対的な信頼関係に基づく軍隊組織が生まれた。密集陣形によって、自分たちの農場を守れるかどうかは自分たちの軍事的手腕にかかっているという個人の認識から生まれる勇気と、戦争に負けた場合に陣形の中のすべての人が絶望的な代償を支払うことになるという確信とが形成された。この精神構造がギリシャの市民権の概念を支え、ギリシャの都市国家が農民の市民部隊を出動させることを許可し、市民部隊は奴隷や傭兵を寄せ集めた外国軍を迎撃できたのである[19]。

ヘーゲルのアフリカに対する人類学的に扱いが難しい理解と同様に、この説明の歴史的な正確さには懸念が残るかもしれないが、持続可能な社会の代表的なあり方を見て取るだけなら十分だ。環境の持続可能性は、肥沃な土壌、信頼できる水源、そして予測できない天候や害虫、病気に対して、栽培品種がどれくらい回復力を持つかにかかっている。しかし、ヘーゲルの歴史哲学は、その制度、その法律、その道徳が、物質的な生計の手段を確保するための実践を補完したり、強化したりするとき、社会は持続可能であることを示唆している。古代エジプトと古代ギリシャは両方とも、最初の意味で持続可能な農業的自然環境の恩恵を受けていたが、ギリシャの農業は、新しい社会のあり方を作り上げるに至った。それは、家族経営農場と専門的な技能職［車大工や鍛冶屋］が、業務を通して相互に補完し合い、それにより、多くの市民が社会的有機体の働き（および自然環境への依存）を把握できる見晴らしの利く場所に立つことができたことで可能となった。ギリシャもエジプトも、単調でつらい仕事のかなりの部分を奴隷制に頼っていた。これらの制度は、完璧には程遠いものだ。にもかかわらず、ギリシャ人は自分たちの社会を機能している統一体として見ることができ、このビジョンはギリシャの道徳的美徳の概念と密接に結びついていた。人は堕落した機能不全の社会では有徳であることはできず、美徳の継続的な実践と再生は、堕落の影響に抵抗する力を人に与える機関（おそらく、特に家族経営農場を含む）にとって非常に重要だった。農業は、単にギリシャ経済の一部門というのとは程遠い。農業は究極の源であり、ギリシャ特有の生活様式をもっとも特徴づける社会形態の基礎でもある。

機能的統合性《ファンクショナル・インテグリティ》の倫理

以上の、本題から脱線した幕間から学ぶべき第一のポイントは、アグラリアンの農業の概念は、農業の持続可能性を資源充足性《リソース・サフィシエンシー》の観点から見た場合には、思いつきもしない倫理的な問題を示唆しているということである。ヘーゲルの歴史哲学は、古代ギリシャ人にとって、フードシステムの組織化はギリシャの都市国家が、一つの世代から次の世代へと社会構造を受け継いでいく慣習と結びついていたことを示唆している。農業はこのように、基本的な社会制度の継承におけるその機能や役割に由来する価値を持っている。それにはギリシャ風の特徴を持つ道徳性も含まれる。あるいは別の言い方をすれば、農業はギリシャの社会と文化生活の持続可能性に一役買っている。農業がギリシャの人々を養う上で一役買っているのは、事実である。ギリシャの農業経済について、基礎的資源の充足性に関して問うことは論理的に可能である。十分ということについて、また、誰のためなのかについて問うことで、私たちはギリシャの家庭奴隷制度への依存に異議を唱えることになるかもしれない。そのような問いを発することは倫理的に重要である。しかし、これらの問いからも、ギリシャの農業の慣習が、どのようにポリスの社会的組織化や、市民権と愛国心、勇気（第3章で考察された）、そして節度（ソフロシネ）も含めたギリシャの美徳の機能的意義に貢献したかを、そしてそれを通じて知ることができるシステムの全体像を私たちは知ることができない。

　アグラリアンの哲学は、農場生産の特徴的な組織を含むフードシステムが、文明や生活様式の機能的統合性《ファンクショナル・インテグリティ》にとって必須であることを示している。農業と食生活は、文化的規範を強化する慣習や、社会を一体化する組織的な制度の中に組み込まれている。ヘーゲルとハンソンがそれぞれ提示した古代ギリシャのケースでは、このような慣習や制度は、外部からの軍事的な脅威に抵抗する社会的能力に密接に結び付けられている。しかし、侵略者以外にも、フードシステムが機能不全に陥る他の多くの可能性を列挙することは可能である。そのうちのいくつかは、食料の入手可能性の観点からフードシステムを評価する者なら、誰でもすぐに思い浮かべることができるだろう。イナゴの異常発生、疫病、干ばつ、浸食よる不可逆的な土壌流出や、土壌の肥沃度の低下――これらの脅威のすべてが、食料供給のシステムを機能不全に陥らせる。現在、世界のフードシステムの頑健性《ロバストネス》［システムが持つ、外乱に対する強さ。外部からの影響を最小限にする仕組み］についての懸念の多くは、気候変動に関連している。しかし、他の脅威や機能が停止する状況は、もっと複雑で表現しがたいものである。食習慣や公衆衛生に欠かせない食べものの知識の過小評価はその一例かもしれないが、ダグラスが社会の持続可能性と関連づけた、著者らの焦点であった農村コミュニティの衰退も、もう一つの例として挙げられる。本格的な議論は本書の範疇を超えているが、機能的統合性《ファンクショナル・インテグリティ》のテーマの一部は持続可能性に包括的に適用されうる。

　一般に、システムが外部の脅威による混乱に抵抗する能力は頑健性《ロバストネス》、混乱から回復する能力は回復力《レジリエンス》と呼ばれる。配電網や鉄道または高速道路の輸送システム、都心部への上水道などの近代的なインフラの場合、頑健なシステムは自然災害（例：竜巻やハリケーン）と人的脅威（今日の世界では、主にテロ攻撃）の結果としての不具合に耐えるものである一方、回復力《レジリエンス》のあるシステムとは、障害が発生してもすぐに作動状態に戻すことができるシステムである。しかし、基盤システムに対する内的な脅威、すなわち、設計の失敗や整備不良、人的ミスなどもある。頑健性《ロバストネス》と回復力《レジリエンス》は内部の脅威にも当てはまる。基盤システムをより広い視野で考えると、政治的意思決定者がインフラを設計・維持し、それに職員を配置する財源を提供できない場合、そこにもシステムの機能不全——機能的統合性《ファンクショナル・インテグリティ》の侵害——が起きていることになる。これは政府が腐敗したとき、または人々が、自分たちがインフラに依存していることに非常に無知になり、それに支払うために必要とされる税金を継続的に払わなかったときに起こる可能性がある。……このフレーズが、第4章で引用したジェファーソンの農業の賛美をどのように繰り返しているか、思い出していただきたい。この種の（現代の民主主義において十分に現実的な）シナリオは、ヘーゲルの哲学が私たちに警告している一種の持続可能性を取り上げている。

　ヘーゲル学派が示唆するような、国防、統治、農業が絡み合った社会システムは、市民―兵士―農民のメンタリティを生み出すインセンティブが脅かされたときに破綻する可能性がある。ビクター・デイビス・ハンソンは、古代アテネの歴史をまさにこのように解釈している。ハンソンは、アテネが特殊なケースになったのは、海軍力の発達が、土地や場所に根ざした市民権の概念を欠いた、貿易による利益を築いたからだと論じている。農民階級（ホイ・メソイ）と結びついたアテネの美徳が損なわれたことは、アテネの勢力圏が拡大する背景となり、ついにはアテネとスパルタの間でペロポネソス戦争をもたらしたというのが、ハンソンの見方である。ソクラテスの裁判、プラトンの正義と法の概念、アリストテレスの倫理学は、農地から離れたことが、アテネが社会的安定性を損なった根本原因であると考える人々の間の意見の対立に簡潔に表しているとハンソンは述べている。[20] 古代ローマ共和国の衰退に関するマキァベリの記述も、これと同じように解釈できるかもしれない。マキァベリは、一連の誤った政策決定が、ローマの統治機構と、軍隊に参加するローマの市民―兵士―農民との間の相互補完的なつながりを損なったと述べている。古典的な哲学的作品のそのような解釈をたどり、議論することで、多くの西洋の哲学者が自身の学問領域のまさにその起源と関連づける出来事と食農倫理学がつながることになる。西洋文明のルーツについてのハンソンの説明は、農業というテーマを哲学に統合する興味深い方法を示しているが、本書でのこれ以上の言及は控えておこう。

機能的統合性《ファンクショナル・インテグリティ》の倫理は、システムの頑健性《ロバストネス》と回復力《レジリエンス》の価値を決める。私たちはそれに適応能力を追加してよいかもしれない。生物種や生命体の個体群は、自身の特質を変える能力を持つ。イギリスの工業発展期のオオシモフリエダシャクの適応は、その一例としてよく引用される。工場が大気中に煙を撒き散らしたので、淡い色の蛾は、黒い煤にまみれた樹皮にとまったとき、捕食者である鳥に見つかりやすくなった。しかし、比較的珍しい濃い色の蛾はカモフラージュされて、鳥から見つかりにくかった。博物学者は、オオシモフリエダシャクの個体数が薄い色の個体と濃い色の個体の間で優位性が入れ替わる適応という現象を観察した。そして、生物学の教科書に記載されるように、濃い色の個体が捕食者の回避に有利になっていた汚染が環境改善によりなくなったとき、薄い色の蛾の割合が再び増加し始めた。[21] 機能的統合性《ファンクショナル・インテグリティ》としての持続可能性の適切な全体像を得るためには、環境の変化に対する適応反応の能力を、頑健性《ロバストネス》と回復力《レジリエンス》に追加する必要がある。

統合的な機能システムは頑健でレジリエンスがあり、適応力がある傾向がある。上下水道や配電網について言えば、そのような特性は公益事業の信頼性を担保できるので好ましい。オオシモフリエダシャクのケースでは、機能的統合性《ファンクショナル・インテグリティ》が個体群そのものに働いているのを多くの環境保護論者が確認した。しかし、個体群は（おそらく個々の蛾とは異なり）感情を持たない。同様に、古代ギリシャの農業経済や古代ローマ共和国の政治機構について話せば、私たちは感情や自身の運命を気にする能力を持たない存在の価値を決めているように思われる。この時点で、機能的統合性《ファンクショナル・インテグリティ》は、内在的な価値を重視する環境倫理学の議論と結びつき始める。ある意味、生態系や種、個体群や他の同様に複雑な自己組織化システムは、個体――人間であってもなくても――がそれらから得る有用性を超える一種の価値や値打ちを示している。十分に複雑なシステムが生み出す財とサービスを評価することについては人類中心的な議論があるかもしれないが、ホームズ・ロルストン（Holmes Rolston）はこれらのシステムの自己複製とシステム保存の側面は、私たちが内在的価値そのものによって意味するところのものを具現化すると主張してきた。機能的統合性《ファンクショナル・インテグリティ》を認識する私たちの能力は、自然の中にある価値を理解する私たちの能力の一つの源――おそらく、それこそが源――である。[22]

ロルストンの見解に基づけば、ヘーゲルの歴史哲学は、人間の物語の長期にわたる進化パターンの例証と解釈できる。人間の文明は進化し、より大きな頑健性《ロバストネス》と回復力《レジリエンス》、適応力を具現化するようになった。ヘーゲルのアフリカとアジアからヘーゲルのギリシャへの移行は、まさにそのような話なのかもしれないが、それが伝えようとしている道徳的なポイントは、人間の文化と個人の美徳は、社会的有機体の全体的な統合性に貢献するということである。私たち人間が、文化や美徳の道徳的意義を、これらの適応の道具的有用性を述べることで語り尽くせると思うならば、それは間違いである。より大きな適応の軌跡と文化的形態の回復力《レジリエンス》こそが、私たち個々人の視点から価値と呼ぶもののまさに源なのである。人類の集団がこの大きな軌跡のどこかの地点でたまたま持ちうる特定の好みや倫理的基準は、彼らがより大きな全体の機能的統合性《ファンクショナル・インテグリティ》を反映し、それに貢献する方法から彼らの価値を引き出す。人類史のすべての時代が、この基準において進歩的であるわけではない。私たちは、ときに後退もする。もちろん、いつの時代に生きる人も、その時代に特有の倫理的談話によって得られるどのような基準や考え方でも、それに頼らなければならない。しかし、倫理の大きな役割は、このより大きくより包括的な軌跡に照らして自分自身の行動規範を省みる手段を思い描くことである。ヘーゲルのような一九世紀初頭の思想家は、自分たちの社会は正しい方向に向かっていると確信していた。二度の世界大戦と半世紀くすぶり続けた（しかし、致命的な）イデオロギー的対立の後に、それほどの自信を持つことは難しい。一連の技術的失敗と、資源の枯渇と気候変動という不吉な見通しもまた、私たちが進歩を信じる気持ちを鈍らせる。それと同時に、私たちが現在立つ歴史的に見晴らしの良い地点からは、ヘーゲルと彼の同時代の人々に、女性や非ヨーロッパ系の人種・文化への著しい偏見があることが窺える。人類史における頑健でレジリエンスがあり、適応力のある成長について、ヘーゲル哲学がどのように理解しているかが分かれば、一九世紀の理想主義の限界を見るとともに、ヘーゲルを乗り越えることもできる。おそらく進歩は完全に止まったわけではない。

ここで重要になる最後のポイントは、システムの機能的統合性《ファンクショナル・インテグリティ》についての問題は、そのシステムの境界をどのように理解するかによって決まるということである。一九七〇年代、アメリカのトウモロコシ収穫高は南部型葉枯病という病気によって大打撃を受けた。最終的に、この病気が発見されたテキサスのトウモロコシの遺伝子に原因があることがわかった。この品種は、この病気に非常に感染しやすく、遺伝源はT型細胞質と呼ばれている。幸い、トウモロコシの育種家がより多様な遺伝子プールを利用するようになったことで、国の穀物供給に対する脅威は回避された。しかし、「この事件に関連するシステムは何だったのか」と尋ねる人がいるかもしれない。多くの科学者たちは、それはT型細胞質と葉枯病を引き起こした菌である *Helminthosporium maydi* との間の遺伝子型と環境の関係であると考えた。[23]しかしながら、在来種と呼ばれる遺伝的に多様な開放受粉品種のトウモロコシを慎重に管理しているメキシコのトウモロコシ農家にとって、たとえ *Helminthosporium maydi* が彼らの環境に存在したとしても、葉枯病の流行で収穫量の大激減が起こる可能性は極めて低いだろう。メキシコのトウモロコシ農家は、在来種の多様性には本質的に価値があると考えている。彼らは自分たちを、植物の成長を助けて多様性を再生産させるという神聖な責任を負う「トウモロコシの人々」と考えている。彼らのトウモロコシは、ただ食料として役立つだけではない。自分たちのアイデンティティをまさに定義する、社会生態学的システムにおける要なのだ。ここでは、種子会社にT型細胞質を利用するように仕向けた、またはアメリカの農家にそれらの種子を大量に買うように仕向けた、インセンティブの構造と文化的価値を含めて考えないと、アメリカのトウモロコシ生産の持続可能性を評価する適切なシステム境界を把握することはできない。[24]

私はここで次のように力説したい。「誰のために、何をすればよいか?」という問いかけでは、私たちが物事を見るときに参照するシステムに隠されている価値観を問うことはできない［私たちに内在化している制約については、はじめに図1参照］。人々の価値観は、自分たちの世界と、その中での自分の位置づけについての理解、自分たちがどのように成長し、どのような行為を行うかを反映している。そこには、消費者、ビジネスマン、科学者、活動家、公務員など、重要な社会的役割も反映されている。これらの価値観の中で、人々は働き、意思決定し、自分たちが活動する世界を定義する。アグラリアンの視点に立つと、農民の社会的役割は、システムの主要な相互作用を把握し、主要な脆弱性を認識するうえで、独特なものだといえる。[25] 現代のアグラリアンは、今日この役割を担う人々が衰退したことが、現代の産業社会における機能的統合性《ファンクショナル・インテグリティ》における重要な脆弱性となっていると主張している。ウェンデル・ベリー（Wendell Berry）はこの種の議論にもっとも際立って関係している現代のアグラリアンである。ビクター・デイビス・ハンソンも間違いなくその一人であろう。

現代の論争

第1章と第2章では、現代の食料運動の出現について考察した。すでに述べたように、食農倫理学に関する素朴あるいは常識的な見方は、個人は有益な結果につながるように食品を選択できるという前提から始まる。このモデルは、あらゆる要素を考慮した上で、最良の結果をもたらす選択をいかにして行うかが倫理学のすべてであると考えるような倫理学の理論と相性が良い。このモデルはまた、私たちが選択肢——経済学者が機会集合と呼ぶもの——の、それぞれの可能性のコストと利益を比較検討する際に、他者の権利を侵害する選択肢は除外すべきであると強調する、倫理学における権利に基づくアプローチともよく適応するだろう。これらのモデルは、個々の食事の選択だけでなく、政策の選択を考慮することにも拡大できる。私たち自身の食生活がより良いまたは悪い結果に結びつく方法だけでなく、動物の世話や環境規制の基準も含めた、食料の生産と流通を管理する政策によってもたらされる結果にも焦点を当てた、食品への倫理的調査に取りかかることが可能になる。

　食料運動が生み出した〝新しい食べもの〟は、そのどれもが、工業的なフードシステムにおける倫理的に受け入れがたい出来事への抵抗として機能していると考えられてきた。アン・ビライシスが著書『キッチン・リテラシー』で述べているように、これは、消費者が少なくとも一九五〇年代まで、専門家や食品業界の企業の横柄な態度を容認してきたことへの反省であった。食品添加物や農薬の残留物の規制をめぐる問題が、徐々に報道されるようになると、一般の人たちはまず、農家や食品加工業者によって添加物が加えられたものではなく、自然食品の方を選ぶようになった。しかし、食品産業がこの言葉の持つ固有の曖昧さを利用するようになると、自然さへの熱意は消え失せてしまった。自然食品は、最終的にオーガニック食品に置き換えられたが、大規模なオーガニック農場や、食品業界の企業がオーガニックな方法を採用したという有力なメディアの報道を受けて、今度は地場産の食品に熱い視線が向けられている[26]。

　今では、倫理的な修飾語句の付く食品のリストは増える一方である。平飼い、遺伝子組み換えでない、グルテン無添加、鳥にやさしい、イルカにやさしい、スローフード、放し飼い、職人技、最小限に加工された、牧草で育てられた、そして（もちろん）持続可能、が含まれるようになった。しかし、自然、オーガニック、エシカル、フェアトレード、地場産といった食品を購入すれば、倫理的な食事をしていると言えるのだろうか。これはかなり議論を呼ぶ可能性がある。それらの議論はうんざりするほどややこしい。そのため、まずは典型例から検討するのがいいだろう。かなり多くの哲学者が、食農倫理学の論争に参入することを決心し、以下のような進歩的な主張を行っている。

家畜に穀物を給餌することは効率が悪い。なぜなら、肉や牛乳、卵の形で動物性タンパク質を生産するには、その二〜六倍の重量の植物性タンパク質が必要だからである。人類は、穀物を動物に食べさせる代わりに、直接自分が食べることによって環境への影響を減らすことができる。さらに、家畜は地球温暖化の一因となる温室効果ガスを排出する。したがって、豚肉や卵、鶏肉の工業的生産のために開発された多頭肥育場や工場式農場で飼育される家畜の苦しみを考えると、食農倫理学の観点から、私たちは、ビーガンやペスカタリアンの食事に変えないのであれば、少なくとも小規模な地場の農場の動物製品を消費することが求められる。

この議論に関する細かいバリエーションについて、過度に細分化した議論に読者諸氏を引きずり込むことを避けるために、私は多くを省略して説明してきた。それというのも、現代の食農倫理学の多くの論文の主張は、フランシス・ムア・ラッペが、一九七一年に『小さな惑星の緑の食卓』の初版本で初めて提起した議論におよそ一致したものであるからだ[27]。

これらの論文の気候倫理に関する要素は、『畜産業の環境負荷報告書』（*Livestock's Long Shadow*）という題名のFAOの報告書を引用していることが多い。環境または地域に関わる食農倫理学の提唱者は通常、工業的家畜生産の環境への影響の中で気候への影響が突出しているという見解を支持してこの報告を引用するが、この解釈は報告の作成者の意図に反しており、報告の分析に要約された事実と数値はそれを支持していない。この報告書が実際に示しているのは、肉や牛乳、卵を生産する牧草地をベースとした飼育のシステムは、動物が工業的な単一農法の穀物を食べている集約的なCAFOよりも、土地利用が非効率的で、温室効果ガス排出の面でもより害が大きいということである。FAOの報告書は、開発途上国の動物性タンパク質消費がますます増えているため、家畜が環境に影響を与え続けると予測している。そして、開発途上世界（分析の大部分が行われた段階で、小農制度が依然として優勢だったところ）に西洋式の工業生産システムを導入できなかった場合、破壊的な環境影響をもたらすだろうと結論づけている。[28] 実際、数多くの科学研究が、人間がどんなに多くの肉や牛乳、卵を食べたとしても、工業的に生産された動物用穀物を利用する飼育システムは、少なくとも代替手段が単位あたりで評価される場合には、多くの動物生産システムとの比較において有利であることを示している。つまり、動物生産の一ポンド（四五四g）あたりまたは一オンス（二八g）あたりの環境影響を考慮すると、工業システムを伝統的な牧草地ベースの生産と比較した場合、総土地利用、総エネルギー消費、および総温室効果ガス生産において高い効率性を獲得できることを科学文献は示している。[29]

確かに、地域のフードシステムに向けた全体的な動きは、産業フードシステムの環境への影響についての事実に基づく主張としてではなく、思考実験として当初浮上した考えに基づいて構築されたものかもしれない。アイオワ州立大学の研究者チームは二〇〇一年、『食料、燃料、高速道路』（*Food, Fuel, Freeways*）という表題の報告書を発表し、その中で、食品輸送の炭素排出への寄与を考慮するための発見的問題解決法として「フードマイル」の考え方を提起した。フードマイルの考え方は、一九六九年に合衆国エネルギー省（USDE）が、食品輸送に使用されるエネルギー量を見積もるための代用物として使用して以来、広く知れわたっていた。しかし、アイオワ州立大学の報告書（査読付きの主張を引用せず、憶測以上のものとしては説明されていない）は、フードシステムの活動家や環境保護主義者――まさに地場産食品の倫理を提唱している類の人間――の想像力をまたたく間に惹きつけた。ファーマーズ・マーケットで買い物をすることによって地場産のものを食べること、または、半径一〇〇マイル（一六〇km）以内で生産される食品だけを食べるように制限することで、温室効果ガスの削減に大きく貢献できるという考え方が、オーガニック食品を食べるという倫理的基準から地場産の食品を食べるという基準へと移行する重要な論理的根拠となった[30]。しかし、いったんライフサイクル分析の対象となると、フードマイルのバブルは弾けた。車やトラックで買い物をするために頻繁に移動するための燃料と、長距離のセミトレーラーや何トンもの穀物や果物、野菜を運ぶ外洋航行の貨物船の燃料と比較すると、フードマイルの議論は単純に説得力に欠ける[31]。

　この結果に疑問を抱く読者諸氏は、脚注で引用した文献をぜひ注意深く読まれたい。それらの少なくともいくつかは、持続可能な農業に大きな哲学的貢献をしてきた著者らによって書かれたものである。これは地場産の食品を支持する論拠を完全にへし折るものではない。ただ、問題がもっとずっと複雑であると痛感するかもしれない。ここでのポイントは、人は食べものの選択を通して環境目標を前進させることができるという前提の下で進められる食農倫理学の推進全般が、偽りであることを証明することではない。より環境的に持続可能な消費の選択を、より健康的または社会的に公正な選択とともに促進することが、食農倫理学が達成に向けて努力するべきことなのは疑いえない。私が引用した研究のいずれも、かの総合的な規範を決して否定はしていないことに気づいてほしい。彼らが論争しているのは、広く支持されている食選択の具体的な経験的判断が、実際により環境的に持続可能な消費を促進するかどうかについてである。議論を整理するには、効率計算と食料の需要予測、炭素その他の汚染物質排出量の測定、ライフサイクル・アセスメントの段階といった、諸々の作業における前提の見直しが必要である。そして、オーガニック食品の本当の健康上の利点や、農薬使用の実際のリスク、世界の食料供給に対するバイオ燃料生産の影響、遺伝子工学をめぐるにぎやかな議論などの問題に取り組むうち、私たちはいつしか前提を検討する作業を次々にこなしていることに気づく。この種の整理作業は、認識論と科学哲学、そして（もし複雑であれば）単刀直入な事実分析の融合である。これらの疑問を掘り下げることは重要である（結びの章でそれを少し行う）が、それらは通常、倫理的な考察のスイッチを入れるような疑問ではない。ここにおいて食農倫理学は、いわゆる食物認識論と呼べるかもしれないものに変容する。

結　論

これらの論争から離れると、現実の問題は解決されるが、私たちが取り組むべきである重要な環境倫理学についての議論を見逃してしまう。私が『アグラリアンの洞察』で紙面を大きく割いて論じたように、食選択とその経済的影響にひたすら重点を置いたナイーブな食農倫理学は、ほぼ完全に、農業は産業経済の一分野であるという想定の範囲内だけで機能している。鉱業、製造業、輸送、あるいは医療でも、資源の全体的な消費に影響を与え、なされるべき選択と、汚染（炭素排出量など）の結果として、私たちが負うリスクがある。私たちが洗濯機を買ったり、家を建てたり、飛行機で飛んだりするよりずっと頻繁に（しかし、車に乗るよりは頻繁ではなく）食消費に関する選択をしていることを除いては、これらの選択肢を考慮する上で、食消費に倫理的に特有のものはない。このアプローチは本質的に持続可能性への資源充足性《リソース・サフィシエンシー》的アプローチである。このような倫理的パラダイムの下で食選択を評価することは、機能的統合性《ファンクショナル・インテグリティ》の観点から持続可能性を理解することによってもたらされるシステムの全体像を無視してしまうことになる。

　機能的統合性《ファンクショナル・インテグリティ》へのアプローチは、まず私たちのフードシステムの機構という観点から、そして次に、その機構が、私たち一人ひとりがそのシステムの中で特定の役割があることを、どのように示唆しているかという観点から、食農倫理学を検討することを求めるだろう。産業的なフードシステムは、私たちが何を食べるかを選択することで、市場や貿易の複雑な経済的因果関係を通じて、人々や動物、環境にどのような影響を与えるかを考えるべきであると示唆するかもしれない。しかしそもそも、私たちが自分自身を消費者として見なすように仕向けるシステムそのものは倫理的に望ましいものだろうか。私たちは、消費者ではない何者として、自分自身を見なすだろうか？　ヘーゲルの、市民—兵士—農民は、一つの答えである。ポリスにおける農業の実践は、美徳、連帯、相互依存の概念を生み出し、農業者の精神性を輝かせる。市民—兵士—農民は消費者の精神性の首尾一貫した代替物だが、私がホイ・メソイ《ホイ・メソイ》を見習うべきだと考えていると思われては困る。古代ギリシャ社会には、魅力的とは言えない特徴もあった。にもかかわらず、ヘーゲルの市民—農民は、かつて人間の慣行と制度、道徳的存在論の構造に深く浸透する方法で、フードシステムがどのように構成されていたかを説明してくれる。事実、食料についての適切な環境倫理学は、私たちが機能的統合性《ファンクショナル・インテグリティ》と資源充足性《リソース・サフィシエンシー》をお互いに対話させることを必要とする。「十分とは何か」と「誰にとって十分なのか」という問いを投げかけるのはもちろん重要だが、同時に、私たちのシステム、私たちの環境がどのように持続していくのか、また持続すべきかどうか、という問いも必要なのである。

もし、あなたが食農倫理学について環境保護主義者、または功利主義の見解をとるならば——食選択がその影響や結果により評価されるべきであると思うならば——持続可能性に関して資源充足性《リソース・サフィシエンシー》のバージョンの見解をとっている可能性が高い。もし、あなたがブルントラント報告書の考え方に従うならば、世界の発展途上地域に住んでいる貧しい人への影響だけでなく、将来世代への影響も含めるだろう。もしかしたら、人間以外の生物の幸福も含めたいと思う、急進的な環境保護主義者、または功利主義者であるかもしれない。そして、あなたが真に急進的な帰結主義者であるならば、植物種や生態系の幸福についても考えるかもしれない。これらすべてのさまざまな影響の間で厳しい取引交渉をしなければならないが、あらゆる場合において、より効率的な食料生産システムが素晴らしい結果を生むだろう。ローラ・ウェストラ（本章の冒頭で考察された）のように、あなたは自然と人間社会の間にバリアを築きたいと思うかもしれないし、農業は産業活動の有害な影響から野生の生態系を守るのに役立つ緩衝地帯になるかもしれない。しかし、その緩衝地帯が消費可能な食料の生産において効率的であればあるほど、自然のためにより多くの余地を残すことができる。つまり、効率と影響を測定することが難しい問題になる。倫理的な部分は、私たちが避けられないトレードオフに直面するときを除けば、簡単である。

この見解は、個人として、そして何かしらの文化に属するものとしての私たちのあり方それ自体が、生物と環境の相互作用の産物であることの認識を怠っている。人間は前の世代の経験を、現在だけでなく、これからの世代への予測にも反映させることができる複雑な有機体である。私たちの歴史は私たちの環境の一部であるという言葉には、深い含意がある。機能的統合性《ファンクショナル・インテグリティ》の見解では、環境内で価値やアイデンティティを形成することは何を意味するかということのより広い意味を把握し、次に、人間の能力（だけでなく、他の種のそれも）を生み出す重要な機能が、子どもたちの中に再生産されているかどうか、という観点から持続可能性について考える必要がある。さらに、歴史的、環境的に考える能力は、私たち自身が過去に人類の文明を保存した能力を保持してきたかどうかを問うことさえ可能だということを意味する。私たちは現在のシステムの頑健性《ロバストネス》と回復力《レジリエンス》について考えることができる。そして、何かしらの能力が欠けていると分かれば、その機序の壊れた機能を回復するように、それらをどのように順応させられるかについて考えることができる。

　ファーマーズ・マーケットで農家から食品を直接購入したり、旬のものを食べたり、地域密着型農業や地元の生活協同組合に加入したりすることを支持する最大の倫理的論拠は、私たちが行う食選択が倫理的により良い結果をもたらすということではないかもしれない。持続可能な農業を提唱する理由は、おそらく、世界における自分の居場所と役割を認識することを助け、食習慣がもたらすさまざまな思いがけない影響を見つける旅に人々を誘うことにある。そして、私たちの生き方を築く土台となる社会的・生態学的なシステムの脆弱性、偶発性、不確実性を、より頻繁に意識させる方法となるのではないだろうか。私はここで、「おそらく」と言う以上のことはしない。機能的統合性《ファンクショナル・インテグリティ》の観点から持続可能性について考えることは、子どもたちに十分に何かを残しているかどうかを問うことではない。私たちを今日の姿にした環境は、持続可能なものか、持続させるに値するものなのかを問うものである。私たちを生み出した社会的・文化的環境は、本当に私たちが自分の子どもや孫に与えたいと思うものかどうかを問うことである。このような探究は、私たちの社会的世界、特に食べものの世界が、本当に子どもたちの性格や習慣を形成したいと思うような場であるかどうかを私たちに問いかける。

　これは環境哲学者が問うことのできる問いの中で、最も難問の部類かもしれない。さらに言えば、このような問いかけは、食べものの生産と消費が他者（人間以外を含む）の幸福にどのように影響するかを理解しようとすることと、食習慣に深く結びついたエトス[*4]、つまり食習慣が、その他の習慣や慣行に波及して独特の文化を形成することとの区別を曖昧にする。おそらく第1章で私が提示した諫言とは裏腹に、結局のところ、「私たちは、私たちが食べるもの」なのだ。しかし、内省の旅が私たちをフードシステムの持続可能性をより深く探究することに誘うのであれば、私は内省的な熟慮というこの重荷を、誰彼なしに押し付けようとは思わない。資源充足性《リソース・サフィシエンシー》についての疑問は哲学的には浅い問いかもしれないが、誰にとって十分なのかという問いは依然として重大である。そして、分配的公正を求める主張は、美徳と洞察を生み出す統合的なフードシステムに対して私たちが抱いている熱情を、ほんの少しだけ和らげて冷静にさせてくれるはずだ。

7　緑の革命型の食品技術とその満たされなさ

富裕層や政府には、飢餓や栄養失調を改善する見込みがある新しい農業技術や食品技術を導入することに対する、不安や懸念を和らげる倫理的義務があるのだろうか？　この疑問は、一見無意味に見えるかもしれない。しかし、これは前章の締めくくり――誰にとって十分であることを考慮するべきなのか？――という問いから地続きのものである。さらに、この問いは、食農倫理学にとって重要な、驚くべき数の政策問題と関連している。いわゆる遺伝子組換え食品は、植物、微生物、動物に新しい形質を導入する遺伝子組換え技術によって開発されてきた。この技術は、合衆国、ブラジル、アルゼンチン、その他多くの食品輸出国の農家によって栽培されている食品や繊維作物に利用されている。実際のところ、これまで一般的に利用されてきた遺伝子組換え作物は二種類のみであり、そのどちらも食料安全保障の向上と農家の暮らし向きの向上、環境に対する悪影響の緩和をもたらしている。その一つがBt作物というものだが、これは *Bacillus thuringeinsus*（バチルス・チューリンゲンシス）菌の遺伝子を組み込んだものである。この遺伝子は、イモムシに対して有毒なタンパク質を産生するが、その毒素は脊椎動物には影響がないことが知られている。これらの毒素は、従来から *Bacillus thuringeinsus* 菌を培養することで得られており、Bt作物は有機農法の頼みの綱となっている。遺伝子組換え作物では、毒素は植物自体の中で生産される。もう一つの主な遺伝子組換え技術は、除草剤耐性作物である。どちらも様々な作物を対象に開発されてきたが、現在これらが使用されているのは、トウモロコシ、大豆、綿花の三種だけだ。

遺伝子組換え技術（遺伝子操作されたものを「GE」、遺伝子組換え作物を「GMO」と表すこともある）は、一九九〇年代後半に猛烈な論争を巻き起こした。遺伝子組換え技術の支持者の間では、バイオテクノロジーによって食料不足や栄養不足に対処できる可能性について活発に議論されていた。なかでも、食料援助のための遺伝子組換えトウモロコシの出荷計画をめぐる議論や、ゴールデンライスとしてよく知られる、遺伝子組換え品種によるビタミンA欠乏症への対処の可能性についての議論が盛んだった[1]。もっとも強烈なエピソードとして、アフリカ諸国の内の数カ国が、二〇〇二年に合衆国からの食料の出荷を突如拒否したことである。この拒否には、多くの理論的根拠から説明がなされた。アメリカ人が五年間、遺伝子組換え作物を食用として利用してきたという保証があったにもかかわらず、遺伝子組換え作物の安全性に疑問を投げかけるアフリカの指導者がいた。もっとも、アフリカの輸出作物が受けるであろう潜在的な影響の方が、安全性への懸念よりも影響力が大きかったかもしれない。アフリカの農業指導者たちは、アフリカの作物が、遺伝子組換え品種に汚染されているという疑念が少しでも持たれることになれば、ヨーロッパの消費者たちは新たな食料の供給源を探すだろうという懸念を表明したのである[2]。このエピソードの詳細には興味をそそられるが、冒頭の問いについての探究からは横道にそれてしまうことになる。ここでのポイントは、特に現在、そして将来の世界の食料需要の観点から、新しい食品技術へのさまざまな反応の背後に隠れた倫理について調査し、検討することにある。

ひも解かれた道徳問題

産業革命以降、食料の生産、輸送、加工、流通に新しい技術が導入されてきたことにより、世界のフードシステムは徹底的に変貌した。一九世紀には、冷蔵車のトラックが導入され、シカゴで屠殺された家畜が、牛肉や豚肉の半身としてニューヨークに出荷され、地方の肉屋に届けられるようになった。これは現代人の目にはごく普通のことに映るかもしれないが、「冷蔵は倫理的に許容される食品の取り扱い方法である」と考えるに至る本質的な理由はあるだろうか。実際のところ、この冷蔵という新技術は、食品が消費者の口に入る前に、目に見えない多くの手を通り抜けるシステムを生み出し、食品に不純物や添加物が加えられる状況を新しく生み出した。第1章で述べたように、アプトン・シンクレアの小説『ジャングル』は、食品の公正への問題提起として執筆されたものだったが、食肉産業に関連した食品の安全性のリスクを暴露するものとして受け取られた。当時は、現在よりも、技術の進歩がもたらす利益を人々が信じていた時代だったが、二〇世紀の最初の数十年は、安全性と美学を盾に工業的な食品技術は数多くのバッシングにさらされた。最も豊かな富裕層は、最後まで缶詰の野菜やパック詰めされた肉を利用していなかっただろう。

食農倫理学の観点から見れば、富裕層がこのような新技術を使った食品を買わないという選択をするのは、まったく当然のことであるとしても、そこには考慮すべき他の倫理的なポイントがある。一九〇〇年頃の富裕層が、政府と食料サプライチェーンの小売店側の両方に働きかけて、食品を冷蔵保存する一九世紀後半の最新技術を拒否したという状況が想像できる。彼らは、これらの製品を市場から締め出すことには成功するかもしれないが、このとき辛い思いをするのは誰だろうか？　間違いなく、労働者である貧しい人々である。収入の大部分を食費に費やしている貧困層は、新しい技術によって食品価格が下がったり、食料の供給が安定したりすることで、最も恩恵を受ける立場にある。食品を選り好みする余裕がある人々は、これらの新しい食品保存技術を拒否する道徳的権利を持っているが、貧しい人々がその技術の恩恵を享受することを妨げるのは、非倫理的ではないだろうか。一般的な倫理的問題は、自分が何を食べたいのかという問題を超えた熟慮を私たちに要求する。

　倫理的な問題は、本質的にいくつかの事実問題と絡み合っている。新技術は安全なのか？　その技術が許可されるには安全性に対するどの程度の信頼性が必要なのか？　新技術が、食品関連の不安を著しく増加させる物でないならば、その技術を使わせないようにするのは、富裕層の人々が自分たちの嗜好を強引に押しつけて、貧しい人々がより安い食品を得ることを不当に防げ続けているように見える。[3]しかし、私たちはどのような種類の嗜好の話をしているのか。多分それらは審美的な嗜好なのだろう。富裕層は、地場産の食材の味を気に入って、地元の業者から新鮮な肉や野菜を購入しているのかもしれないし、長年の取引相手との連帯感を感じているのかもしれない。あるいは、リスクを懸念しているのかもしれない。たとえ新技術の安全性がしっかり保証されていたとしても、富裕層の人々は、少しでもリスクがあるなら避けたいと考えているのかもしれない。これらの可能性はそれぞれ、この倫理的な問題に取り組むためのアプローチが多かれ少なかれ異なることを示唆している。単に味の好みだけが問題であるならば、食農倫理学の観点から言えば、富裕層は貧困層の根本的なニーズを犠牲にして、比較的重要でない利益を追求していることになる。一方、貧しい人々が安全でない食品を摂取して自身の健康を害するような状況に置かれるべきではないと主張する人もいるかもしれない。安価さを理由に危険な食品を選択することが市場原理として起こり得るという状況については、倫理的に問題があると考える人が多いだろう。

もちろん、貧しい人々は既に日常的にこのような状況に置かれている。やはり二〇世紀初頭に活動していた社会改革者、ジェーン・アダムズ（Jane Addams）は、ロンドンの貧困層の人々が、市場では売れない腐りかけの食べものを奪い合ってけんかしているのを見たとき、人生を貧しい人々のために捧げることを決意した。[4] 功利主義的な倫理観は、私たちに新技術を制限することによって生じうる最も可能性の高い帰結を重視するように命じるだろう。「食べものを得る権利」があれば、貧しい人々が飢えと栄養失調にさらされるリスクを防げると考えるのは立派なことかもしれないが、これは冷蔵を禁止することで生じうる最も可能性の高い帰結だろうか？ そんなことはない。ジェーン・アダムスが観察した状況が続く可能性の方がずっと高い。冷蔵技術が許可されるならば（実際に冷蔵技術は許可されたわけだが）、最終的には傷んでいない肉や青果物の供給量が増えることになる。これは、貧しい人々に二重の利益をもたらす。より品質の良い食品が手に入り、大量に傷んでいない食品が供給されることで、食品の価格が下がる。このことは、冷蔵輸送を実施するプロセスで、添加物や不純物が混入される可能性や、未知の危険性などの不確実性を受け入れなければならない場合でも変わりはない。すべての危険性と可能性が、功利主義的な観点から説明されていることは極めて重要である。それは、私たちが新技術の安全性を鵜呑みにするべきだということではない。しかし、新技術の安全性が妥当なものであるならば、裕福な人々は懸念を抑えるべきだということになるだろう。貧しい人々は、既にその新技術が使われようが使われまいが、倫理的に正当化されえないリスクを負っている。問題は、新技術のリスクと、貧困によって日常的に生み出される飢餓と栄養失調のリスクのどちらが高いかどうかである。[5]

この歴史的な思考実験に照らしてみると、次世代の食品技術（遺伝子組換え作物、人工肉、ナノテクノロジーを含む）についても同様の議論ができる。新技術に対する懸念は、新技術には道徳的に見て解決するに値する社会的課題を改善する可能性があるとして擁護する意見に反駁される。農業の分野では、開発途上国で化学肥料や農薬を導入した、緑の革命型プロジェクトに関して同様の論争が巻き起こった。私は、誰であっても、吐き気を催したり不快に感じたりするものを食べるよう強要されるべきではない、という前提で話を進める。以下の考察では、新しい食品技術に対する懸念やネガティブな感情が、どのような条件のもとで、その技術の使用が一切受け入れられないというレベルの議論にまでなり得るのかという根本的な問題に焦点を当てている。この考察により、多くの問題を個別に分解して検討することができる。私たちは新しい食品技術、特に遺伝子組換え作物の安全性をどのように評価すべきだろうか。新技術が本当に貧しい人々を救う可能性を秘めているのかどうか、あるいは、いつそうなるのかについて、どのように評価すべきだろうか。緑の革命についてはどう考えるべきか。そして最後に、農業バイオテクノロジーのような新しい食品技術について行われているすべての相容れない主張を、どのように評価すればよいのだろうか。これらの問題を個別に扱えば、さくさくと明快な論理のもとでより緻密な分析ができるだろうし、安全に関わるいくつかの問題については、さらに第8章でしっかりと検討していく。しかし、あまりに詳細な議論は退屈なものにもなるだろうし、万人にとっての食農倫理学にもならないだろう。

ノーベル賞受賞者のノーマン・ボーローグ（Norman Borlaug）は、緑の革命と遺伝子組換え作物の双方を声高に擁護した著名な人物である。ボーローグは、富裕層の懸念よりも飢餓にさらされている人々の社会的課題の方を優先するべきであり、新技術への懸念を表明することは背徳的な行為ですらあると、臆面もなく主張した。[6] 同じように、幹細胞研究の支持者たちは、この新技術への懸念の声に対し、肝細胞研究が将来、深刻な病気の治療に活かされる可能性について言及している。このような議論のパターンは、技術倫理に関するよくある関心と問題の特徴と言って良いほどよく見受けられる。「貧困層に利益をもたらすという、道徳的に見て解決すべき問題に対処できる可能性は、貧しくはない人々によって表明されるたいして説得力のない懸念よりも優先されるものだろうか？」。私は飢餓に焦点を当てながら、飢餓と栄養失調を解決することの道徳的重要性を世界的な問題として扱うために用いられるいくつかの主要な意見を、簡単に紹介する。また、遺伝子組換え食品に対する懸念の背後にある、いくつかの議論についても概観する。その後、私は二つの主張——空腹な者の主張と、それに対抗する、懸念を感じている者の主張——を結びつけて、現在進行している議論への倫理的な含意について簡単に考察する。

飢餓の倫理と緑の革命型開発

世界的な飢餓は、ある意味では、少なくとも一七九八年のトマス・マルサスの『人口論』以来、哲学的な考察の対象となってきたが、特にこの四〇年間で本当に大きなテーマとなっている。哲学者たちは、複数の情報源とテーマを持つ飢餓に対する一般市民の意識の高まりを受けて、世界中の飢餓に陥っている人々が確実に食べられるようにするというグローバルな義務の根拠について研究し始めた。そのテーマの一つは「緑の革命」であり、初期の頃には飢餓に対する技術的な解決策として大衆に提示されたもの[7]である。もう一つの情報源とテーマは、食料不足に陥っている国に穀物を値下げして販売する政策を確立した米国公法四八〇号に関連して行われた、対外援助をめぐる政治的な議論である。そして第三の情報源とテーマは、遠い国の人々の飢餓を知るきっかけとなる、民間慈善団体の募金活動である。一九五〇～六〇年代に子供たちは「ユニセフのためのトリック・オア・トリート」［ハロウィンの祭りと組み合わせた募金活動］を奨励され、飢餓救済に特化した組織が資金を募るようになった。これらの情報源はいずれも、遠くの国の飢餓に対処することは道徳的に良いことであると暗に示唆していたが、この示唆の倫理的根拠については検討してこられなかった。

第1章と第4章で考察したように、ピーター・シンガーは一九七二年の論文「飢饉、富、道徳」で、世界の飢餓問題を哲学的に分析している。シンガーは、ほどほどに裕福な人々でさえ、自分の可処分所得を「緊急に助けを必要としている人々」に、より具体的に言えば飢餓の救済に充てることができるように、「贅沢品や余分なもの」の消費を抑える道徳的義務を負っていると主張する。シンガーの主張の重要な道徳的前提は、「何か非常に悪いことが起こるのを、道徳的に重要な他の何かを犠牲にすることなく防ぐことができるならば、私たちは道徳的にそうすべきである」というものである。[8]議論の理論的な路線はかなり異なるが、シンガーの主張に影響を受けた多くの哲学関連の著者は、飢餓に対する道徳的責務は、グローバリゼーションに伴う不平等と不公正を是正する必要から生じる義務であると見ている。しかし、作物の収量を増やしたり安定させたりする食品技術の開発者に、金銭的、政治的、道徳的な支援をすることが、飢餓の極限的な状況を改善する義務を果たす方法として述べられたことはほとんどない。だが、第4章で取り上げたテーマを再考する一つの方法は、私たちには飢餓問題に貢献する農業科学と開発政策を支援する道徳的義務があるかどうかを検討することである。

この論法は、私たちを重要な道徳的仮説に導く。もし、緑の革命型の取り組みが長期的に飢餓と困窮を改善する可能性を秘めているのであれば、人々はこれらの技術の使用が、少なくともその目的のために展開されている限りにおいて、それを支援する道徳的義務を負うはずである。これは、そのような努力に対して、誰もが金銭的に支援する倫理的義務を負っていることを意味するかもしれない。シンガーは彼の著書『あなたが救える命：世界の貧困を終わらせるために今すぐできること』の中で飢餓問題解決への支援を主張しているが、彼は農業開発への援助を取り上げてはおらず、遺伝子組換え穀物を挙げてすらいない[9]。この仮説はまた、人は農業開発のための政策に、政治的支援の手を貸すべきであることを意味するかもしれない。ここで、私はこの義務については、もっとも素直な解釈をする。つまり、「人々は緑の革命型の取り組みに道徳的支援の手を差し伸べるべきである。私たちは少なくとも取り組みが成功するように支援するべきである」というものである。

これは今日、論争の火種になりうる主張である。私は本節で、緑の革命の初期の頃に向けられてきた批判についての詳細な議論はしない。ここで焦点を当てるのは、貧困層を救う可能性と、遺伝子組換え作物やその他の新たに出現してきた農作物や食用作物に対する懸念の、どちらを優先するか<ruby>どうか</ruby>というこ とである。私はこれをボーローグ仮説（hypothesis）と呼ぶ。ボーローグ仮説は、「人は、たとえ最先端技術の食品の生産や加工への応用が、自身のためには何の価値も見出されない場合でも、それが貧しい人々を救う可能性のある技術であるならば、道徳的に見て支援するべきである」とする。確かにボーローグ仮説には、実際のところ疑問の余地のある側面がある。ゴールデンライスをめぐる一般的な議論の大部分は、貧困層の食生活におけるビタミンA欠乏症に対処する戦略としての有効性に関わるものであったことは重要であり、緑の革命の遺産そのものについては、今後も専門家の間で議論が続くだろう。しかし、この仮説の倫理的または哲学的な要素は、一九七二年にシンガーが唱えた論拠によってすでに認められたように見えるかもしれない。ボーローグによる見解がもっともよく知られているが、この見解については他の科学者や哲学者によっても提示されてきた。ロバート・パールバーグ（Robert Paarlberg）は、著書『科学に飢えて：生命工学はなぜアフリカに入れないか』（*Starved for Science: How Biotechnology is Being Kept Out of Africa*）で、この主張を熱心に擁護している。[10]

ボーローグが、緑の革命型プロジェクトの最前線に立っていた時期には、伝統的な品種改良が生産性の高い作物の開発に利用されていた。ボーローグは、育種家たちになじみ深い戦略を展開した。ある気候条件で繁殖する作物品種（イネ、トウモロコシ、コムギなど）を選び、次にその矮性品種を得る。矮性品種は、背が低く茎が短いことにより、通常の品種と比較して可食部分の割合が大きくなる。また、通常の品種は背が高くなり過ぎて倒れてしまうことがあるのに対し、矮性品種は肥料からの余剰エネルギーが種子に注ぎ込まれる。ボーローグは、北半球で一世代の植物を育て、その後、土壌や気候が似ている南半球の土地にその種子を運ぶという方法を開発した。これにより、彼は多くの育種家が新品種の開発に費やす時間を半分に短縮することができた。[11] ここで思い出していただきたいのだが、過去二〇年以上にわたり重要な論点となっていたのは、育種家が矮性よりもはるかに優れた一連の形質を作物に導入し、作物開発のための時間をさらに短縮することを可能にする、農業バイオテクノロジーに関するものであった。

食用作物に新しい遺伝的特性を導入する遺伝子組換え技術の使用に対する議論もまた、非常に多様で複雑である。この技術への懸念事項を要約して分析すれば、それ自体が物議をかもす可能性があるが、ほとんどの議論は五つの主要な論点に分類される。一つ目の論点は、技術的に誘発されたリスクを評価・管理する適切な方法をめぐる意見の対立である。二つ目の論点は、農業バイオテクノロジーは、社会的公正と両立しないのではないかという懸念である。三つ目の論点は、バイオテクノロジーは不自然なものであるという趣旨の主張である。四つ目の論点は、食品の選択に関する個人の自律性の重要性を重視する議論である。五つ目の論点は、バイオテクノロジーを支持する人々やグループの道徳的性格に焦点を当てた、美徳的な観点からの反対意見である。[12] これらの問題を満足に扱うためには、対立する意見を公平に要約し、論拠をじっくりと検討するために、かなり長い議論が必要となる。ここでは、批判の各論点を、非常に簡単に概観する。

農業バイオテクノロジーに対する反論①——予防

リスクをめぐる議論では、予防原則（Precautionary principle）や予防的アプローチが主な論点となってきた。予防原則とは、環境および食品安全に関する意思決定において、不確実なリスクには、よくよく注意を払い重視するべきであるとする考え方である。不確実なリスクは、既知のリスクと対比して定義される。既知のリスクは、危険性とリスクに晒される度合い《エクスポージャー》の両方が高い信頼度で推定できるリスクとして理解される。この違いは、分析的な考察に多くの紙面を割いても伝わらないかもしれないが、逸話でなら伝えられるかもしれない。ワシントンDCで一九九九年に開催された遺伝子組換え作物に関するシンポジウムにおいて、フランスの食品安全機関の幹部は、なぜ予防原則を遺伝子組換え作物には適用し、低温殺菌していない生チーズには適用していないのかを説明するよう求められた。この説明の要求は、フランス人に一貫性がないことを示すことを目的として行われたが、答えはシンプルだった。「私たちはそれが危険であると知っているからだ」。即ち、低温殺菌されていないチーズによるリスクは知られているので、予防原則は適用されない。それに対し、リスクが不確実であると分類されるのは、危険性とその危険を誘発するリスクに晒される度合い《エクスポージャー》のメカニズムが把握されていない場合——つまり、危機の発生頻度に関する経験的なデータが不足しているか、あるいはアナリストが予期できない新しい危険性、いわゆる「未知の未知」（Unknown Unknowns）を見落としている可能性がある場合——である。予防原則の批判者たちは、予防のためのいくつかの要素は、従来のリスク分析のアプローチにすでに十全に組み込まれており、事実、それらが遺伝子組換え作物の発売を承認した規制上の決定に反映されていることを指摘してきた。「未知の未知」に対する懸念などは遺伝子組換え作物に関連するリスクが、従来の食品が持つリスクよりも予見性が低いと見なす根拠にはならない[13]。

　倫理的問題は、予防をめぐる議論を歴史的文脈に置くことによって理解することができる。予防の要素は、常に製品のリスクの規制の役割を果たしてきたが、予防原則という言葉が使われるようになったのは比較的最近のことである。それは一九九〇年代、化学物質の規制と、製造物責任訴訟における損害賠償を認める裁定の両方についての立証責任を、シフトすることへの賛成意見をまとめるために導入された。タバコとアスベストがその典型的な事例である。どちらのケースも、有害である科学的証拠はいよいよ説得力を増していったが、規制当局と裁判所は麻痺していて、それについて何もすることができないようだった。カール・クラノア（Carl Cranor）は、立証責任は企業に有利になるように歪められていることを指摘した。規制や損害賠償を求める人々は、多数の有害物質が心臓病、肺がん、肺気腫、中皮腫に関連しているという統計的な証拠が（まだ確実ではないが）出てきたにもかかわらず、自分たちが被害を受けたことを証明することを求められていたのである。[14] より予防的なアプローチを求めることは、この立証責任を反転させ、製品が危険であるという証拠を無視したり、割引いて考えたりする過ちを避けることを意味していた。

予防原則という言葉は食品安全政策とは無縁であったが、食品分野における予防の実践はもっと歴史が古い。今でこそ冷蔵技術は物議を醸すものではないと考えられているが、一九〇六年にＦＤＡが創設されたとき、食品添加物は深刻な問題であった。アン・ビライシス（Ann Vileisis）は、ハーヴェイ・Ｗ・ワイリー（Harvey W. Wiley）が、最初は合衆国農務省（ＵＳＤＡ）化学局での彼の立場から、そして後に合衆国食品薬品局（ＦＤＡ）の最初のコミッショナーとして、現在では「安全でない」と見なされている業界の慣行と、当時どのように戦ってきたかを文書化している。ワイリーは、用意していた被害の証拠が証拠としては弱かったため、予防的アプローチをとっていた。ビライシスはまた、食品添加物を評価する際にＦＤＡが使用することを議会が義務づけた一九五八年の規制基準、デラニー条項の可決についても記録している。デラニー条項は、これまでに規制機関が工業製品の評価のために利用した中で、最も予防的な決定規則の一つだった。それは、FDAが、用量や効果の程度にかかわらず、癌を引き起こす可能性があることが証明されているすべての添加剤を禁止することを要求するものだった。[15]

食品安全性の議論が人工甘味料の分野に及んだとき、予防の倫理は、より複雑になった。サッカリンからシクラメート、アスパルテームに至るまで、研究者は健康へのリスクの証拠をいくつも提示したが、第3章で考察した肥満というリスクを軽減させるものとして人工甘味料の必要性を強調する意見もまた同じように根強かった。それぞれの人工甘味料は、マスメディアと規制当局の検査において、かなり異なる扱いを受けたが、それは実質的なリスクの違いによるものではなく、これらが検討された順番によるところが大きい。政治的対応は、リスクの証拠よりもメディアの報道と密接に関連していた。まず、デラニー条項で求められているように、シクラメートが禁止された。その後の一九七七年、議会はFDAがサッカリンを禁止するのを退けたが、じつは、提出された証拠はシクラメートが禁止された理由と非常によく似ていた。数年後にアスパルテームがサッカリンの需要をよく満たす代替物として登場したが、規制はシクラメートとサッカリンに適用されていたものよりもずっと甘かった。皮肉なことに、おそらく三つの中でもっとも安全なシクラメートが、合衆国で禁止されている唯一の人口甘味料となった。[16]

食品の安全性に関する予防措置の実践は、一九八〇年代半ば、合衆国環境保護庁（ＥＰＡ）がリンゴの生産に使用される農薬であるエイラーの禁止を決定するという、もう一つのエピソードにも見られる。多くの科学者は、エイラーによる健康被害の可能性を排除することはできないが、データに基づけば、禁止と判断するような農薬ではないと主張した。この決定は、消費者団体による巧みな活動の結果として、ニュースによく取り上げられた。女優のメリル・ストリープ（Meryl Streep）は、リンゴジュースを飲む幼児の弱者としての立場を強調するキャンペーンに起用された。[17] ダイエットのための甘味料の場合と同様に、予防的アプローチにより、ほとんどの科学者にとって不合理で、証拠によって裏付けられていないと感じられる規制の決定がなされた。ブルース・エイムス（Bruce Ames）とロイス・ゴールド（Lois Gold）はその見解を次のようにまとめた。

動物のがん試験に基づいて化学物質への低用量曝露の規制をしても、ヒトの癌の著しい減少にはつながらないかもしれない。それは、私たちは何百万ものさまざまな化学物質（ほとんどすべてが天然物質）にさらされており、それらすべてをテストすることは不可能であるからだ。一部の職業上、医学上、または天然殺虫剤への曝露を除いて、ほとんどの曝露は低用量である。重要なのは、試験すべき化学物質を選択することであり、その選択には中毒量に比して高用量で行われたヒトの暴露と、その被爆者数が反映されるべきである。[18]

予防原則の適用には、倫理学と認識論（知識の理論と科学的探究の理論）の両方が求められる。バイオテクノロジーが登場したのは、まさに多くの科学者が、予防的推論が根拠のない規制上の判断につながっていると考えていた時期だった。

環境リスクの査定は、予防的アプローチが農業バイオテクノロジーに適用される可能性のある、もう一つの分野である。この問題も複雑なので、ここでは要約にとどめる。重大な哲学的問題は、「環境リスクのケースにおいて、危険《ハザード》または害《ハーム》を定義するものは何か？」である。定義の基準には議論の余地のないものもある。ある物質の環境への放出が人々を病気にするならば、それは害《ハーム》と見なされる。人の死亡率と罹患率もまた、議論の余地のない危険《ハザード》だが、そこで話は終わらない。環境保護とは、生態的安定性の破壊や、生態系に生息する動植物への被害も危害（または、少なくとも望ましくない悪影響）として認めることを意味する。しかし、農業は常に自然の生態系への意図的な改変の連続であり、畑を耕すといったきわめて簡単なことが、ネズミやハタネズミ、ヘビその他のそこに生息する生き物に怪我を負わせたり、その命を奪うことに繋がる。あらゆる農業用殺虫剤や殺菌剤、殺鼠剤の使用は、自然環境に住む生命体を殺すことを目的としている。動植物を殺すありとあらゆるものに、倫理的な根拠から異議を唱えることは、論理的には可能だが、これは食料生産そのものへの反駁であると認識することが重要である。許容できる環境負荷と、許容できない環境負荷との間の、どこかで線引きをする必要がある。

現在、合衆国の農薬政策におけるこの線引きは、そもそも農薬を使用して駆除するつもりがなかった昆虫、鳥、ネズミ、ハチなどの生物（非標的種）に対するリスクを補って余りある、食料生産という形の利益を見込めるかどうかによって行われている。さらに、リスク評価では、生態系機能に対する全体的な影響がどの程度生じるかどうかについても検討される。たとえば、生態学的に重要な種の唯一の生息地を破壊するような方法で農業を始めた場合、その影響は生態系全体に及ぶだろう。[19] 規制当局は常にリスクと農家の利益のバランスをとっているわけではないが、非標的種や生態系機能に意図しなかった影響が出る可能性を考慮して、バイオテクノロジーを含めたほとんどの規制の文脈において、環境リスクとは何かを定義している。遺伝子組換え作物が自然界に放出されたときに増殖する可能性があるという事実は、これらの危険がどの程度、顕在化しうるかを評価する際に考慮されるだろう。予防的アプローチとは、非標的種や生態系機能への影響を避けるために行動を起こす前に、有害性の明確な証拠を主張するべきではないということである。しかしながら、これには、単なる憶測に基づいて予防措置を講じるという含意はない。したがって、いつ人は「十分に予防的」であると言えるのかについての合意を得るためには、今後も議論が続くことになるだろう。

　環境ハザードを定義する理にかなった方法はそれほど多くないが、農業バイオテクノロジーをめぐる論争のなかにいくらか答えを見出すことができる。生物多様性条約（ＣＢＤ）のカルタヘナ議定書は、遺伝子組換え生物を、現代のバイオテクノロジーを利用して得られた遺伝物質の新しい組み合わせを有するあらゆる生物と定義している。またＣＢＤでは、環境リスクを、遺伝子組換え生物に起因する生物多様性への脅威と定義している。第6章で述べたように、生物多様性へのリスクはあまり明確ではなく、容易に定量化できない。ＣＢＤの環境リスク評価のガイドラインを検討すると、先に概略を述べたばかりのアプローチとまさに同じく、非対象生物と生態系機能を重視しているのが分かる。しかし、遺伝子組換え生物と「生物多様性への脅威」を関連づける言葉は、何が生物多様性へのリスクとなるのかについて、非常に広範な解釈を招いている。一つには、農業それ自体が生物多様性にとって重大な脅威であることが挙げられる。特に生物多様性の要であることが知られている地域において、いつ、どのように農業生産を拡大すべきか慎重に検討することは、非常に合理的で、非常に重要である。それでも、遺伝子組換え生物を扱う農業が、標準的な農作物や家畜生産よりも生物多様性にとって本質的に危険であると考えるのは誤りである。実際、農家の畑の外で発見された遺伝子組換え生物は単なるリスク（例：生物多様性への被害が発生するかもしれない）ではなく、環境への被害がすでに発生している証拠であると言う人もいるようである。このような言い方は、私たちは生物学を窓から外へ放り出して、単に言葉の上だけで、バイオテクノロジーは環境ハザードであると宣言していることになる。

要約すると、バイオテクノロジーに対する予防原則にもとづいた批判を検討する際には、考慮すべき実質的な問題と、誇張された問題の両方がある。実質的に、どれだけの予防措置を順守するべきかを把握することは、リスク評価に特有の問題であり、常に判断を伴うものとなるだろう。実質的な議論では、問題となっている危険性の性質だけでなく、それが現実となる可能性にも取り組むことも求められる。どちらの問題も、科学的証拠を並べただけでは解決されない。科学はこれらの論争を収めることはできないが、確かに関連性があり、しばしば意見の相違に境界線を設定することができる。バイオテクノロジーが危機をもたらすかどうかを検討し、実際の影響の可能性を評価する際に出てくる検討事項は、あらゆる農業技術の考慮に関わるものと概念的に異なるものではない。しかし、十分に予防措置が講じられているかどうかを議論するには、恐ろしいほど細部に至るまで理解する必要がある。

予防とバイオテクノロジーに関する議論の多くは、その詳細を無視し、合衆国の規制当局や大学の科学者、そしてバイオテクノロジー企業が「予防的アプローチをとっている」かどうかに焦点を当ててきた。そして関係者らは、人工甘味料とエイラーの経験から、非科学的な見方が意思決定に与えうる影響に警戒感を抱いていた。「予防的アプローチをとる」という言葉で語られる批判は、彼らにとってあまりにもよくある話になり始めていた。この科学者のコミュニティは、他の食品や農業技術に関して行っていた意思決定とは根本的に矛盾する（そしてより厄介でもある）であろうバイオテクノロジーについての意思決定を、規制当局に押し付ける方法として、その批判を解釈した。これは、バイオテクノロジー業界が彼らの経済的利益に影響されていなかったというわけでもなく、また、有毒な化学製品やエネルギー技術（たばこやアスベストに近いもの）を製造している企業が、予防措置をとることに反対する世間の風潮に迎合したということでもない。十分に予防措置が講じられているかどうかという論理的な議論の対象となる（しかし技術的に複雑な）問題は、科学者が予防的アプローチという言葉を是認したがらないために、曖昧になった。そして人々はこの消極的な姿勢自体が、科学界が予防措置をとっていない証拠であるとみなした。

農業バイオテクノロジーに対する反論②——社会的公正

予防的アプローチの支持者は、往々にして新しい技術を評価する条件の拡大を求めるものである。ここでの焦点は、実は不確実なリスクとはあまり関係がなく、倫理的懸念の残りの四つのカテゴリに関連して生じる配慮を含めることの方に関係が深い。私が今からとりかかるのは、これらの分類である。[20] 社会的公正を重視する議論は、以前から存在している農業研究に対する四つの批判に基づいている。第一に、緑の革命によって、比較的貧しい農家が犠牲になり、より裕福な（しかし、西洋の基準ではまだ貧乏な）農家に利益がもたらされる傾向があることが批判された。緑の革命の種は、最初の頃こそ頻繁に無料で配布されていたが、一部の地域ではまもなく主に（儲けの見込みがある）種子会社を通さなければ入手できないようになった。いずれしても、緑の革命の種の優れた点は肥料の使用量に比例して生育が良くなる点であり、多くの場合、農家に肥料を多く施せるだけの資力があるかどうかは、田畑を耕すための家畜やトラクターの所持と相関している。実際に、もっとも貧しい層の農家に利益をもたらすには、壮烈な努力と大規模な資本の投入が必要である。そのため、緑の革命の恩恵が受けられたのは、比較的裕福で緑の革命の技術に与ることが可能な農家に偏っている。

第二に、この「偏った恩恵」の批判の論点は拡大することが可能である。「テクノロジーのトレッドミル」（第4章で考察）は、一般に収穫量を高める農業技術は、後発の参入者を犠牲にして、早期に参入した者に一時的な利益をもたらすので、最終的に技術への参入が遅れた農家は農場を完全に失う可能性があることを示唆している。生産性を向上する技術は、農場数の減少と大規模化を促す[21]。先ほどの資本力による恩恵の差とトレッドミル効果が組み合わさることで、農業技術の開発は分配的公正の目標との間に強い摩擦が生まれることがわかる。比較的裕福な人々がより多くの恩恵を受け、トレッドミル効果によって農場を失った人々はより深刻な貧困状態に陥る。彼らは小作人となるか、あるいはホームレスや難民として都市部に移り住むことになるだろう。その一方で、どちらの論点においても、食品価格が調整されたときに、収穫高の増加によって消費者にもたらされるはずの利益が無視されている。

倫理的懸念と密接に関連している第三の批判は、開発専門家が「依存理論」と呼ぶものに基づいている。一般に、発展途上国の経済成長は、先進国の技術を発展途上国へと持ち込むことによって担われてきた。発展途上国の人々がその技術から得る利益がどのようなものであれ、この戦略によって発展途上国の人々は、継続的な専門知識、情報、修理の方法、スペアのパーツ、そして次世代の技術的進歩を、先進国の技術に絶えず依存せざるを得ない立場におかれた。特に農家は、種子会社、肥料・殺虫剤の会社にはじまり、機械類の会社、取引銀行、金融についての専門家に至るまで、多くの農業資材の供給源に依存するようになる。[22] この批判に対する反論として、先進国の農民においてもほぼ同様の依存関係が存在しており、それは一般的に道徳的問題とは見なされないことが指摘されている。もっとも発展途上国の技術依存に関する議論は、インドや中国などのアジア諸国の専門家が、情報技術において大変強い競争力を持っていることを考えれば、あまり説得力がないようにも見える。

第四の批判は、貧しい農家が栽培した胚細胞の原形質を先進国の農業研究者が収集し、それを認証作物や特許取得を目的とした品種の開発に使用するとすれば、それは「生物資源の盗用《バイオパイラシー》」にあたることを非難している。ここでの主張は、何世代にもわたって試行錯誤を繰り返してその土地固有の種子を改良し、ぎりぎりの生活を続けてきた農家の知識と努力を、先進国の「シードハンター」が、事実上盗んでいるということである。先進国の科学者たちは、一般人が食品を購入する地元の市場で普通に農作物として購入することによって、文字通り小銭で種子を獲得することがよくあった。そこで得られた種子を彼らは大学や会社の研究所に持ち帰り、その胚細胞の原形質を、将来農民に売りつけるための「改良」品種に組み込んだ。場合によっては、元の胚細胞の原形質を購入した、まさにその農家に売り戻したことすらある。[23]

この四つの主張は、一九八〇年代、農業バイオテクノロジーが農業研究の最新技術であったという理由だけで、農業バイオテクノロジーにも向けられた。ヴァンダナ・シヴァ（Vandana Shiva）は、遺伝子組換え技術に反対したことで有名だが、一九七〇年代半ば以降、緑の革命に対してうんざりするほど繰り返されてきた批判を（常に特定せずに）、バイオテクノロジーに置き換えることによって論旨を展開した。[24]遺伝子の単離と特定、移動を行う遺伝子組換え技術が、遺伝資源について知的財産権を主張できるという新たな方法を導入したという点において、生物資源《バイオパイラシー》の盗用の主張は、特に的を得たものとなった。この技術が登場する以前は、知的財産権は作物品種に適用することができ、合衆国の「植物品種保護法」に基づくもっとも一般的な法的保護の形態は、農民が将来の使用のために種子を保存する権利を認めるものであった。バイオテクノロジーの登場によって特定の遺伝子に対する特許が取得されるようになり、知的財産権を主張できる方法が増えたため、種子を保存したり、購入した種子を地元の品種と交配させたりする農民の権利が制限される可能性が出てきたのである。[25]

これらすべての社会的公正の視点からの議論は、貧困層を支援することを目的とする農業研究の設計と実施について、道徳的に重要な論点を示している。しかし、これらの議論がバイオテクノロジーを懸念する理由として提示されたとき、誤った推論を招くことを理解しておくことが重要である。彼らが提示しているのは、いかなる農業技術であっても正当性を得るために満たす必要がある条件である。これらの批判は、従来の科学技術に基づく農業技術とは異なるバイオテクノロジーの特徴を指摘していないため、あらゆるバイオテクノロジーに対する一方的な反論の根拠とはならない。これらの批判は、バイオテクノロジーとは関係のない、従来の農業技術に基づいたものである。シヴァ[*1]は不確実な新技術の闇を照らしたように見えたかもしれないが、緑の革命を発展させ、F1品種の過ちから学ぶことを望んでいる科学者にとっては、すべてよく知られた批判である。このような論拠によってバイオテクノロジーを批判するにもかかわらず、他の工業的な手法の農業生産技術の進歩は許すというのであれば、それは重大な誤りである。

農業バイオテクノロジーに対する反論③・④——自然性と「選択」

三つ目の議論は、遺伝子組換え作物が不自然であるかどうかと関係している。そのように感じている人がいることは間違いない。チャールズ皇太子は、遺伝子組換え作物に関する有名な発言の中で、この技術は神の意図に反する不自然なものであると示唆している[26]。確かに神学的根拠に基づいて遺伝子組換え技術の是非について議論することは可能だが、正面から取り組もうと思ったら、食農倫理学の入門書で扱える範囲をはるかに超えて、特定の宗教的伝統を調べあげる必要があるだろう。主流な宗教団体が遺伝子組換え作物についての疑念を表明したとき、彼らは一般的なリスクについて、あるいは公正についての、神学とは関係のない懸念を挙げていることが多い。もう一つの議論は、遺伝子組換え食品に対して多くの人々が感じるシンプルな嫌悪感を重視するものである。しかしながら、こうした主張は、学問的な訓練を積んだ哲学者たちの間では少数派である。哲学者は、何が自然で何が不自然かという私たちの考えが、時間とともに驚くほど変化することをよく知っているからだ[27]。バイオテクノロジーは「不自然」であるという見解に疑問を呈する批評家は、「自然性」の概念は、科学的概念によって裏付けられるとともに、遺伝子組換え作物は不自然であると考える一方で、伝統的な植物育種の産物は不自然ではないと考えるような倫理原則を生み出すことができような「自然性」の概念を擁護することは難しいと主張している[28]。

たとえ遺伝子組換え作物の自然性に対して懸念を感じている人が、遺伝子組換え作物を禁止したり、差別化したりする社会政策に賛同するに足る根拠を提示していなくても構わないし、個人的な実践の範囲に限れば、その懸念が、その人が遺伝子組換え作物を避ける理由のすべてだとしても構わないと、私自身は主張してきたし、この点に関しては、多くの哲学者がそれに同意するだろうと思う。[29]別の言い方をすれば、人は宗教的価値観や美的価値観、何が自然で何がそうでないかについての信念、あるいは健康的な食品についての奇特な見解に基づく自分の行動を正当化するために、リスク評価を行う必要はないはずである。たとえ他の人の奇怪な判断に同意できないとしても、私たちは、なにが自然であるか、もっと一般的な言い方をすれば、何を食べるのが適切なのかについての個人的な考え方に沿って食生活を選ぶ個人の権利を尊重するべきなのだ。この点から、第四の論点は、遺伝子組換え作物から作られた食品を食べることを受け入れることができない個々の消費者の価値観に倫理的関心が向けられていることになる。遺伝子組換え作物が食品生産と加工の現場の大多数を占めるようになった場合、人々は食品についてそのような価値観に基づいた選択ができなくなる可能性がある。この可能性は、個人が自由に選んだ宗教的、政治的、個人的な価値観に見合う生活を送る選択を脅かすという点において、倫理的に重要な意味を持つ。食品は体内に入れるものであり、古来より文化的、宗教的役割を担ってきたという事実は、このような妥協が個人の自律性に対する重大な挑戦であることを示唆している。

政策的な観点からは、ラベル表示や、非遺伝子組換え作物から遺伝子組換え作物を隔離するためのコスト、それを実行するためにかかる費用の配分の議論に焦点が当てられる。倫理的な議論は、そのような食品にまつわる懸念に与えられるべき正当性や重要性と密接に関わっている。ラベル表示や消費者の合意に関連する個人の自律性の問題は、すべての倫理的問題を費用便益の計算に還元する傾向を持つ

「プロバイオテクノロジー」の視点によって、あらゆる問題を社会的効用全体への影響という観点から解決可能なものとして扱おうとする、より体系的な見解の相違の表れとみなす論者もいる。この考え方は、より大きな社会的効用が個人の自律性への脅威を相殺することを意味する。この問題は、功利主義と新カント主義という二つの倫理学の理論のあいだの二世紀にわたる哲学的論争を再現する形で顕在化している。新カント主義や権利の観点からすれば、功利主義者は個人の自律性への関心を欠いており、それは個人とその権利を社会的に正当な「目的」を追求するために犠牲にしてもかまわない「手段」として進んで差し出すことに現れている。[30]

農業バイオテクノロジーに対する反論⑤——徳倫理

新カント主義者と功利主義者が道徳の基礎について対立する一方で、他の哲学者は、たとえ私たちが個人とその権利を、より説得力のある社会の目的のために犠牲にする必要があると思うことがあったとしても、功利主義者の問題は、彼らがこの種の犠牲についてまったく無頓着であることだと主張する。最適化（Optimizing）の議論は個人の権利を非常に軽く扱うため、私たちはあまりにも安易に（あるいは、もっぱら）そのような議論に頼る人々の道徳的性格に疑問を持ち始める。人は少なくとも、自律性や権利が犠牲になることを、悲劇的で遺憾を感じることと見なすべきではないだろうか。この種の議論は最後の分類である、遺伝子組換え作物に対する美徳（*aretaic*）の面からの反論に波及する。“*aretaic*”（徳のある）とは、卓越性やまたは美徳を意味するギリシャ語の arete（徳性）に由来する言葉である。

徳倫理の観点からは、一つは遺伝子組換え技術の使用そのものが美徳に反する、もう一つは、遺伝子組換え作物の開発を促進した人々の行動は美徳に反する、という二点の主張がなされうる。後者の場合、美徳の欠如は、バイオテクノロジーを開発し推進する人々の「還元主義」と結びつけられることがある。ここで言われるところの還元主義とは、生命現象を物理学や化学に完全に還元できると解釈する科学の思想、人生や自然、そして他の人々にも霊的な側面や神聖さがないとみなすような世界観や実践、あるいは、価値観は主観的であるために価値観について議論することは時間の無駄であるという信念をさす哲学なのかもしれない[31]。また、他者の権利や公益という理念を犠牲にしてまでも個人的利益を執拗に追求したり、対立者の情報をねじ曲げ、対立する意見をどのような手段を使っても排除するべき単なる障害として扱うような傾向の中に、性格の貧しさが見出されるかもしれない。社会的公正や消費者の自律性を軽視する姿勢は、道徳心が弱いことの表れであると解釈されるかもしれない[32]。

美徳の観点から批判を行う多くの批評家にとって、プロバイオテック陣営の道徳心が欠けているように見えることは、彼らへの対応に特に慎重になる理由となる。遺伝子組換え作物を開発し促進する人々は道徳心が欠けているので信頼できないということになれば、そのような人々が作る製品に対しても慎重になり、そのような製品にリスクがあると考えるのは理にかなっている。重要な倫理的問題への配慮の欠如は、道徳心が欠けていることの証拠と見なされ、道徳心が欠けていることはリスクの証拠と見なされる。かくして、相互に補強し合うフィードバック・ループが発達し始める（図5参照）。このフィードバックは、遺伝子組換え作物そのものや、それが環境や人体の中で最終的にどうなるのかという事実ではなく、他者への敬意を欠いたり、真面目な道徳的問題を戦略的または操作的な議論によってすり

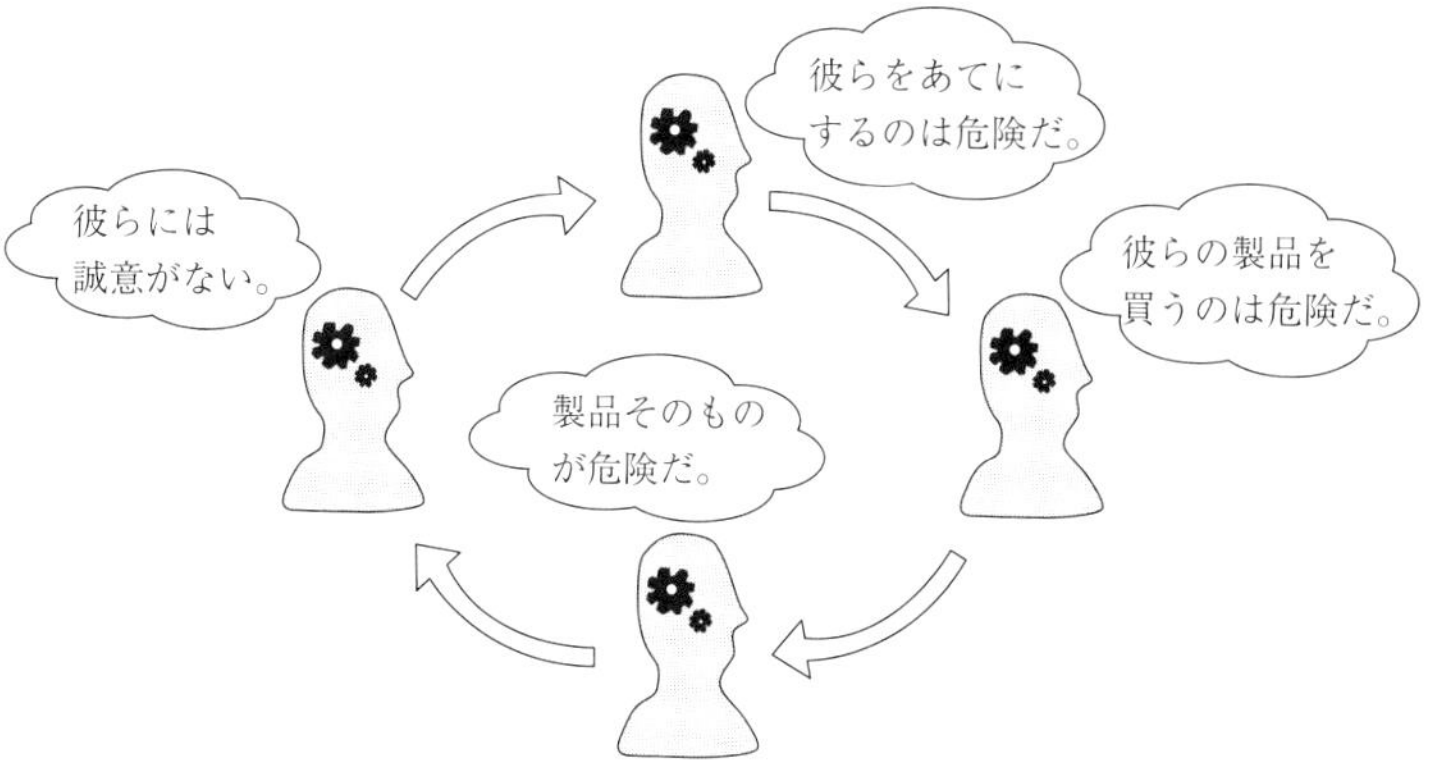
彼らには
誠意がない。
彼らをあてに
するのは危険だ。
彼らの製品を
買うのは危険だ。
製品そのもの
が危険だ。

図５　「美徳ーリスク」のフィードバック・ループ

替えたりする人々が冒しうる危険によってまわる。

　このループが確立されると、遺伝子組換え作物に関連する「不確実なリスク」に対しても、その怪しげな関連性を理由に予防原則が適用されることとなる。このようなリスクは、従来のリスク評価を行うことで明晰になるようなものではない。このようなリスクは、その技術を支持する人々が、道徳的な卓越性に反すると見なされる行為をやめ、信頼の基盤を再構築することによってのみ対処することができるのである。このフィードバック・ループによって、公正、選択、自然性、美徳に関する道徳的な懸念はリスクとして解釈され、リスクに対処できない場合は、今度は相手の美徳にさらに新しい疑念を生じさせる道徳的問題として解釈されるといったように、議論の枠を越えて次々と飛び火することになる。私は以前から、このフィードバック・ループが遺伝子組換え作物に対する人々の抵抗の中心にあり、反対派の行動の予測不可能性、独善性、爆発性を説明すると主張してきた。[33]私はまた、自分自身がこのフィードバックを生み出すような解釈に誘惑されることはないとは思うが、農業科学への「インサイダー」的なアクセスがあまりない人が、このように反応することはまったく理にかなっていると考えている。

作物のバイオテクノロジーに対するあらゆる批判が、これらのカテゴリーのいずれかに当てはまるはずだと提唱するのは言い過ぎだろうが、これらは実際広い範囲を網羅している。フードシステムにおける多国籍企業の影響力の高まりや、世界貿易機関（WTO）のような「新自由主義」機関の出現に照らしてこれらの議論を検討することによって、これらの議論にさらなる捻りを加えることができる。これらのカテゴリーで検討された多くの議論と同様に、科学的根拠に基づくrDNAベースの遺伝子導入技術は、それ自体が何であるかという点ではなく、世界的なフードシステムの新たな形や、農業そのものの特徴として問題視される（バイオテクノロジーをめぐる議論をさらに追究することに興味のある読者諸氏は、ぜひ本章の注釈から読み進めていただきたい。読むべき資料には事欠かないはずである）。

点をつなぐ

農業バイオテクノロジーが世界の飢餓に対処する役割を果たし得るという理由が、それを支持する強力な推定的論拠となるならば、私たちは今、密接に関連した一連の質問をすることができる。バイオテクノロジーへの反対意見は、その推定を覆す根拠となるのだろうか？　農業バイオテクノロジーに対する倫理的懸念は、バイオテクノロジーが世界の飢餓に対処する能力によって打ち消されうるのか？　このような懸念を抱く人々は、バイオテクノロジーが世界の飢餓に対処する可能性があるからといって、その懸念を押し殺し、農業バイオテクノロジーを受け入れるべきなのか？　飢餓に対処する農業バイオテクノロジーの可能性を肯定的に評価することは、それに反対する議論を否定することを意味するのだろうか？　これらの問いに答える上で考慮すべき事柄はそれぞれ異なるが、五つの反遺伝子組換え作物論を体系的に理解し、世界の飢餓と栄養失調に対処するバイオテクノロジーの可能性を検討することによって対処できるだろう。

　バイオテクノロジーが世界の飢餓を緩和する可能性は、予防原則のもっとも強力な解釈に対して説得力のある回答を提供する。ゲイリー・コムストック（Gary Comstock）は、予防原則を幅広く解釈すると、農業と食料の分野で自己矛盾的な政策を生み出すことを実証している。[34] ボーローグ仮説の経験的仮定（すなわち、バイオテクノロジーは飢餓に対する重要な武器である）を受け入れるならば、不確実性から生じるただの推論による懸念によって反論することは難しいだろう。一方で、不確実性に言及することのポイントは、バイオテクノロジーは新たな危険《ハザード》をもたらすのか、それとも、従来の農業にもある危険《ハザード》が生じる可能性が高いのかについて、問うことにある。こうなると、議論は、リスクについての実質的な検討へと移ってしまう。この検討には、入門書で期待される以上の専門知識が必要となるので、続くいくつかの段落では、ひとまずリスク評価が適切に行われたと想定して、社会的公正の話をすることにしよう。

　社会的公正に基づく議論は、ボーローグ仮説に反対するもっとも説得力のある根拠になると思うかもしれない。しかし、それどころか、社会的公正からの議論は、社会的に適正であるどんな農業技術も順守しなければならない一連の規範を規定する。したがって、これらの議論は、もともと「広く受け入れられている」と説明されていた制約の一部をより詳細に説明する。これらの議論は、農業技術に対してより具体的に適用されているにすぎない。これらの議論は、遺伝子組換え作物や遺伝子組換え食品への一方的な反対の根拠を提供するものではなく、これらの技術が、開発援助政策が助けようとしている多くの人々の利益を犠牲にする独裁的な方法で実施される限りにおいてのみ、反対の根拠を提供する。社会的公正の視点から生じる懸念は、ボーローグ仮説と両立するばかりでなく、この仮説の倫理的に許容可能な解釈が実行されなければならない条件を正確に示している。したがって、社会的公正は、農業バイオテクノロジーに対する倫理的、哲学的な挑戦というよりも、バイオテクノロジーが実際に満たさなければならない基準一式を示しているのである。貧困者を支援するためにバイオテクノロジーを利用しようと試みる所与のプロジェクトがこれらのテストに耐えるかどうかは、実際に極めて重要な問題である。しかし、このようなテストに取り組むことは、私たちが事実上ボーローグ仮説を受け入れた上で、ある特定のケースにおいて、ある技術をどのように実施すべきかを検討することを意味する。

　バイオテクノロジーの自然性や、個人の自律性との整合性について疑問を投げかける反論もまた、何もかもすっきりとはいかないまでも、かなり即時に棄却されうる。明らかに、遺伝子組換え作物が不自然である、神を敬わない、または矛盾していると感じる者は、貧困者を助けるためにそれを使用するのに反対するかもしれない。しかし、もし、人がこれらの懸念を、守るに値する正当な個人的価値観を表すかぎりにおいて大いに妥当であると見なしたいと思うなら、重要な問題は、これらの価値観を持つ人々がそれに則って行動できる機会が十分に与えられているかどうかである。この疑問は、二つの異なる倫理的問題を指し示している。一つは工業的なフードシステムで食品を購入する、比較的裕福な人々に関するものである。ラベルへのこだわりや、遺伝子組換え穀物と非遺伝子組換え穀物を分けることについてのこだわりは、貧しい人々に倫理的に容認できない負担を課しているのだろうか？　これは、もちろん、本章で探索する問題のより具体的な形である。例えば、自分の価値観を主張した結果、誰かが飢餓と栄養失調で苦しむことになるならば、この質問への答えは間違いなく「はい」だ。自由主義社会において、市民が人生をまっとうできる幅広い自由を持つことは重要であり、食べものについての価値観は、良心の自由のもとで保護されている価値観の中でも、特に重要なものだといえよう。しかし、空腹な人々の存在はさらに重要である。ある集団の宗教的・個人的な自由を保護することは、他の集団を飢えさせるような行動や政策を正当化しない。もちろん、良心の自由を守る政策が、そのような恐ろしい被害を引き起こすわけではない。このような一連の疑問を最後まで検討していくことは、国際的な商品市場と地域的な商品市場の両方の性質と、貧しい人々を不当に傷つけることなく、非遺伝子組換え作物を望む人々にそれを届けるその市場の能力についての、激しい論争を必要とする。

二番目の問題は、これらの遺伝子組換え作物の開発によって助けられている貧しい人々に関するものである。これらの人々には、遺伝子組換え作物を食べるか否かを決定する際に、自身の価値観を適用する十分な機会が与えられているのだろうか？「自然性」や「嫌悪感」についての懸念は、空腹な人々にはほとんど意味をなさないと考えるのはもっともだが、単に決めつけるのは、援助を受ける人々を尊重していないことになる。

したがって、空腹な人々を支援するための遺伝子組換え作物の導入においても、受益者が自身の価値観を省みて、国際的な農業研究システムからの施しを受け入れるか拒否するかを決める機会を与える必要がある。このステップは、それ自体がバイオテクノロジーの安全性や提供者の意図についての疑心暗鬼を生まないような方法で行われなければならず——そんな提案をされたら、何か未解決の倫理的問題が潜んでいるのではないかと受益者が勘繰っても不思議ではない——単純な作業ではない。技術的な訓練を積んだバイオテクノロジーの専門家は、自分たちの製品が受益者に受け入れられないはずがないと考えることが多いが、実際は、地域の抵抗という形の強い反例が存在する。しかし、この作業の最初の説明でさえ、社会的公正の場合と同様に、遺伝子組換え作物の開発者が従うべき手続き上の規範の方向に、議論が大きくシフトしたことを示唆している。バイオテクノロジーの自然性に関する受益者の見解や、受益者が自らの価値観を表現し、それに基づいて行動できるという自律性に関連して生じる問題は、ボーローグ仮説と矛盾するものではない。むしろ、社会的公正に関する議論と同様に、空腹な人々に食料を与えることを意図した、バイオテクノロジーを含む農業研究のすべての応用に適用される付随制約（side constraints）[*2]を意味している。

これまでの内容をまとめると、私は、予防原則にもとづいて倫理的懸念を表明する人々や、相対的に裕福な人々が自身の文化的価値観に合った食品を選択する権利に対して、ボーローグ仮説を擁護してきた。しかし、どちらの場合も、私の擁護は、ボーローグ仮説の楽観的な前提を支持するやり方で、経験的な疑問を解決することに依存していることを指摘した。私は、社会的公正や遺伝子組換え作物の受益者の自律性についての懸念は、ボーローグ仮説のバイオテクノロジーへのコミットメントを覆したり無視したりするものではなく、その代わりにどの農業研究プログラムを実施するにも倫理的に許容される戦略一式を制限する「付随制約」として解釈した方が良いと主張する。

徳倫理と成功の確率

それでは、私たちは最後の倫理的懸念について、何を言うべきだろうか？　ボーローグ仮説は、遺伝子組換え作物を支持する人々の道徳的性格についての懸念を看過したり、昇華させたりする理由になるのだろうか？　世界飢餓の倫理について結果重視の観点から考える傾向がある人であれば、この質問に「はい」と答えるだろう。お腹を空かせている人が食べられるようにすることが最終的に重要なことであるならば、その食べられるようにしてあげている人々の道徳的性格《モラル》に多少問題があっても、その努力を妨げる理由にはならないはずだ。この種の論法は、慈善的な支援や援助に関わるいくつかの疑問に特に関連している。例えば、誰かが支援プログラムの拡大の必要性を主張しているとしよう。その理由は、道徳的責任や貧しい人々を助けたいという願いではなく、友人の輪の中で賞賛されたいから、税金の控除を受けたいから、あるいは支援プログラムから経済的に利益を得る会社で働いているから、というものだったとする。どれもこれも徳があるとは言えない動機からの行動であるが、いずれの場合も、その道徳的性格の欠陥は、支援プログラムに対する強力な反論にはならないだろう。ここで重要なのは、支援プログラムをそれ自体の価値で正当化できるかどうかであり、この正当化は（ボーローグ仮説の場合と同様に）、望ましい結果が実際に起こる確率に依存している。

この確率の見積もりにあたっては、数多くの過去の関連事例と、検証可能な証拠が必要となる。しかし、見積もりにあたりどの証拠を考慮すべきか、誰がその証拠を入手できるかについては新たな問題となる。例えば、自らが生涯をかけて飢餓に取り組むための新しい作物の開発を行なった研究者は、その経験に基づいて遺伝子組換え作物の導入が成功する確率を見積もるだろう。過去の様々な農業技術が、飢餓に対処する上でどの程度、有効であったかについての研究は、遺伝子組換え作物のケースに適用可能である。ただし、実際に適用する上では、先行研究の理論とデータをしっかりと理解するだけでなく、それらが、遺伝子組換え作物が同様の成功を収める確率を見積もるときに意味のある根拠となるかどうかを判断する能力が必要とされる。いずれにしても、確率評価には個人的な判断の要素が含まれており、排除することはできない。さらに、このような確率の算定に携わる人々は、ほぼ確実に、何らかの仕方で農業研究や開発支援に関わっている。このような人々を、「内部関係者《インサイダー》」と呼ぶことにしよう。

それでは、「部外者《アウトサイダー》」、つまり、上記のような証拠にアクセスできない人々は、議論にあたりどのような論拠を使えるのだろうか。基本的に、遺伝子組換え作物が空腹な人々に役立つだろうという主張の論拠は、内部関係者《インサイダー》の証言という形をとる。道理をわきまえた人々はこの種の論拠をどのように捉えるだろうか？「私は内部関係者《インサイダー》が言うことを信じるべきか？」と自問するはずだ。ここで、内部関係者《インサイダー》の道徳的性格が問題となってくる。農業研究、特に遺伝子組換え作物に関わる研究が空腹な人々を助けるかどうか、リスクがどれだけあるか、支援は社会的公正を十分に考慮して実施されるかどうかについての知識を十分に持たない部外者《アウトサイダー》は、判断にあたって、内部関係者《インサイダー》の証言に頼らざるを得ない。そのときに内部関係者《インサイダー》の動機、利害関心、性格を考慮に入れることはまったく許容される。多くの場合、援助の必要性を主張する人々の動機や性格は無視されがちだが、ボーローグ仮説の場合はそうはいかない。なぜなら、私たち自身が内部関係者《インサイダー》でない限り、私たちの判断は、内部関係者《インサイダー》の言うことを信じるかどうかに深く関係しているからである。

本書は食農倫理学の入門書なので、ほとんどではないにしても、多くの読者は部外者《アウトサイダー》だろう。あなたにとって、遺伝子組換え作物が飢餓への対処に役立つだろうという論拠は全て、内部関係者《インサイダー》の証言（例えば、バイオテクノロジーを肯定的に評価する報告書やインタビュー記事）と、内部関係者《インサイダー》の証言を解説するジャーナリストの説明から成り立っているはずだ。あなたが部外者《アウトサイダー》だとして、この報告書の著者である内部関係者《インサイダー》は、知識が豊富で、正直で、適度に善意の人間であると感じたならば、あなたはその報告書に書かれていることを信じる可能性が高い。その内部関係者《インサイダー》が博士号や教授職を持っているかどうかだけでなく、あなたは部外者《アウトサイダー》として、その人が正直で善意の人かどうかをふまえて、報告書の内容を判断するのではないだろうか。この場合、いくつかの重要な問題が明らかとなる。その内部関係者《インサイダー》は私欲のないバイオテクノロジーの支持者なのか？　それとも何らかの金銭的利益と名声を勝ち得る立場にいるのか？　バイオテクノロジー業界とどのようなつながりがあるのか？　内部関係者《インサイダー》の仕事は産業界から資金提供を受けているケースが多いこと、大学や研究機関は経済的利益を得られる特許を求めていること、民間企業は公的部門の研究を商業化する契約上の権利を有することなどを知ったなら、あなたは内部関係者《インサイダー》の動機を疑うようになるかもしれない。

しかし、それほど明確ではない問題の方が、より決定的かもしれない。内部関係者《インサイダー》は、先述の付随制約として説明されている事柄について、念入りに注意を払ってきただろうか？　社会的公正に気を配ってきただろうか？　自らの研究の受益者が、十分に情報を与えられ十分に権限を与えられる形で、本当に参加できるようにするために骨を折ってきただろうか？　バイオテクノロジーを支持するとき、倫理的、法的、文化的な懸念に気を配っているだろうか？　これらの問題に関して相反する見解が表明されている事実を鑑みると、部外者《アウトサイダー》は、内部関係者《インサイダー》がこの論争に敬意を持って応対しているかどうかに注目するかもしれない。つまり、遺伝子組換え作物の支持者たちは、反対論者の主張に耳を傾けているだろうか？　その対応は適切で、反論に対してさらに反論をするか、それとも、なぜ反対論者の指摘が現実問題に直結していないのかを説明しているのだろうか？　もしかしたら、反対論者の主張を無視したり、論点を外したり、戯画化したり歪曲したりして、その懸念を愚かなことのように見せるなどしていないだろうか？　要するに、内部関係者《インサイダー》は、争点となっている問題について真剣に議論し、熱心に解決しようとしているだろうか？　あるいは、反対論者をどんな手段を使っても克服すべき戦略上の障害として扱ってはいないだろうか？　このような疑問が、美徳に関する懸念の中心にある。

ここで注意すべき点が二つある。第一に、美徳について話すことは、私たちが個々の科学者の道徳的性格に言及していることを示唆するが、この疑問のリストは、美徳に関する懸念はまた、個人がチームに編成される方法や、ある会社の活動が他の会社と関連する方法にも関係することを示唆している。例えば、インドの遺伝子組換え綿に対するいくつかの批判は、農家が低品質の種子に代金を払うようにだまされてきたという主張がある。その証拠もある。インドでは偽造種子（偽のラベルを貼って販売されている種子）が大きな問題となっている。このような状況では（遺伝子組換えかどうかにかかわらず）、どんな新品種を導入しても、偽造者に得意の詐欺を実行させる機会を与えることになる。だが、私たちはこれを倫理的観点からどのように考えればよいのだろうか？　強く個人主義的な解釈をすれば、バイオ企業は偽造者がやっていることについて、自分たちが非難されるいわれはないと考えられる。実際、バイオ企業は、売上高の減少によって損失を被っているため、自分たちも被害者の一人であると考えている。しかし、ここには地域社会への責任があると言えるかもしれない。偽造者に詐欺の機会を生んだ企業や公的研究機関は、被害を受けた貧しい農家のために、その責任の一端を担わなければならない。科学者がこれらの責任について、商売気と、新技術を実装することによる出世の見込みのもとで一顧だにしないのならば、農業研究施設は組織的な腐敗の兆候を示していると言える。

第二に、先述のフィードバック・ループを考えると、研究施設に美徳が欠如していることの証拠が、遺伝子組換え作物が実際に貧しい人々を助けるかどうかについて、現実的で客観的な懸念があると考えられる、もっとも説得力のある理由をいくつか提供するということに、重要な意味がある。これは制度的腐敗が、道徳的制約の範囲内でうまくいかないことの核心にある場合に、特に当てはまる。農業研究の資金提供者が、非常に重要な社会的実施の取り組みを継続的に支援できない場合、それは制度的腐敗を示唆している。科学者が、社会的公正については他の誰かが気を配ってくれるだろうと、単純に思い込んでいるならば、それも制度的腐敗とみなされる。企業が社会的公正を確保するのに役立つ公共政策を支援しない場合も、これまた制度的腐敗である。いずれの場合も、狭い個人主義的な倫理観では意味を見失うことになる。科学者は悪人なのではなく、科学的な問題にレーザー光線のように焦点を当てて集中することで、自らの研究成果が組み込まれたより大きな組織的状況について反応しなくなっているのだ。個人が贈収賄や、短期的な利益を減少させるという理由でそのような改革に反対するロビー活動に関与するとき、腐敗はさらに拡大するが、そうでない人々も、現実逃避の態度をとることで、問題状況の存続を許しているのかもしれない。したがって、私たちは、ボーローグ仮説が美徳に関する懸念を覆すことはないと結論づける。むしろ、内部関係者《インサイダー》がどれほど有徳であるかは、部外者《アウトサイダー》が、バイオテクノロジーが実際に貧しい人々を助ける可能性を評価する上で非常に重要である。

倫理的に肝心なこと

これまで私は、農業研究を通じて空腹な人々を支援する義務は、バイオテクノロジーに反対する人々の懸念に優先されるという主張は一見もっともらしく聞こえるが、反対派の人々の懸念のいくつかは、農業研究が倫理的基準を満たすために実行されるべき方法の付随制約として働くと主張してきた。他の懸念、特に美徳に関する懸念は、少なくとも部外者《アウトサイダー》がアクセスできる証拠に限定される限りにおいては、バイオテクノロジーは貧しい人々を助けないだろうと判断するに足る確かな論拠となる。ただし、農業研究／開発援助組織の関係者は、その正反対の主張を可能にする別の証拠にアクセスできるかもしれない。ここで重要なのは、ボーローグ仮説は、内部関係者《インサイダー》ではなく、バイオテクノロジーが貧しい人々の利益になるとわかればそれへの不安を和らげるかもしれない思慮深い人々に向けられたものである。

バイオテクノロジーの問題が一般に公開されている情報に基づいて判断されるべきものならば、内部関係者《インサイダー》の美徳そのものが重要なデータとなる。私は自分自身が内部関係者《インサイダー》であると考えているので、皮肉な立場にいると思っている。私は個人的には、バイオテクノロジーは研究者が有徳であるかどうかにかかわらず、空腹な人々のニーズを満たすために非常に有用であると信じているが、部外者《アウトサイダー》（つまり一般市民）が遺伝子組換え作物に対する賛否両論を議論するうえで、美徳の議論をなおざりにすることは筋が通らないことも承知している。しかし、読者諸氏にとってもっと重要なことだが、私たちはバイオテクノロジーの内部関係者《インサイダー》の個人的な美徳について、いったい何を言えるのだろうか？　一般市民は、悲劇的な過ち[*3]を犯しているのか？　あるいは、研究の内部関係者《インサイダー》は、公正な部外者《アウトサイダー》に自分を正直で善意があると思わせるような義務の多くを果たさずにきたのだろうか？　農業研究・開発の仕事をする制度的な組織についてはどうか？　研究室や企業、団体は、付随制約を満たすインセンティブを与えるように組織化されているのか、それとも社会的公正は無視される傾向にあるのか？　これらは、私たちが徳性に関する懸念を検討するのに役立つであろう類の疑問である。

　集団の美徳を評価しようと試みるほとんどの場合がそうであるように、記録には矛盾がある。多くの農業科学者は思慮深く、様々な問題に気を配り、一般の人々がこの論争を理解するのに有用な尽力をしてきた。貧しい農家のために遺伝子組換え作物を開発するために働いているチームの多くには、飢餓とそれに取り組むために必要な制度を深く理解している社会科学者が参加している。倫理的問題は、多くの農業科学の講義で議論され、科学者はパブリックフォーラムに参加し、バイオテクノロジーの長所と短所についての比較検討を含む書籍を刊行している。一方で、私をはじめとする内部関係者《インサイダー》は、この論争を軽視していたり、忙しすぎて注意を払うことができない研究者がたくさんいることも知っている。また、本当にいかがわしい動機に基づいて行動していると思われる研究者も少しいる。彼らは、金銭や、科学的名声に伴う栄光、あるいはその両方のために行動している。

　私の個人的経験によれば、本当に徳の高い人たちの行いは、本当に悪評高い人たちの行いによってほぼ相殺され、現場はバイオテクノロジーに関する論争に注意を払う余裕がなく、忙しいままだ。このことは、内部関係者《インサイダー》が集団として見られたときに、内部関係者《インサイダー》の美徳はあまり好ましいものではないという判断が下される原因となっている。ボーローグ仮説が前提としている、社会的公正の付随制約を守る強力な取り組みの例はあるが、この仕事が口先だけのものだったり、ひどい資金不足になっていたりするケースも多い。バイオテクノロジーを支持する著述家の中にさえ、反対論者の見解を読んだという証拠を示す者はほとんどいない。したがって、私は、農業バイオテクノロジーの善意の応用が現在直面している敵意に対する再反論があるならば、その再反論の大部分は農業研究コミュニティ自体によってなされるべきであると結論づける。遺伝子組換え作物についての疑念を表明する者は、根拠のない懐疑論を述べているわけではない。

結　論

私の結論は、アンチ・バイオテクノロジーではないい。新しい作物を開発するための組換え技術は、飢餓との戦いに展開されるべきであり、一般市民がこの展開を支持するだけでなく、産業界もまた非遺伝子組換え作物を好むことで、空腹な人々を助けるバイオテクノロジーが使用できなくなったりしないように模索するべきだ。私は、これらの作物の開発に尽力している植物科学者や分子遺伝学者、昆虫学者その他の農業科学者と幅広く会い、その努力が称賛されるべき多くの集団や個人を見てきた。社会的公正の条件を満たすための真摯な試みが拡大され、より多くの資金が供給されるよう、私たちが主張し続けているときでも、その仕事は支援されるべきである。現状を考えると、上記の社会的公正の付随制約の一つ以上に違反する遺伝子組換え作物が存在する可能性は非常に高い。しかし、内部関係者《インサイダー》の観点からは、これらの取り組みはケース・バイ・ケースで評価しなければならない。より良い取り組みによって一律のお墨付きが与えられるわけでもなく、問題のある取り組みによって全面的な非難が正当化されるわけでもない。

しかしながら、部外者《アウトサイダー》が私のこの評価に懐疑的であることは、非常に理にかなっている。したがって、内部関係者《インサイダー》は、バイオテクノロジーに関する公の審議においてより積極的になり、反対論者の見解をもっと尊重するべきなのだ。少なくとも、要点を正確に述べて、反対論者の立場を言い換えることができなくてはならない（相手の反論に同意しなければならないということではない）。疑心暗鬼になっている人々に、私たちは貧しい人々を助けることに忙しいから黙っていろと言うのは、敬意のある対応ではない。内部関係者《インサイダー》は、なぜ彼らが主張を受け入れないのかを分析し、意見を明確に述べ、反対論者からのさらなる返答に注意深く耳を傾け、必要であればもう一度、こちらから意見を述べるべきなのだ。それこそが、公の場で求められる美徳である。

このことは、ボーローグ仮説は機能しないという結論を導く。内部関係者《インサイダー》が、思慮深く真剣な批判に対して、同じように思慮深い反応で対応できなかったことは言うまでもなく、自らのプロジェクトが社会的公正の付随制約の範囲内で機能するようにすることへの意欲に温度差があることを考えると、単に、ノーマン・ボーローグや私をはじめとする農業研究機関の人間が「バイオテクノロジーは世界の飢餓への対処に役立つ」と述べたという理由だけで、あなたはバイオテクノロジーに関する懸念を胸に収めるべきではない。第8章でも、私は、遺伝子組換え作物は世界の飢餓に対処する有効な手段であると主張し続けるが、このことは、あなたの疑念を抑え込んだり、質問を控えさせたり、政治的な反論を終わらせるためのものではない。

8　再考、今度は想いを添えて
――倫理、リスク、そして食の未来

食品への遺伝子技術の使用をめぐり国際的な大論争があることについて、ある程度見聞のある読者諸氏であれば知らないことはないだろう（概要は第7章参照）。しかし、この論争の複雑さについてはあまり知られていない。表向きには、食品の安全性と環境の領域において有害な結果を生む可能性についての、リスクに関する論争である。しかし、バイオテクノロジーは、原動収穫機などの農業機械だけでなく、化学保存料や添加物、肥料、農薬を含む、一連の食料生産技術の最先端をゆくものだ。これら一連の技術は、食料生産に関わる社会組織の大規模な変化と、都市部の人々の「フードリテラシー」――食べものがどこから来ているのか、どのように生産されるのかについての一般知識――の喪失と結びついている。バイオテクノロジーには特有のリスクがあるが、フードリテラシーの低下によって、リスクにまつわる一般的な無知が助長され、多くの人々は、可能性の評価と不確実な結果の比較にとらわれた数多くのよくある誤謬に対して翻弄されやすくなっている。

第7章で見てきたように、新しい食品技術と農業技術の擁護者の多くは、「世界の人々に食料を供給する」という命題から、これらの技術を支持している。この命題は、富裕層がすばらしい新食品について抱くであろうどのような懸念よりも優先されるのだと、彼らは主張する。本章では、リスクと合理性の倫理をより直接的に探究する。新しい食品技術の擁護者は、食品のリスクを合理的に考慮するうえで、科学的知識の役割を強調することが多い。彼らは暗黙の内に、科学的手法は、素朴な知覚や経験よりも一定の正確さがあり、信頼性が高く、より「真実」の知識を生み出すものだと思い込んでいるのかもしれない。そのような思い込みを前提とすれば、合理的に考え、行動する倫理的責任には、科学が私たちに伝えている事実に対して注意深く寄り添うことが必要ということになる。一六〇〇年頃から二〇世紀にかけて、科学者も哲学者も同様に、真なる知識を、単なる意見や見聞、逸話、感情などから切り離すための厳密な基準を開発してきた。この考え方の上では、知識は事実のみに限定されており、その事実とは、同じ状況から再現可能な手順を踏むことによって確かめることができる。知識の獲得に習熟するためには、数量的能力、論理的能力、そして先行研究の優れた方法論や調査結果についての背景的な知識に精通することなど、あらゆる認知的な鍛錬が必要である。このとき、合理性とは、そのような種類の能力《コンピテンシー》や教育と同義とみなされる。

現代科学は素晴らしい結果を生み出したが、その一方で、このような知識と合理性へのアプローチは、同時に排除や抑圧、不公正を生み出し、再生産を繰り返す排他的な構造を作り出すことに深く関与するようになった。知識と合理性による特権を行使していたのは、常に白人男性ばかりで、女性や有色人種の人々は、合理的な意思決定がなされる現場や職業や地位から閉め出されていた。抑圧されている人々が自らの窮状について訴えるとき、科学的な客観性の基準は、彼らの証言を、感情的で普遍化することができない、既存の科学によって裏付けできない、統計的に有意なデータによって十分に確認されていないと判断し、彼らの証言を退けるための根拠を提供しているかのようであった。女性やマイノリティは、合理的な知識を持たず、発信することもできない存在であると見なされた。このようにして、知識エリートたちは、科学と認識論が、不公正を生み出す構造にいかに絡め取られているかを暴露するような諸要因に対して、まさに選択的かつ特徴的な無知を培ってきたのである。伝統的な認識論に対するフェミニストの批判は、数世紀にわたる誤謬と悪弊を是正する手段として、抑圧され、社会的に疎外された人々の立場と証言に特権を与えるべきであると主張するものである。[1]

フェミニストの認識論は、健康や環境へのリスクが懸念される多くのケースにおいて、科学的に疎外されてきた人々の証言を支持する哲学的根拠を提供している。例えば、製薬会社は貧困のために被験者を募ることが容易な発展途上国で、新薬や治療法の治験を実施してきたが、このような被験者への虐待や欺瞞によって、研究や公衆衛生のための介入に対する敵意と抵抗を生んだ事例は数多くある。[2] こういった虐待は、アフリカ系アメリカ人の被験者が梅毒の研究に参加していたために救命治療を受けることを拒否された、悪名高いタスキギー梅毒実験のような、有名な事例と地続きのものである。ちなみにこの事件は、医療に対する信頼を損ない、医療に対する人々の態度に影を落とし続けている。[3] また環境における事例としては、生態学者や獣医学者たちは、地域の生態系に深い理解を持つ先住民族の知識を無視し、過小評価してきた。[4]

これらをふまえて類推すると、食料の生産・加工・流通の技術の安全性と環境への影響について、「より合理的な」[5] 見解を持つと主張する科学技術の支持者による表明に疑問を呈する、然るべき理由はあると言える。私たちは第7章で、フードシステムの内部関係者《インサイダー》はけっして進んで、合理的な懸念の解消に取り組んだり、社会的公正に基づく制約を必ずしも遵守するようなことはないと結論づけたが、

「科学に基づく」合理性に対する懐疑の念をその先の議論へと繋げていくべきだろうか。私たちは、食べものがまったく安全でない、あるいは新しい化学物質やバイオテクノロジー、ナノテクノロジーなどによるフードシステムの革新が、（必然ではないにせよ）大体において健康被害や環境リスクに結びつくと主張する、食料活動家の警鐘に耳を傾けるべきなのだろうか？　フェミニストの認識論は、社会的に抑圧され疎外されている人々の証言を優先するべきであることを示しているが、もしも、彼らが新しい食品技術への恐怖や不信を表明したとしたら、科学的観点からリスクを見積もるフードシステムの内部関係者《インサイダー》ではなく、抑圧されている人々の証言をこそ信じるべきなのだろうか？　この二つの視点の均衡をうまくとることは、食農倫理学の要となっている。

倫理、専門知識、リスク

社会的に抑圧されたり疎外されたりしている人々の証言を支持することについて、説得力のある主張はあるが、リスクについて判断する際には、（高学歴の白人男性を含む）誰もが間違いをおかしやすいと考えられる理由もある。たとえば、一九八七年、ブラジルのゴイアス州にあるゴイアニアのとある廃屋となった病院から放射線治療機器が盗まれるという事件が起きた。その窃盗犯は、経済的に低迷している地域でその装置を破壊した。その結果、少なくとも四人が死亡し、二五〇人が高いレベルで放射線被曝をし、さらに除染のために莫大な費用がかかった。死者が出ただけでも深刻な事故であることに違いないが、ゴイアニアのケースは、放射性物質の長期監視の不備を明らかにした。しかし、実際の健康被害とは不釣り合いなほど、この放射線被曝は社会的な影響を与えることになった。事件後から数カ月の間に、ゴイアス州全体がブラジル全土から汚染の烙印を押されることとなった。たとえ汚染区域から何百マイルも離れている地域でも、人々はゴイアス州でのバカンスをキャンセルし、商取引から手を引いた。報告によれば、パイロットはゴイアニアから来た乗客を乗せて飛ぶことを拒否し、ゴイアス州のナンバープレートを付けた車はブラジルの他の地域で石を投げつけられたという。ゴイアニアとその周辺地域における観光と経済発展への悪影響は、その後何年も続いた。[6]

このようなケースでは、人々が烙印《スティグマ》の影響を受ける理由を理解できる。インフルエンザやよくある風邪などの伝染性のウイルスに感染した経験は、誰にでもある。エボラ出血熱や抗生物質耐性疾患、マラリアやデング熱などの昆虫媒介性疾患の話は、原因不明の死亡者が増加し始めたときに人々が用心深くなるための合理的な根拠になる。さらに、公衆衛生の専門家が太鼓判を押したところで、人々が医療(または放射線)の専門知識に不信感を抱くような出来事があった場合には、その太鼓判は速やかにゴミ箱行きかもしれない。「専門家は恐れるものは何もないと言うが、なぜ専門家を信じられるのか?」。専門家や政治家など、あらゆる知識層を信頼できない然るべき理由がある人々にとって、不審死を立て続けに目撃したとき、あるいはそれが起きていると誰かが言ったときに、さらなる伝染や汚染の可能性を怯えることは、まったく合理的な行いであるかもしれない。とはいえ、ゴイアニアでの事件による実際の死亡率と罹患率を鑑みれば、放射線被爆が発生した地区の近隣に住む女性や有色人種の人々(または他の地域の航空会社のパイロット)の証言を真に受けすぎたことは非常に不幸な過ちだったように思える。

主流である科学や認識論へのフェミニストの批判に少しでも関心がある人なら誰でも(そして私も)、

ヴァンダナ・シヴァの著作に対して、心から敬意を持つことだろう。シヴァは、非常に有能な貧困層の支援者であり、話し方の洗練されたカリスマ的魅力を持つ女性である。女性と小規模農家（世界の大部分で、小規模農家は女性である）のための彼女の提言は不断の努力の賜である。率直に述べて、貧しい人々のために三〇秒間の演説《サウンドバイト》をさせたら彼女の右に出る人はいない。シヴァは、量子論の隠れた変数に関する博士論文を書き、自分自身を科学者と称しているが、おそらく彼女のことは哲学者とみなしたほうがより正確（かつ、この文脈においてもっと敬意が表される）だろう。このような特徴の全てが、フェミニストがシヴァの遺伝子組換え作物に関する証言をきわめて真剣に受け止める理論的根拠に一致する。しかし、私がすでに触れてきたように、誰もがリスクについて簡単に間違いを犯す。

シヴァは現在、おそらく世界でもっとも有能で著作の多い、遺伝子組換え作物と現代バイオテクノロジーの批判者である。彼女がこれらの技術に突きつけた多くの議論のすべてを要約すれば、何ページにも及ぶことだろう。彼女の批判の主眼の一つとして、遺伝子組換え種子がインドに入ってきたせいで、作物の不作、負債、農民の自殺が相次いだという主張がある。この着眼点はまた、遺伝子組換え種子が十分に試験されていないため、人間の健康と環境衛生に深刻なリスクをもたらす可能性があるという主張によっても裏付けられている。[7] 私は、企業の勢力拡大やWTOや世界銀行などの国際機関における政策展開のパターンに対する、シヴァの反対運動に異議を唱えるつもりもなければ、貧しい人々の権利を擁護する活動に反対するつもりも全くない。しかし、遺伝子組換え作物に対するシヴァの批判について私が先ほど数行で述べたことを、さまざまな場面で表明される主張のフェアな要約とするならば（そして私はフェアな要約だと信じているが）、彼女の批判が女性の擁護《アドボカシー》というより大きな文脈において行われることによって、いかに遺伝子組換え作物についての誤解を招きやすい図式が作り出されているかが分かるだろう。

まずは、作物の不作について取り上げよう。遺伝子組換え種子に関連して、ときどき不作が発生していることは確かだが、それはすべての商業種子の品種において少なからず発生することである。テキサス州の綿花生産者は一九九八年、ラウンドアップ・レディ（Roundup-Ready®）品種の大規模な不作を経験したが[8]、評判の良い種子会社はそのような損失が起きたときに、合衆国でもインドでも農家に対して同様の補償を行う。それ以降、合衆国とインドの農家は、最初の失敗にくじけることなく遺伝子組換え作物を何十万エーカーもの土地に植えている。インドはそういう補償がない種子会社との問題を抱えていることで、確かにリスクを増大させている。私は第7章において、たとえ信頼できる種子会社であっても、立場の弱い農家は騙されて劣悪な種子を購入してしまうかもしれないという可能性を予測する義務を負うと主張している。しかし、私は同時に、種子業界が不作に対して補償を行っているという慣行について、先進国の人々への周知を怠ると、遺伝子組換え作物に伴うリスクについて誤まった印象が広まってしまうことも併せて主張したい。

また農民の自殺は、遺伝子組換え作物よりも、借金の問題とはるかに大きな関連がある。一九八〇年代初頭、合衆国中西部全域で農民の自殺が多発したのは、食品価格高騰の時代と（一九七〇年代の貯蓄貸付組合（S&L）のスキャンダルの影響もあって）金融緩和の時代が突然終わりを告げたからである[9]。これは遺伝子組換え種子が流通する、はるか二〇年前の出来事である。農民の自殺は、実際のところ、膨大な数の人口統計学的、社会学的研究が行われている、世界的な現象の一つである。フリーのジャーナリスト、ロン・クルーア（Ron Kloor）は、農民に自殺に関して、インドだけでなく合衆国やヨーロッパのマスコミ報道を広く再調査し、シヴァがインドの農民の自殺と遺伝子組換え作物を継続的に結びつけて発信していることを指摘している。しかし、クルーアはまた、インドの農民の自殺に関して、公衆衛生調査だけでなく、インドの銀行業界の融通が利かず煩わしい金融政策についての専門家による証言も広範囲に調査を行った。借金は確かに農民の自殺の一因であるが、遺伝子組換え作物との関連性は非常に弱い。この査読付き論文は、これらの自殺がもっと複雑な一連の財政、そして社会的要因によるものであることを示唆している。彼は以下のように結論づけている。

インドの農村部の農民には、現在よりはるかに優れた財政的・社会的サービスを提供する政策改革が必要であることは明らかである。そして、農民が干ばつや洪水による被害を受けたときに、州レベルのセーフティネットがないこともまた、人々を自殺に追い込んでいると考えられる。したがって、農民の自殺の原因はＢｔ綿花であるとすることは単に事実として誤りがあるだけでなく、悲劇的な問題の実際の原因から目をそらしてしまうように思われる。ヴァンダナ・シヴァと、彼女と志を同じくする他の活動家たちが解決しようとしている問題は一体何なのか、インドの農民の生計の問題ではなさそうなので疑問が残る。[10]

新しい食料技術は十分にテストされたか

遺伝子組換え種子の安全性は十分にテストされていないため、人間の健康と環境衛生に深刻なリスクをもたらす可能性がある、という主張についてはどうだろうか。まず、論理的な指摘から始めるといいだろう。何かが「深刻なリスクをもたらすかもしれない」という主張を、否定することは不可能である。どんなことであっても、「未知の未知」の可能性を排除することは不可能だからだ。まだ遭遇していない危険《ハザード》や、既知の危険《ハザード》を引き起こす想定外のメカニズムが存在する可能性を排除することはできない。また、時として未知の未知が、あとから災いとして襲いかかることもある。一部の合成化学物質が持つ、内分泌撹乱作用はその好例である。一九七〇年代まで、この化学物質群の背後にある生物学的メカニズムについては誰も考えたことがなかった。この化学物質群は、重要な生物学的機能を調節している天然に存在するタンパク質の形状を模倣し、内分泌を撹乱する。この内分泌撹乱作用による悪影響は、一九九〇年代に入ってからも激しく論争されていたが、今日では既知の危険《ハザード》として扱われている。内分泌撹乱作用は、既に未知の未知ではない[11]。

問題となるのは、未知の未知を特定する「適切なテスト」は存在しないことである。もし危険《ハザード》についてテストできるなら、それはもはや未知の未知ではない。食品安全性と環境への影響のテストは、既知の毒性、発がん性、生態系の混乱などを予測する事が可能だ。たしかに、統計的に高い精度で有害性《ハーム》が生じる可能性を示すテストと、単に有害性《ハーム》の証拠を提供するだけのテストには重要な違いがある。予防原則の支持者は、新しい食料技術と有害性《ハーム》との関連の証明を求められるのは行き過ぎであると主張している。規制当局は、もっと軽い立証責任を採用すべきである。そして、既知の毒性やその他の被害に関する試験で、ある製品や物質との潜在的な因果関係を示す統計データが認められたときに、規制当局はその製品や物質を禁止または規制する措置を取るべきだ。この主張は、明解に聞こえるかもしれないが、それを遺伝子組換え作物に適用することは必ずしも容易ではない。ある事例を参照することで、この問題点が明らかになるかもしれない。有名な長期給餌試験で、遺伝子組換え作物であるラウンドアップ・レディのトウモロコシを給餌されたラットは乳腺腫瘍を発症し、対照群と比較して高い死亡率を示した。ジル＝エリック・セラリーニ（Gilles-Éric Séralini）とその共同研究員は、ラットに給餌した遺伝子組換え作物と腫瘍の間に因果関係があると断言しないように注意を払った。調査報告は、「比較的低濃度の農業用グリホサート除草剤は、公式に定められた安全限界値をはるかに下回る濃度で、乳腺、肝臓、腎臓にホルモン依存性の重度の障害を誘発する」とし、「食用遺伝子組換え作物の、他の突然変異誘発性および代謝効果を否定することはできない」と結論づけた[12]。この「有害性《ハーム》の証拠」は、確かにリスクの証明というには程遠いものだったが、予防原則による対応を引き起こすには十分ではないだろうか？

　しかし、事態は複雑になっていく。期間を九〇日から二年の間で設定した二四件の同様の長期給餌研究（その半分は多世代を通じてラットを追跡したもの）の結果をメタ分析した結論と、セラリーニのグループの研究結果は対照的なものだった。このメタ分析の結論では、次のように書かれている。「二四件の研究の結果は、健康被害を示唆するものではなく、概して、観察されたパラメータ内に統計的に有意な差はなかった。確かに、いくつかの小さな差異が観察されたが、これらは考慮されたパラメータの通常の変動範囲内にあり、したがって、生物学的または毒物学的な有意性はなかった」。[13] セラリーニのグループの論文は、同様の研究を行っている他の科学者からの批判を受けるばかりでなく、大きくマスコミで報道されることとなった。当論文は、二〇一四年一月、『食品と化学毒物学』（*Food and Chemical Toxicology*）の編集者によって撤回された。その理由は、彼らの研究で使用されたSprague-Dawley ラットの血統は、そのような腫瘍が発生しやすいことが知られていることと、一般的に発がん性との関連を調べる研究では、治療群と対照群の両方に少なくとも五〇匹の動物を使用するべきであるのに、セラリーニのグループは各群で一〇匹ずつしか使用していなかったためである。[14] セラリーニと共同研究員は、自分たちは科学的手法に則り研究を行っていたことと、この研究を規制当局の判断の根拠として解釈することは誤りであると、批判への回答の中で述べている。

私たちはこの一件から、規制当局の頭痛の種となるようないくつかの事柄に気づくことができる。第一に、もっとも明らかなこととして、私たちは多くの他の研究結果と大きく異なる結果を出したある一つの科学グループと、「供給戦争（feeding wars）」をしているということである。規制当局は、たとえ純粋に予防的な意味においてでも、そのような特異な結果を「有害性の証拠」として解釈するのは難しいだろう。セラリーニと共同研究者は、なぜ他の研究者がこれらの影響を発見しなかったと思うか説明を発表しているが、この科学的論争に興味を持つ読者は自分の目で確かめると良いだろう。[15]

セラリーニの研究結果に基づいて遺伝子組換え作物への予防的対応を促した事実上全ての人々が気づかなかった、重大な詳細に気づくことの方がもっと重要かもしれない。この論争は、実はラウンドアップの商品名で使用されているグリホサートという除草剤をめぐる話であって、植物にグリホサートへの耐性を持たせる遺伝的操作についての話ではない。ラウンドアップは、遺伝子組換え作物とは無関係に多くの用途で使用されている。実際にセラリーニのグループは、除草剤として散布されるグリホサートにさらされている農家を対象とした研究も行ってきた。[16] セラリーニとロビン・メナージ（Robin Mesnage）が別の論文で主張したように、除草剤耐性植物のような新技術が、人や動物を薬剤に曝す条件を変えるときには、併せて、グリホサートのような（通常、土の中で急速に分解する）化学物質について再検証することは、全く妥当なことだ。[17] これは、薬剤耐性の獲得が、遺伝子工学によるものか、従来の育種によるものかに関わらず当てはまるだろう。セラリーニらが主張しているように、彼らの研究では、遺伝子組み換えそのものが腫瘍の原因であると示唆することは何も述べていない。遺伝子工学のプロセスを癌に結びつけることは——このような結果を利用しようと考えている他の著者らによって、かなり一般的に行われていることではあるが[18]——間違っているだろう。しかしながら、規制当局はこの微妙な違いに気づくだろう。ここで規制措置を取るなら、それは遺伝子組換え作物ではなく、むしろグリホサートに対して取るべきであるはずだ。

　セラリーニの研究は一つの事例に過ぎないが、重要な論点を提示している。遺伝子組換え作物が十分にテストされてきたかどうかについては議論の余地があるが、テストが全く行われていないと推測するのは完全な誤りだろう。事実、食用の遺伝子組換え作物のテストは、人類史におけるどの自然食品よりもはるかに大規模に行われてきた。ここで私は、自然食品——トウモロコシ、豆、トマト——と、食品添加物や他の成分とを区別している。後者は、標準的な毒物学的測定法によって、はるかに容易にテストできる。自然食品は、数千の異なる生化学的成分として分解できるし、ハワイで栽培されたトマトとフランスで栽培された同じ品種のトマトを分析すれば、その組成は大きく異なるかもしれない（ちなみに、フランス人がワインに拘ることができるのは、同じ品種でも産地によって化学組成が違うおかげだ）。しかし、このような変動性があるために、自然食品のテストは多くの交絡変数［統計モデルの従属変数と独立変数の両方に影響を与える外部変数］を含むプロセスとなる。

食品安全性の倫理

一般的に言えば、心理学的にも哲学的にも、食品の安全性に疑問を抱くことは容易であり、それを解消することは論理的に非常に困難である。人々は通常、食べものを食べることが危険だとは考えないし、慎重な評価が必要なことだと考えたりもしない。しかし、食べることで遭遇しうる危険《ハザード》はたくさんあり、そのほとんどは特に驚くようなことではない。動植物の中には、有毒なものもある。毒のあるものを食べれば、ひどい苦痛を味わい、死ぬこともある。特定の食品によるアレルギー反応で、死に至る人もいる。ときには、元々食品に含まれていない物質が混入し、危険な目に遭うこともある。不純物の添加や毒物の混入には、意図的なものや不注意によるものがあるが、サルモネラ菌や大腸菌による汚染、または危険な化学残留物などまったくの事故であることもある。産業界は、食品において遭遇しうる潜在的な危険《ハザード》の多くを制限・制御する制度を発展させてきたが、それはこのような危険《ハザード》を排除するわけでも、食品を「安全」なものにするわけでもない。

今日では、食生活に新しい食べものをとり入れることが、かつては危険《ハザード》なことであったと実感している人はほとんどいないだろう。ジャガイモとトマトは、かつて広く恐れられていたが、それには理由がある。どちらも近縁種に有毒な植物があり、特にジャガイモは、緑色になると毒になる。実際に、有毒なジャガイモを作るのは比較的簡単で、単に、ジャガイモの緑色の部分を有毒にする遺伝子を、私たちが通常食べている塊茎の部分で活性化させるだけで良い。ジャガイモの育種家はこのことを理解していて、警戒している。植物の育種家は、農家が望む植物を得るために、潜在的に危険なことを数多く行っている。彼らは種の系統を掛け合わせることを可能にする技術（これが遺伝子組換え作物の新しさであるという主張は、まったく真実ではない）を長い間使ってきた。そして、有用な形質の突然変異を期待して、変異を誘発するために大量の化学物質や高線量の放射線を植物に当ててきた。にもかかわらず、通常の植物育種に対する規制はない。過去において、新種の植物により人が死んだり病気になったりしなかった唯一の理由は、植物育種家の職業倫理を頼みとすることができたからである。病気を引き起こす植物を育種家の誰も望んではおらず、急性毒性の徴候を監視する術を身に付けてきたのだ。

それでも遺伝子組換え作物に関連する新しい技術は、通常育種とは異なる、と考えうる理由はあるだろうか？　ほとんどの植物学者は違わないと考えている。誰もが不測の事態は起こりうることを認めている。この新技術が適用され始めたころ、偶然ブラジルナッツのアレルギー反応を引き起こすタンパク質が、別の植物に導入されてしまったことがあった。それは育種家によってすぐに拾い出され、そのプロジェクトは中止された。それは規制当局による予防策によるものではなく、それがフードシステムに入ることで生じる潜在的な危険《ハザード》を探知した農学者の職業倫理によるものだった。それでは、いったいなぜ規制があるのだろうか？　これは実は重要な疑問であるが、フーバー研究所と関係があり、規制に対して辛辣な批判を行ってきたヘンリー・ミラー（Henry Miller）だけが、勇敢にもこの問題について提起した[19]。ここでは、主要なバイオテクノロジー企業は、自社製品が規制当局の監督下に置かれてまったくかまわないと考え、ＦＤＡ、ＥＰＡ、そしてＵＳＤＡの動植物衛生検査局（Animal and Plant Health Inspection Service: APHIS）によって共同で監督される、合衆国の規制アプローチの開発にも積極的だった、と述べるにとどめておく。

過ちは起こりうるだろうか？　その可能性があることに疑いの余地はないが、遺伝子組換え作物の規制・監視を強化するための議論の大部分は（完全に禁止せよという議論は言うまでもなく）、従来の育種技術を用いて開発された動植物にも等しく当てはまる。バイオテクノロジーに対するテストが十分でないとするなら、すべての新しい作物についてのテストは十分ではないと言える。ここに深刻な哲学的ジレンマが存在する。その一方で、食品に新しい性質を導入する能力と危険性を理解する能力の両方の面において、私たちは従来より高い技術力を持ちつつある。しかし、先述のようにわずか三五年前まで、内分泌撹乱物質の影響はまったく知られておらず、疑われてもいなかった。私たちには、全てに対してもっと用心深くなるべきだと考えるもっともな理由がある。その一方で、より用心深くなることで、コストがかかりすぎる可能性がある。遺伝子組換え作物を承認するために必要な限られたテストでさえも、実施するには費用がかかり、それを行うゆとりのある非営利団体は（あったとしても）ごくわずかである。バイオテクノロジー時代の前には、飢餓と貧困の解消に力を入れている国際農業研究センターをはじめ、国公立大学や政府の実験場で、多くの新しい作物品種が開発された。危険性への十分な警戒が求められる世界において、そのような時代は終わったのだろう。公的機関が廃止された場合、気候変動やその他の新たな課題に対応した貧しい農家が必要とする作物を、一体誰が開発するのか皆目見当もつかない。

要約すると、食べることは潜在的に危険《デンジャラス》である。遺伝子組換え食品を排除することは、一九八七年にゴイアニアへの旅行をキャンセルすることと同様に、理不尽とは言えない。とは言え、いずれの場合も、（インターネットに投稿することは言うまでもなく）友人や隣人と現在感じている不安について世間話をすることが、まさに烙印《スティグマ》を生み出すプロセスとなっている。ゴイアス州における不審死や、ラットの腫瘍、ジャガイモの有毒性について、一度耳にしてしまうと、心配しないようにと伝える知識層の動機や能力について、あなたは疑念を抱くだろう。哲学者の中には、あなたがそんなことをするのは非合理的だと言いたがる人もいる。しかし、私は、そこに倫理的に明確に表現されていない、何か曖昧な領域があると考えている。それでは、二人の哲学者がこれらの問題にどのように対処しているかを見てみよう。

哲学的論争としてのバイオテクノロジー論議

二〇〇〇年代初頭、大手バイオテクノロジー企業であるモンサント社（Monsanto Company）は倫理諮問委員会を設立し、カナダの生物学哲学者であるR・ポール・トンプソン〔以下、R・トンプソン〕をその委員に任命した。トンプソンは当時、生物学の説明的な枠組みとしての進化と、倫理学における進化の両方に関する研究で広く知られていた。彼は最近になってようやく、農業科学の哲学や農業倫理に貢献し、具体的には、二〇一一年に遺伝子技術をめぐる論争について本一冊分となる研究、『農業技術：哲学的序論』（*Agro-Technology: A Philosophical Introduction*）を上梓した。ありえないように思われるかもしれないが、もう一人、ポール・トンプソンという名の哲学教授がいる。彼は、モンサントが委員会を設立した当時、すでに農業バイオテクノロジーに関する数十の査読付き論文と、『倫理的観点から見た食品バイオテクノロジー』（*Food Biotechnology in Ethical Perspective*）（一九九七年初版発行）という書籍を出版していた。さらに編者・著者として、農業科学と農業政策の哲学と倫理に関する四冊の書籍も出版していた。彼はテキサスA&M大学（A&M University）の「バイオテクノロジーと倫理のためのセンター」（Center for Biotechnology and Ethics）の設立事務局長を務め、また、USDAの、現在は解散した農業バイオテクノロジー研究諮問委員会（Agricultural Biotechnology Research Advisory Committee：ABRAC）でも奉職した。バイオテクノロジーに関する彼の著書の第二版は、二〇〇七年にスプリンガー（Springer）から出版された。この二人目のポール・トンプソンこそが、あなたが今読んでいるこの本の著者である。[*1]

　二人のポール・トンプソンの対決をお見せすることは、新しいバイオテクノロジーの解説とフードシステムにおける倫理的問題について論じた本書の最後を締めくくるのに、やや型破りではあるが都合が良い。食農倫理学が、驚くほどさまざまな社会的・倫理的議論と交差し、それらの相互依存関係がつまびらかになるとき、遺伝子組換え作物の議論は、食農倫理学の領域を超えるものとなる。バイオテクノロジーをめぐる論争は、実際のところ、フードシステムにおける数多くの倫理的問題の代理論争である。幅広い論争の哲学的側面を考える際に、対立する見解を持っている哲学者がいることは実に都合が良いことである。[20]

はじめに、二人のポール・トンプソンが、じつは大きな論点では合意していることに注目しなければならない。合衆国とカナダだけでなく、ラテンアメリカ、インド、そして中国においても、農業バイオテクノロジーは、それが採用されてきた商業的なモノカルチャーシステムに、倫理的に重要な意味を持つ改善をもたらした。実際に、広く一般的に使用されている二種の遺伝子組換え作物は、食料安全保障を向上させ、農家の生計を改善し、環境への有害な影響を低減させてきた。二人のトンプソンは共に、バイオテクノロジーの批判者がたびたび、誇張された、根拠のないリスクの主張に基づいて論戦を展開してきたことに同意している。遺伝子を導入する技術が、破壊的、あるいは環境的にリスクの高い方法で使用される可能性があることは明らかだが、二人のトンプソンはどちらも、リスク分析が規制のための適切な概念的枠組みを提供し、リスク分析の論理構造が、人間や動物の健康、あるいは環境にとって潜在的に有害な結果についての、倫理的分析の出発点となることに同意する。R・トンプソン（モンサントの委員会のメンバーだったカナダ人）は、水平遺伝子流動――すなわち、ある植物種からもう一つの植物種への遺伝子の移動――による環境リスクについて、非常に詳細な議論を展開しているので、本書ではそれを繰り返すことはしない[21]。

二人のトンプソンは、農業技術は危険なものであり、動植物の遺伝子組換えのために開発されている一連の技術も例外ではないという見解で一致している。しかし、私たちは、農業に日々もたらされている危険《ハザード》を、十分に認識するようになってきている。化学技術と機械技術によって食料生産は増加したが、そのために人間の健康と環境の面でかなりの犠牲を払ってきた。私たちは変わらなくてはならない。私たちには解決すべき複雑な哲学的・技術的な問題があり、その複雑な問題の一つが、食料生産の危険《ハザード》をよりよく理解し管理することである。現状を受け入れ難いと感じる理由はいくらでもあるかもしれないが、遺伝子工学の新しい技術を使用することが、事態のさらなる悪化を招くと考える特別な理由はない。バイオテクノロジーに反対することは、概して、深刻な有害性《ハーム》を引き起こしていることが判明している現状の継続を意味しており、それは正気の沙汰とは思われない。

しかしながら、二人のトンプソンの見解が一致しない重要な点が二つある。一つは、本章の最初に取り上げた「合理性」のテーマに関連する論点である。その論点は私たちを本書の冒頭に引き戻し、合理性と倫理がどのように関連しているか（または、関連しているべきであるか）という疑問へと導く。もう一つは、バイオテクノロジーの代替物に関する論点である。私には、もう一人のトンプソンよりも、地場産、有機栽培、または持続可能な代替物を推薦するはるかに多くの理由がある。そして、この点を看過したことについては、彼の落ち度であると考えている。

二人のトンプソンの相違点——合理性と倫理

R・トンプソンの著書は、科学的・哲学的背景という入門的な内容を扱った三つの章と、トランスジェニック作物をめぐる論争を概観した三つの章で構成されている。彼の遺伝学と植物改良の技術に関する議論の要約に対して、私に大きな異論はない。急速に変化する世界において、新しい技術が続々と開発されるために、技術に対するR・トンプソンのコメントの多くが、本が出版されてからたった数年でやや時代遅れとなったことは注目に値するが、これはここで追求する価値のある論題ではない。最初の三つの章で行われる彼の背景的な考察は、全体のほぼ半分にあたる一〇〇ページに及び、ここでは後半の議論の基礎となる、合理性についても考察されている。この背景的考察の章は、授業での使用を念頭に書いたのかもしれないが、それが二人のトンプソン間の決定的な哲学的見解の不一致の原因ともなっている。

簡潔に言うと、R・トンプソンは、論理的一貫性が優れた倫理的推論の必須条件であると考えている。倫理学における一貫性は、良い・悪いや正しい・間違っているという判断を表す主張を分析することによって得られる。概念分析では、そのような主張の経験的な内容――つまり、世界の状況について何を言っているのか、また、それらによって暗示されている、より一般的な規範的原則は何か――を明らかにする。規範的原則は、何が良いか悪いか、そして、それはなぜかについての一般的な記述を提供する。また、規範的原則は、何が良いか悪いかについての説明から、与えられた状況で何をすべきかという処方箋を採用するための、意思決定のルールも示している。R・トンプソンは、帰結主義に完全にコミットしているとは言えないが傾倒はしており、人はどのような一般的な規範原則を採用するとしても、そこから推論を導く際には論理的に一貫していなければならないとだけ主張している。

私は対照的に、私たちの生活は矛盾に満ちていると考えている。最近の認知科学の研究（とそれと関連する、デビッド・ヒュームやジョン・デューイの思想）に従って、私は、通常の意思決定とは、感情や習慣、そして熟慮が必要な問題への慎重な類推や論理的に比較し考えるような難しい処理を、無意識に簡単な質問へとすり替えることに支配されて、反射的に行われるものと理解している。すでに述べたように――人々は通常、食べものを食べることは危険だとは考えないし、慎重な評価が必要なことだと考えたりもしない——ということを考えれば、これは発展性の高い示唆に富む論点であることに留意されたい。私は、一貫性があることや一般原則に忠実であることが、時として重要であることを否定はしない。たとえば、このような思考の技術がないと、論理的な証明や適切なリスク分析を行うことは難しい。しかし、このような技術を適用するには、現状において何が重要なのかを事前に概念化できていることが前提となる。

リスク評価を行っている人は、「現状において何が重要なのか」という問いへの答えを、必ずしも持っているわけではない。実際、過去の毒性学研究では、十分な数の女性の被験者を集めなかったために、女性への解剖学的影響を見落とすことがあった。セラリーニのラットに見られた乳腺腫瘍は、その典型例である。遺伝子組換え作物は、他のどの食品よりも既知の有害性について徹底的にテストされてきたが、規制当局の検査が、遺伝子組換え植物と金融政策や種子偽造との関連性に及ぶことはないだろう。また、遺伝子組換え作物と農民の自殺のリスクを高める可能性の関係が考慮されることもない。ここで私は、先に述べたことを撤回しているわけではないことを、急ぎ付け加えなければならない。遺伝子工学と、女性被験者数の足りない検査や農民の自殺との間に独自の関連性があると主張すれば、極端な誤解を招くことになるだろう。遺伝子組換え作物だけの話でなく、多くのフードシステムの要素はこれらの危険《ハザード》と結びついている可能性がある。私はこれでも哲学者であり、論理的な一貫性を完全に手放すつもりはない。しかし、私の論理的な主眼は、食品について十分に広く捉えることができていないことを強調することにある。

私たちは、多くの場合において、熟考を伴わない判断が案外正しいこと、そして、非常に丁寧に論理を積み重ねた判断すらも、目の前の問題について少しも考えていない他の人々が過去に下してきた審議や判断に頼ってこそ可能であることを認めなければならない。問題が何であるかの合意があれば、丁寧な論理を適用できるが、遺伝子組換え作物の議論は明らかにそうではない。丁寧な論理を適用するには、通常、問題解決の際に、自分自身の問題の分析を常に参照しているという主張が含まれる。そして、その分析はまた、世界がどのように機能するかという一般的な形而上学的見解を前提としている。しかし、それは遺伝子組換え作物に同意しない人たちにとっては疑わしい圧力に見えるし、圧力と受け止められれば反対意見はより強固になるばかりである。植物学者たちが、遺伝子組換え作物に比較的容易に賛同する理由の一つは、彼らが共有の認知的枠組みを開発するために、相当な心血を注いできたからだ。私はその努力に感銘を覚えるし、その意見を真摯に受け止めている。しかし、倫理学が、ジャガイモとシロイヌナズナの区別もつかないような人々に、夕食に何を食べるかについて植物学者全体の意見に従うべきだと要請すると、私は思わない。

　このような圧力はまた、第7章で論じた疑念と不信の悪循環を引き起こす。「あいつらが私たちをこんなふうに扱うならば……」人々は心の中でこう思うのだ。「警戒するべきではないのか。そして、警戒が必要なあいつらの製品を、どうして信頼できるだろうか。あの製品はおそらく危険なのだ！」〔二五七頁、図5参照〕科学に詳しいという人たちから、頻繁に疎外されたり、無視されたり、立場を軽視されたり、あるいは、組織的に排除されたり抑圧されたりしてきたのであれば、人々がこのような反応をみせることはまったく合理的である。科学的探究にとっては不可欠な厳格さや証明基準を、なぜ他の人間の思考や態度を決める基準として一般化してはいけないのか、フェミニストの認識論がその理解への一助となる。科学は、必ずしも異なる考えを持つ人間との対話を必要とはしないかもしれないが、倫理学はそれを求める。現実世界での生活は、すべての人に非常に豊かで多種多様な経験を与える。一般化できなかったり、所与の概念的枠組みに当てはまらないからといって、誰かの経験に価値がないということを意味しない。実際のところ、一般化できないという事実こそが、その価値の要であるということだってある。

R・トンプソンは、人が多大な努力によって手にする思考法を採用し、これを倫理の基準とすべきだと提起している。それは、本書の「はじめに」に戻れば、「同化」学習能力の領域で狭義に概念化されたものである〔一九頁、図2参照〕。それは、学習サイクルの図（次頁図6参照）において、出発点から右上に向かって進むベクトルが、「正しく理解すること」であることを示している。このとき倫理学は、あらゆる関連情報を一貫して包括的に整理した理論を構築することだけが問題になる。これは（ヒュームの比喩を使えば）書斎に一人で座っている哲学者にとってはとても楽しいことかもしれないが、いったん現実世界に戻れば、すべては消え失せ、いくつもの正しい（あるいは間違った）道理が現れる。倫理学は、問題を定義する方法が複数あり、経済的・政治的利害が対立し、解決のための明確な道筋がなく、確実なことは何もなく、しかし間違っていれば大きな代償を払わなければならないような問題について、他者と協働する方法として、特別な役割を果たすだろう。

遺伝子組換え作物の問題を扱う場合には、いくつかの要素を単純化して見せる必要があるが、R・トンプソンは遺伝子流動の環境リスクにのみに焦点を絞っているために、農業バイオテクノロジーに対して提起されてきた問題の複雑さの十分な描写ができていないと、私は主張したい。例えば、「ラベル表

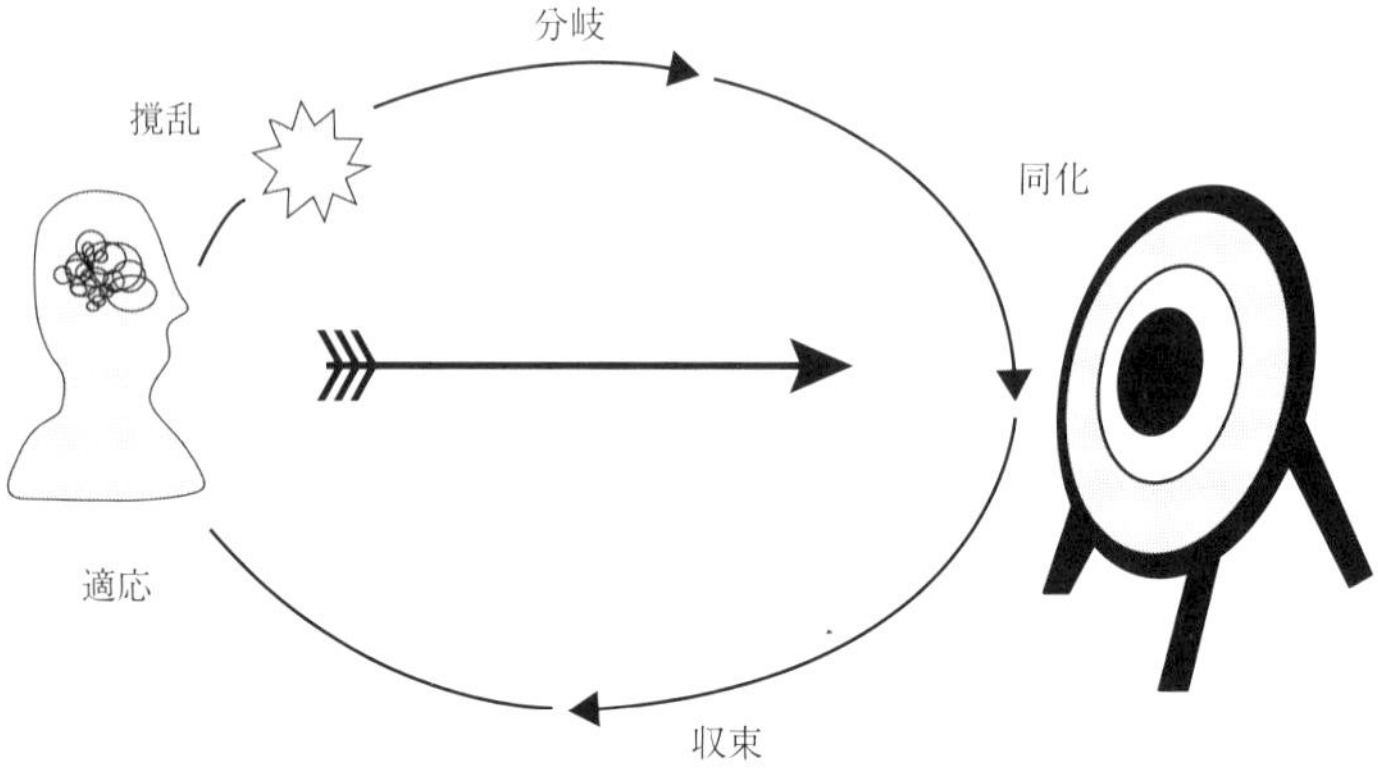

図６　探究と学習サイクルの４つの段階

示論争」の論点は、R・トンプソンの著書『農業技術』からは完全に抜け落ちている。一九九七年に、私は、当時の政策はバイオテクノロジーの反対論者がバイオテクノロジー製品を買わないという選択を、不当に阻んでいると主張した。[22]この問題は「オプトアウト」方式の有機栽培のラベル［消費者はそのラベルが不要である場合には見ずに済むことができる］によって部分的に是正されたが、食品業界は、消費者の選択基準は常に科学によってサポートされるべきであると主張し続けている。しかし、先述のように、人は食品選択における自分の価値観を守る上で、論理に一貫性があり科学的で合理的な説明を必要とはしない。たしかに、私はラベル表示の強制には賛成しない。その代わり、「遺伝子組み換えでない」という表示は、宗教的な食事作法に従う機会を守る表示［ハラール認証など］や、加工肉食品に犬や猫を使用することを禁止する政策と同様に、価値観を重視するための基準と見なされるべきだと主張したい。[23]このようなラベル表示には、過去一〇年間で「フェアトレード認証」「エシカル認証」「産地表示」などが加わり、フードシステムの中で急速に普及しつつある。

科学的根拠を笠に着たラベルは、米国の規制基準が価値判断に満ちているという事実を見えなくさせる。ラベルは、一般的には限られた領域や文脈の中で機能するものだが、全体として、これらの価値基準の表明は、論理矛盾を露呈している。FDAの方針は、栄養や健康との関連について科学的に証明されたラベルを許可するというものである。FDAは、通常の製品よりも脂肪やカロリーが大幅に低い場合を除いて、バナナクリームパイに対してライト（*light*）という言葉を使用することを製造業者に許可しない。一九九〇年代にこの規制が施行される以前は、食品会社は、クリームパイの色が通常より薄ければ「ライト」と名付けていた可能性もある。しかし、USDAは、食品の安全性や環境への影響に関わるとする理由がないのに、原産国のラベルを求め、食品店では、なんの裏付けもないリスク評価で犬や猫の肉を禁止しているである！[24]……しかしながら、それのどこが悪いというのだろう？　倫理的、宗教的、文化的、あるいは政治的な食べものの嗜好を守るだけのために、科学的なリスク評価を行うべきだという理由はない。価値判断には科学的根拠が必要だと主張することは、ラルフ・ウォルドー・エマソン（Ralph Waldo Emerson）の言う「愚かな一貫性」という心の狭い妖怪と同じということになるだろう。

遺伝子組換え作物であることと安全性や栄養との関連性は見出されていないため、FDAでは「遺伝子組み換えでない」ラベルは推奨されていない（ただし、この方針の実施に費やされるエネルギーは時間の経過とともに変化してきた）。しかし、私は、特定の国から輸入した製品を探したり避けたりするのと同じような理由で、遺伝子組換え作物の製品を探したり避けたりしたい人がいるかもしれないと考えている。人々の動機は、政治的、宗教的、あるいは単なる気まぐれであるかもしれないし、リスクや安全性に対する思想信条が関係しているかもしれない。「はじめに」で述べた、中国産粉ミルクのメラミン混入事件を思い出してほしい。人々は、ゴイアニアへの旅行をキャンセルしたのと同じような理由で、中国からの輸入品を避けるかもしれない。食品安全の専門家は、放射線医学の専門家が一九八七年にかの地域の烙印《スティグマ》に反論したのと同様に反論するかもしれない。しかし、人は、何を選択するにしても、適切な選択をするために望む真実の情報を（たとえ、それが無関係とみなされても）奪われるべきではない。私はこの経験則を生活のあらゆる分野に一般化したいと思っているわけではないが、食選択について考えるための合理的な道標であることは間違いない。

二人のトンプソンの相違点——農業科学の哲学

R・トンプソンの著書は、オルタナティブ・オーガニックを再考する章と、中低所得国の農業について論じる短いが重要な章で締めくくられている。貧しい国々への影響についての彼の考察は、同じくモンサントの諮問グループのメンバーであるロバート・パールバーグの研究を反映したものである。第7章で考察したように、パールバーグは、アフリカの農民にバイオテクノロジーの恩恵を与えてこなかった政策と慣行は、人道から外れていると主張している。彼が念頭に置いているのは、遺伝子組換え作物が当面禁止されていて、ラベル表示が義務づけられているヨーロッパ諸国についてである。現在EUの政策により遺伝子組換え作物の栽培と販売の両方が許可されているにもかかわらず、ヨーロッパのスーパーマーケットでは、遺伝子組換え作物を含む製品の取り扱いが全店で引き続き禁止されている。アフリカの多くの国にとって、ヨーロッパは主要な輸出市場なので、遺伝子組換え作物が自国の作物の品質の評判を傷つけてしまうことを恐れて、アフリカの農業で遺伝子組換え作物を許可することに消極的である。パールバーグは、ヨーロッパは、採算が悪く収益性の低い有機栽培をアフリカ諸国に強制していると記している。[25]

R・トンプソンの『農業技術：哲学的序論』では、現状の従来型の非遺伝子組換え作物のモノカルチャーに対して、その代替としてバイオテクノロジーと有機農業という選択肢を提示している。農業研究機関の内部関係者《インサイダー》として過ごした経験がある人なら、これがよくある話であることがお分かりになるだろう。農業大学で、オーガニックでオルタナティブなアプローチを研究したり教えたりする研究者が、植物の形質転換の遺伝子導入技術に取り組む分子生物学者と協力することはめったにない。最終的に意見が対立し、怒号が飛び交った多くの実例を、私は知っている。農家の世界では、状況はまた少し異なる。多くの有機栽培農家は、遺伝子組換え作物に猛烈に反対している。私も著名なアメリカの有機農業の提唱者から、「遺伝子組換え作物はエイリアンの技術だ」と怒られたことがある。エイリアンという語から、遺伝子を組換えた生物が「この地球のものではない」という意図がはっきりと読み取れた。また別の機会では、メキシコの小作農民から、「あなたが遺伝子組換え作物を非難しないのは、あなたが私を殺してその土地を取り上げたがっているからだと思った」と言われた。

しかしながら、合衆国において、遺伝子組換え作物を、非遺伝子組換え作物のモノカルチャーの代替物とみなす農家は比較的少ないのが現状である。遺伝子組換え品種のトウモロコシ、綿花、大豆は、従来型の農家によって広く急速に普及しており、農家の一部は、オーガニックの畑も維持している。Bt作物は比較的有害な農薬の使用を減らしてきた。しかし、除草剤耐性作物は導入当初、除草剤の使用量が減少したが、アトラジンや2、4-Dのような比較的危険な化学物質に代わり、より毒性の低いグリホサートが使用されるようになったものの、農家はグリホサートを非常に頻繁に散布したため、除草剤の総使用量は最終的には増加に転じた。今や、主要な雑草がグリホサートに耐性を持ちつつあり、長い間伝統型農業の特徴となってきたパターンを踏襲している。遺伝子組換え作物は、一般にモノカルチャーの減少にはつながらなかったが、トウモロコシと綿花の栽培者の一部には、害虫の防除と土壌肥沃度の回復を目的とした作物の輪作の減少を促したかもしれない。

このことを考えると、私たちはR・トンプソンによる、非遺伝子組換え作物のモノカルチャーに対する二つの代替案「有機農法とバイオテクノロジー」の提示についての論述を否定し、バイオテクノロジーが将来的にどんな可能性を秘めていようとも、現在の遺伝子組換え作物は、他の工業的なモノカルチャーと同じ道をたどっていることを認識しなくてはならない。この道を、遺伝子組換え作物が一部の分子生物学者の目にはきらきら輝くものですらなかった時代までさかのぼることも可能である。歴史家のフランク・ユケッター（Frank Uekoetter）は、農業科学機関は一九三〇年代に入って、そのポートフォリオから重要な戦略を愚かにも切り捨てたと主張している。ユケッターは、合成肥料の有効性が明らかになり、農民にとって合成肥料の使用が魅力的なものになったと記している。合成肥料の生成は、空気から窒素を固定するハーバー・ボッシュ法を用いた、アンモニアの工業生産に依存している。ドイツの化学者、フリッツ・ハーバー（Fritz Haber）が一九一〇年にその方法を確立し、カール・ボッシュ（Carl

Bosch）が一九一三年までに、ドイツの軍需産業に窒素を供給するための大規模工場を開発した。第一次世界大戦後、これらの生産施設は合成肥料用アンモニアの生産のために再利用された。工場の建設費用が軍事費からまかなわれていたので、農家は合成肥料を比較的安価で入手できるようになった。

時を同じくして、ドイツの生態学的志向の生物学者たちは、不幸なことに「生命力《ライフフォース》」の存在を仮定する反ダーウィン主義哲学と知的同盟を結んでいた。二〇世紀の科学はより定量的で還元的なものになりつつあり、生命力に関する考察が科学界でまったく相手にされなくなるまでに、そう時間はかからなかった。失われた（少なくとも、ないがしろにされた）ものの中に、土壌生物学とシステム生態学があり、他方で、リバティ・ハイド・ベイリー（Liberty Hyde Bailey）が（おそらく誤解を招くような形で）「永遠の農業《パーマネント・アグリカルチャー》」と呼んでいたものが重視されるようになった。生態学を重視した農業やシステム志向の強い研究者たちは、ドイツの農業科学では支持を得なくなっていった。同じようなことが、世界中で起こっていたのではないだろうか。ユケッターは、農業科学機関における現在の分裂は、将来への視野が狭まり続けていることを反映していると主張している。簡潔に言えば、戦後の農業科学は、化学と遺伝学に根ざした生物物理学的アプローチと、総生産力と農場の一年ごとの収益性を重視する社会経済的価値によって支配されてきたのである[26]。

また、農業研究者は、科学的根拠を発見することを目的として名門農家が成功させてきた実践的手法を特定する研究を放棄した。アルバート・ハワード（Sir Albert Howard）のような主流の農業科学者の抗議を押し切って、農業科学の手法は、農場での積極的な研究から離れて行った。今日の研究者は、専用の農業研究室や試験区画で開発された技術を評価する試験のみを、農場で実施している。農業科学者は、農家に対する賞賛と敬意を表明し続けてはいるが、農家が積極的な共同研究者として関与している研究はほとんどない。有機農業は、土壌管理に関する知識を共有し、複雑な作物や家畜の生産システムを統合するための農家主導の取り組みとして、一九六〇年代と一九七〇年代にかけて盛り上がりを見せた。それは、小規模農家の存続と、ベイリーが「田舎暮らし」と呼んだものを推進するという社会的な課題と往々にして結びついていた。現代の有機農家は、組織化された農業科学の助けをほとんど受けずに、独自の手法を編み出してきた。今日まで、バイオダイナミック農法の生産者が開発した、ホメオパシー作物の栄養補助食品の珍妙な効果については言うまでもなく、きちんと成功している有機農法の特徴である作物の複雑な相互関係や輪作に関する研究すらほとんど行われていない[27]。

しかし、現代の有機農法の規格には、最初に有機農法を生み出したあらゆる動機に対する多大な努力は、事実上何も反映されておらず、有機認証を受けた商品作物を生産している大多数の農家が、有機農法の力を引き出す形で開発された最も生産的で持続可能な方法を利用していると言えば、誤解を招くことになる。USDAの有機認証ラベルの下で農産物を販売するための基準は、多くの化学物質の使用を制限しているが、土壌肥沃度の維持や、遺伝的多様性の管理や、病害虫による被害の低減や、野生の動植物との互換性の確保のために、農民が開発してきた複雑な手法への取り組みを義務づけているわけではない。また、農村経済の持続可能性や、小規模農場の存続を確保することを目的とした、社会経済的原則にも触れていない。したがって、有機農法のラベルが、従来の農業生産方法に対するオルタナティブとしての当初の動機について哲学的に意味のあるものを表象しているかどうかは、はなはだ疑問である[28]。

過去一〇年間で見過ごせないような例外と著しい進歩があったにもかかわらず、公共部門の農業科学は、微生物生態学とその土壌や植物との関係など、生態学の分野では依然として重大な課題を残しつづけている。さらに、持続可能性については、地域的・世界的なフードシステムの生物学的または社会的な十全性をほとんど評価することなく、ほとんど世界的な食料供給の観点からしか理解されていない。ましてや、フードサプライチェーンを通じた農産物のモノカルチャーの促進や、それが食事や健康に影響を与える可能性については、全くと言って良いほど考慮されていない。[29] 同時に、R・トンプソンが言及している農業技術の特徴の中心的要素である遺伝子導入法にも、微妙な変化の兆候がみられている。遺伝子工学やDNAマーカーの利用育種は、生物生産量と資本投資に対する経済的利益を最適化することを目的とした、遺伝的・化学的・機械的な技術への農業科学の継続的な努力と取り組みに合わせて、現在展開されている。この傾向を鑑みれば、R・トンプソンの従来の農業技術とバイオテクノロジーの区別にはもはや意味がない。

R・トンプソンは、オルタナティブな有機農業を完全に否定しているわけではない。しかし、バイオテクノロジーと有機農業を、従来の農業技術に対する相互に排他的な代替技術として体系的に提示することで、誤解を招く印象になってしまっている。Bt作物に代替できる可能性のある化学物質が引き続き使用されている地域（ヨーロッパなど）において、トウモロコシ、大豆、および綿花で証明された遺伝子導入法の技術を小麦のモノカルチャーに適用されれば、化学物質の使用量がいくらか削減できる可能性がある。しかし、まだ遺伝子組換え作物の栽培によりエネルギーや水の消費が大幅に低減された事例はなく、緑の革命の矮性品種にみられたような、主要な遺伝子組換え品種穀物の生産力が向上した例も見られない。北米大陸からすれば、遺伝子組換え作物は従来の農業である。それが実のところ、問題の一つなのだ。有機栽培であろうとなかろうと、農業生態学では、モノカルチャーにはみられない、植物、土壌、動物の相互作用と農村コミュニティの開発に焦点を当て、動植物間の相補性を効果的に活用する管理集約的な方法を適用している。それらを、遺伝子工学や遺伝子導入とさえ、同時に追求できないという概念的な理由はない。[30] 資本力の強い営利企業が、農業技術と管理能力に大きく依存する手法にあまり関心を寄せないのは驚くことでもないが、依然として農業従事者が人口のかなりの割合を占めている地域が、そのような手法に注目すべき理由は多い。

したがって、農業技術の哲学を、農業バイオテクノロジーと有機農業の対立とみなすことは役に立たない。特に、あまり工業的に発展していない地域で農業科学を応用する戦略となると、むしろ誤解を招きかねない。さらに、パールバーグのように、現在の貧しいアフリカの農家の営みと有機農法のアプローチを同一視することは、最新の科学や有機農法の農家が実践し成功している現代の技術について、無知をさらしているようなものである。ヨーロッパとオーストラリア、合衆国で今日行われている有機農業と、アフリカやラテンアメリカ、未開発のままのアジアの一部における資源不足に喘ぐ小規模農家の栽培方法は、似て非なるものだ。現代の有機農法は技術的に複雑であるだけでなく、コンポストや雑草のコントロール、温室生産などの新しい手法の導入における重要な研究開発の焦点となっている。バイオテクノロジーの支持者も有機農法の支持者も、自分が支持するアプローチのもっとも先進的で楽観的な事例と、対立するアプローチのもっとも劣っている応用事例を比較してしまうことがあまりにも多い。例えば、バイオテクノロジーの支持者の場合、まだ開発段階にあり実証されていない技術や方法が、あたかも一般的に確立された成果であるかのように説明することがある。ちなみに、ゴールデンライス（その後、遺伝子組換え技術の素晴らしい利用法として登場する）は、農家が実際に栽培するようになる一五年も前に、タイム紙の表紙を飾っている。

結論

哲学的な二項対立は、しばしば表現が誇張されることがあるものの、潜在的な思い込みや熟慮に欠けた分類が、人間の行動がどのように（他の仕方ではなく）その仕方に沿って進むのかを明確化するのに役に立つ。この点において、現代の農業科学への理解にもっと資する二分法がある。一つは、農業用の動植物を（それらが基盤とするところの土地と水資源と共に）一般的な技術的プラットフォームとみなし、その最終的な利用を産業経済の優先順位によって決定するべきであるとする産業哲学である。これらの技術と資源が、燃料や動物性タンパク質や糖質、高品質の栄養素、嗜好品の生産にどのように割り当てられるかどうかは、主に市場が決定する問題である。科学者の役割は、このいずれかの資財の生産効率を高めることで、この過程を手助けすることである。この食品の産業哲学は、遺伝子導入技術を用いた作物であろうと進歩的な育種法であろうと、分子法をそれらに効果的に活用するほとんどの科学者の研究の手引きとなる。この哲学的枠組みの中で働いている科学者たちは、気候変動や水不足、化学物質の投入に関する問題意識の高まりを考慮し、外部コストを三〇年前よりもずっと強く認識している。R・トンプソンがバイオテクノロジーと呼ぶものを採用しているかどうかにかかわらず、彼らは実際に、

R・トンプソンが「従来型農業《コンバーショナル・アグリカルチャー》」と呼んでいる前時代的な農業技術を生み出した科学者よりはるかに、環境責任の課題に取り組んでいる。しかし、彼らの農業科学の哲学や食べものへの理解に、根本的な変化があったかどうかは明らかではない。

　この産業哲学においては、食べものは多くの商品の内の一つに過ぎない。産業製品の消費者は、確かに食べものを求めているが、医療、衣類、スマートフォン、休暇旅行、ビデオゲーム、音楽、テレビ、そして気持ちよく眠れる場所も同様に求めている。ジョン・スチュアート・ミルが思い描いた自由主義哲学の主張の一つは、産業社会で入手可能な無数の財《グッズ》に、自分の資源をどう配分するかという判断は、個人に委ねるべきだというものである。人はそれぞれ、文化的背景や宗教、教育、そして人生で何が重要であるかについての大局的な見方に基づいて選択をする。ミルの議論で推奨されている宗教や文化の違いに対する寛容性は、そのもっとも重要な美徳の一つである。しかし、ミルの自由主義は、消費の最大化を重視する合理性のみにとらわれるようになり、この組み合わせは、現代の科学、政府、ビジネスのなかで制度化されていった。私たちがどれか一つの財《グッズ》の消費にかける時間と労力、富を最小限に抑えることによって、他の財《グッズ》の消費のための新しい機会が開かれる。そして、繰り返すが、食べものは他にもある財《グッズ》の一つに過ぎない。環境的限界を認識することによって、際限のない消費の探求に制限がかかり始めているが、高度に分離・分断された商品を消費する機会を増やす効率性に、抜本的に取り組む姿勢に変化はない。

　一方で、農業を、単なる技術的なプラットフォームとしてではなく、その一部は完全に理解または評価されてすらいないかもしれないさまざまな重要な機能を果たす、一連の人間の活動や社会制度であるとみなす哲学がある。この哲学と、先の食べものの産業哲学とを対比してみよう。確かに、これらの活動や社会制度は人間を養うが、それは（栄養的にバランスのとれた食事を奨励するという意味で）良い意味でも悪い意味でも機能する。また、食生活も、人間と生態系の大規模な一連の相互作用を仲介し、うまく機能しているときは、それらの相互作用の安定性と持続可能性について、迅速かつ信頼性の高いフィードバックを提供する。さらに、それらは、社会全体にわたって多くのさまざまな財《グッズ》を増やし、それと結びつく自立的な世帯などの機関の基礎を提供する。農業と食料技術の社会的機能は、フードシステムの都市化と産業化が進むにつれて、ますます曖昧になってきていることは間違いない。しかし、肥満の増加や、地産地消や「スローフード」への社会的な動きといった問題は、将来のフードシステムの組織化には、商品の効率的な生産以上のものを表現したものである必要があるかもしれないという証左を提供している。

私は『アグラリアンの洞察』の中で、私たちが歴史のなかで培ってきた、このような哲学を「農者《アグラリアン》」と呼び論じてきた。この言葉には、多くの古い考え方が込められており、すっかり工業化された社会で育った多くの人々の心にはほとんど響かないことを、私は知っている。この種のフードシステムに「回復力（レジリエンス）」という言葉を関連づける者もいれば、「持続可能性」という言葉によって、この種の統合的アプローチが示唆されていると考える者もいる。このアプローチを、社会的公正のための呼びかけに結びつける人もいるだろう。この見方により、産業哲学が陥った明らかな失敗をあぶり出すことができる。資源の配分を個人に任せ、効率の良さを重視する中で、私たちは富を持つ者が経済全体を形成する需要を生み出す仕組みを作っている。資源の全ての配分を市場に任せることで、自分が消費する商品を生み出す人々との間に、思いやりや連帯を感じる余地がほとんどない経済的思想に誰もが追い込まれることになる。繰り返すが、食べものは単に商品の一つに過ぎないため、私たちを養う職業に就く人々が、自分を養うことができないというケースが起こりうる。私は、より統合されたフードシステムは、より公正なものとなるだろうという単純な仮定に、警告したい。人類の過去には、不公正ではあるが高度に統合されたフードシステムの例が多くある。それでも、「食料主権《フードサバランティ》」の提唱と、人と人とのつながりを重視した、ファーマーズ・マーケット、コープ、地場産を食べることなどの新しい方法には、フードシステムの社会的側面に私たちの目を、それから心を、開く可能性がある。

　この二分法のどちらを望んでいるか、あるいは、（私がそうであるように）創造的で弁証法的なギブ・アンド・テイクによって互いに関わり合うことを望んでいるか否かにかかわらず、産業哲学と、農者《アグラリアン》的で統合的な食の哲学との対話は、現代の食農倫理学の論争を理解する助けとなる。私は、この弁証法的な取組み――異なる役割を担い、多様な人生を歩んできた人々の話を自ら進んで聞き、読み、理解しようとすること――は、他者の主張の論理的な厳密さをお互い監視しあうことよりも、優先されると信じている。食農倫理学の原点は、一般的な公共哲学と同様に、分析哲学者が慣れ親しんできた矛盾に対して、より寛容であることを求めるかもしれない。倫理学では、判断を急ぐ姿勢で臨むのではなく、規範的な問題について拙速な結論を避ける姿勢でいる方がより重要なことかもしれない。問題が交錯する点を見つけ、そこで出会った誰かと、その人がどのような経緯でそこに至ったかに関わらず、関わりを持つ方が良いだろう。そのためには、哲学者は、理論や概念分析を用いるだけでなく、自分が書こうとするものについて何かを学ばなければならないかもしれない。同時に、昔から、哲学には異なる見解を持つ誰かから反論を受けても、忍耐と敬意を持って、その違いが意味するつながりや摩擦を探っていこうとする意志がある。その実践は、私たちに大いに役立つことだろう。

これについては、次の誰かにバトンを渡したい。

原 注

はじめに

1 "Fresh Strawberries from Washington County Farm Implicated in E. coli O157 Outbreak in NW Oregon," United States Food and Drug Administration, at http://www.fda.gov/safety/ recalls/ucm267667.htm. 二〇一四年六月六日閲覧［現在、アクセスできず］。

2 Sharma & Paradakar (2010).

3 Vileisis (2008); Belasco (2006).

4 Hurt (2002).

5 Belasco (2007).

6 Dewey (1896). この論文で、デューイは心理学の刺激反応モデルに反論し、生物の行動が一連の環境条件にどのように反応するかをより適切に解釈するための彼自身の見解について述べている。デューイは行動主義者との議論に負けてしまったが、彼が後に、学習や探究と関連づけるようになったこの初期の非常に例示的な説明は、本書の目的ともかなり関連がある。このモデルは、彼の『人間性と行為』（Dewey, 1922）において倫理との関連のもとで開発され、『行動の論理学：探求の理論』（Dewey, 1938）で徹底的に論じられている。

7 Kolb (1984).

8 Kolb et al. (2001).

9 Ibid.

第1章

1 例えば、Landlahr (1942) など。The Phrase Finder で検索したところによると、「You Are What You Eat」が用いられた最初期の事例として、一九二三年のブリッジポート・テレグラフに掲載された地元の肉市場の広告があげられる。Google Scholar で検索したところ、「人は何を食べるかで決まる（You are what you eat）」というフレーズが表題に用いられている学術論文の引用が六〇件以上も検索された。それらには、ときには副題が付いていたり、「人は何を排出するかで決まる（You are what you emit）」などの言葉遊びがなされたりしている。

2 Zwart (2000) などを参照。

3 Glacken (1973).

4 Foucault (1990).

5 Oliver (2009).

6 Stuart (2007).

7 Korsmeyer (1999).

8 Mill (1956 [1859]).

9 Nagel (1977); Shue (1980); O'Neill (1986); Pogge (2007).

10 Singer (1972, 2010); Unger et al. (1996).

11 Žižek (2009, 2014).

12 スチュアートは、トーマス・ブシェル（1594-1674）、トーマス・タニー（1608-1659）、ロジャー・クラブ（1621-1680）らの宗教的な動機づけから、イギリスの菜食主義の研究を始めている。

13 Regan (1983).

14 Singer (1993).

15 Lappé (1975).

16 Steinfeld et al. (2006). 注目すべきは、この報告書の執筆者らはその結果を、食事から動物製品を排除することよりも、重量当たりの温室効果ガスの排出量が少ない、より集約的な家畜飼育を支持するものと解釈していることである。また、家畜飼育による排出物が気候変動に及ぼす影響について調べたことがある人ならば、この報告書がいくつか過度の単純化をしていることに気づくだろう。例えば、メタンは非常に強力な温室効果ガスであるが、大気中での寿命は二酸化炭素よりもはるかに短い。第6章の説明を参照のこと。Place & Mitloehner (2010, 2012) も参照されたい。

17 Fairlie (2010).

18 Midgley (2000).

19 Bauer et al. (1998).

20 Thompson (2002).

21 Giddens (1991). 邦訳あり。

22 Thompson (2010a) pp. 136–154; Borgmann (2006).

23 卵については第5章でやや紙面を割いて論じている。ここでなされている主張は、この議論に照らして適切とされるだろう。

24 この点については、経済学原理のなかで議論が交わされている。ベント・ブリュデ（Bengt Brülde）は、ウォルター・シンノット＝アームストロング（Walter Sinnott-Armstrong）が炭素排出に関して行った次の主張を採用している。それは、市場の需要の決定するうえで個人が行う貢献はごくわずかであり、市場の需要と購入とは因果関係がなく、したがって購入することの道徳的な意味を論じても仕方ないというものだ。この、「個人がある製品を購入するかしないかは、市場に何の違いも生みださない」とする見解についての経済学者らの意見は分かれている。ベイリー・ノーウッド（Bailey Norwood）とジェイソン・ラスク（Jayson Lusk）は、動物製品の需要に関するブリュデの主張に異議を唱えている。彼らは、例えば、消費者が肉を購入するたびに、それが家畜生産者に家畜の飼育を促す市場のシグナルに反映されると主張している。私はノーウッドとラスクに同意する。ブリュデ（そして、おそらくシンノット＝アームストロング）の見解は、ゼノンのパラドックスの背後にあるのと同じ誤りに基づいているのではないかと思う。要するに、私は積分計算をすれば、購入することが違いを生む理由が説明されると考えている。しかるに、本章で私が述べんとするところは、もっと単純である。それは、現実問題に直結する社会的因果関係の根源は、食べる行為ではなく、購入する行為であるということである。Brülde & Sandberg (2012); Norwood & Lusk (2012) を参照。

25 Rawls (1999). 邦訳あり。

26 この用法は、ロールズとハーバーマスよりも一貫性が低いとは思うが、代表的な例については、ジュディス・バトラー（Judith Butler）とジョーン・ウォラ・スコット（Joan Wallach Scott）の『フェミニストは政治を理論化する』（Butler & Scott, 1992）を参照されたい。

27 Foucault (2003).

28 Norgaard et al. (2011).

29 Beekman (2000).

第2章

1 Esterbrook (2012).

2 Fink (1998); Cartwright et al. (2012).

3 Bernhardt et al. (2009). この調査によると、食品小売企業は最も違反率の高い業界ではなく、アパレル製造業と個人的サービス、家庭内雇用はすべて四〇%近くの違反率を示し続けている。

4 Patel (2007).

5 特に、Wollenberg (1998) を参照。

6 Rawls (1972). 邦訳あり。

7 Mintz (1985). 邦訳あり。

8 Hurt (2002).

9 Sachs (1996).

10 Agrawal (1994).

11 Figueroa & Mills (2001). 私はフィゲロアとミルズの意見に完全に賛同しているわけではないが、彼らの見解に反しているほどではない。次の文献も参照のこと。Shrader-Frechette (2005); Mohai et al. (2009).

12 Schlosser (2001). 一九九九年に、雑誌『ローリング・ストーン』で連載された数章をもとにした本書は、その後の数年間に資料を追加して何度か再版されている。

13 Pollan (2004) 邦訳あり。

14 Guthman (2007).

15 Rozin et al. (1986); Rozin et al. (1999).

16 マイケル・ポーラン（Pollan 2010）による、倫理的菜食主義、食の健康、スローフード、食品労働者に対する公平性、および代替農業のトピックにまたがる五冊の書籍についてのレビューは、この現象を立証している。

17 Mitchell (2010).

18 Food and Agricultural Organization, Hunger Portal, http://www.fao.org/hunger/en/. 二〇一三年一二月一五日閲覧。

19 Thompson (2010c).

20 Harrington (1656).

21 Altieri (2009); Patel (2009); Schanbacher (2010).

22 Giménez & Shattuck (2011).

23 Pollan (2010).

第3章

1　菜食主義は、ソクラテスとプラトンの伝統を受け継ぐ西洋哲学の先駆者であると考えられているピタゴラス派のメンバーによって提唱されたようである。テュロスのポルピュリオスの現存する著作は、体系的な議論で、動物を食べるために殺し、消費することに異論を唱えている。菜食主義は今日と同じように、健康的な実践として、また人間以外の動物に対して負う倫理的義務の結果として提唱された。

2　Avotins (1977)、Nussbaum (1994) は、食物に関して書かれたエピクロスの断片を、身体に「内在する」十分に満たされる能力を奪いうる誤った信念を抱くことに対する警告であると読みとっている。

3　Shipley (1875).

4　Wikipedia の「Gluttony」の項目を参照（二〇一三年一月二日現在）

5　Yeager (1984).

6　Thomas Aquinas (1913), 2648, 7.

7　Ibid., 2649.

8　食事習慣の道徳的重要性は、中世の時代にさまざまなかたちで形成されていた。例えば、ある見解ではドミノ倒しのように、一つひとつの罪が別の罪から生じることで悪徳が育まれる。マリファナを一服吸えば、それが自ずから強いドラッグにつながり、やがて中毒や人生の破滅を招くと考えられているのと同じように、かつて大食いは、欲望、貪欲、怠惰、憤り、ねたみ、慢心を自ずから導く、悪徳への入り口と考えられていたのかもしれない。別の見解では、それぞれの大罪は精神的腐敗の一形態、つまり、あらゆる種類の誘惑や情熱によって打ち負かされる傾向であるとみられている。ジークフリート・ウェンゼル（Wenzel, 1968）は、古代ギリシャの思想家もアクィナスのようなキリスト教の神学者も、道徳的な問題を一種の魂の腐敗というよりも、意志の誤った方向付けとみていたと主張している。道徳的な人は善と正義に力を注いでいる。歓楽の追及を動機とする行動は、まさに善意を映し出さないがために、道徳的に問題がある。

9　シェイピン（Shapin, 2010）は、食事の節度が規範と見なされるようになったと考える一方で、古代の食生活に対する見方を参照し、特別な知恵を獲得した特殊な人々と禁欲主義との間の固有の結びつきに言及している。例えば、アイザック・ニュートン（Sir Isaac Newton）やロバート・ボイル（Robert Boyle）、またば（私たちの時代に近い）ルートヴィヒ・ヴィトゲンシュタイン（Ludwig Wittgenstein）は、極端に自己否定的な食事習慣を通じた、観念の世界との一種の霊妙な接触について述べている。禁欲的な食事習慣は、道徳的な意義を有するが、この行動様式においてはそれ以上に、身体の健康を犠牲にして精神的な卓越性を得ようとする試み。

10　Stuart (2007).

11　Shapin (2010), p. 270, 12.

12 Ibid., 274, 279–281.
13 Ibid., 278.
14 Bordo (1993).
15 Sinnott-Armstrong (2005).
16 Okie (2007); Mello & Rosenthal (2008).
17 Swierstra (2011); Korthals (2011a).
18 Van den Belt (2011).
19 Korthals (2011c); Schermer (2010)。私はこの文脈において「蔓延」という言葉を使うことについては同じ見解だが、便宜上、肥満関連疾患の統計的増加を、引き続き「蔓延」と呼ぶ。
20 Crocker (1999); Kwan (2009); LeBesco (2011).
21 Lewis & Rosenthal (2011).
22 Nagel & Sterba (1985); Nagel (1989).
23 Caballero (2007).
24 Binkley et al. (2000).
25 Duffey & Popkin (2007).
26 Boynton-Jarrett et al. (2003).
27 Kessler (2009).
28 当論文は、セーレン・ホルム（Holm, 2008）によって審査され、却下された。
29 Vileisis (2008).
30 Minkler (1999).
31 Kunkel (1985).
32 Gussow (1973, 1978).
33 Scrinis (2012).
34 Pollan (2008a, 2008b).
35 Korthals (2011b).
36 Lee & Gibbs (2013).
37 Landecker (2011); Trosko (2011).

第４章

1 Coleman-Jensen et al. (2013).
2 Food and Agriculture Organization, The State of Food Insecurity in the World 2012 (2012)。報告書はＦＡＯのホームページで閲覧できる。［二〇一〇年一〇月二九日確認済］
3 Singer (1972).
4 Ehrlich (1968).
5 Hardin (1968, 1974, 1976a, 1976b).
6 Ehrlich & Ehrlich (2009).
7 Unger et al. (1996); Singer (1993).
8 Sen (1981); Drèze & Sen (1989).
9 最近の多くの開発倫理では、食料安全保障は身体の包括的な健康のための必須事項として扱われている。Pogge (2007); Nussbaum (2000); Ashford (2007) を参照。
10 この問題は半世紀以上にわたり、農業経済学者の間でよく知れわたっている。Schultz (1960) を参照。

11 Mazoyer & Roudart (2006).

12 Thompson (1992).

13 農家はどんな価格でも買い手を見つけることができないというのはやや言い過ぎだが、それでもかなり経済的真実に近い。農産物の市場は、人々が食生活を肉や他の動物製品を消費するようになると、成長する。なぜなら、家畜は一ポンドの肉、牛乳、卵を生産するたびに数ポンドの穀物を消費するからである。議論の余地はあるかもしれないが、果糖ブドウ糖液糖のコーンシロップなどの単糖類の消費の増加も、天井を突き破る勢いで穀物の消費量を増加させ、その結果、第3章で論じた食生活の惨状［肥満］が発生している。農家はまた、コーヒーや紅茶などの「高級」食品、または綿花やバイオ燃料などの非食用作物に転換することで、農産物の市場を拡大することもできる。しかし、もっと大きなポイントがまだある。時間的および地理的にローカライズされた比較的安定している市場内では、農家は自分たちが売れる以上に生産できるし、また実際にそうしているということである。

14 Thompson (1992).

15 パレートのより良い結果の倫理的正当性については、激しい議論が交わされてきた。Mishan (1972); Sagoff (1986); Hausman & McPherson (1994) を参照。

16 Sachs (2006).

17 ジェフリー・サックス（Sachs, 2006）の見解については、拙著『アグラリアンの洞察』（Thompson, 2010a）でより詳しく論じており、そこで私はこれを農業の産業哲学と呼んでいる。産業哲学は、しばしば「工業型農業」と呼ばれるものと混同されるべきではない。産業哲学の提唱者は、もし発展途上国の小規模農家の生産が、この形態の社会組織においてもっともコストと利益の効率が良いのであれば、彼らは小規模農家を支持するだろうし、同様に消費者が多くの有機農産物を求めるのであれば、彼らは有機生産方法を支持するだろう。

18 Shue (1980) の第1章を参照。

19 Crocker (2008).

20 Ibid.

21 Crocker & Robeyns (2010).

22 Jefferson (1784).

23 Ibid.

第5章

1 Stuart (2007).

2 Sorabji (1993).

3 この五つの自由の声明は、環境・食料・農村地域省（Department for Environment, Food and Rural Affairs）の下で運営される家畜福祉委員会（Farm Animal Welfare Committee: FAWC）のウェブページからの引用である。FAWCは、二〇一一年まで運営されていたブランベル委員会を後継した「政府外公共機関」である家畜福祉委員会の後継組織である。http://

www.defra.gov.uk/fawc/about/five-freedoms/［二〇二〇年一〇月二九日閲覧］

4　Godlovitch et al. (1972).

5　Regan (1983).

6　Rollin (1995a).

7　倫理的菜食主義を唱える哲学者のなかには、比較的少数であるが、現代の家畜生産に実際に適用されている、また適用されるべき基準に関心を持っている者がいる。その少数の哲学者の一人がリチャード・ヘインズ（Haynes, 2012）である。ヘインズは、動物の死を必要とする生産業務は道徳的に正当化されることは決してないと主張する。しかし、数百万頭もの家畜が今後も飼育され続けることを考えると、家畜が生きる条件をできるだけ人道的なものにする必要性も同時に訴えている。

8　四〇年前、トマス・ネーゲル（Nagel, 1974）は、科学の発展によって他の種の経験に対する洞察を私たちは得ることができるようになると推測した。

9　本章での議論は、動物倫理学における「非理想理論」（non-ideal theory）の必要性という観点から構成されている。近年、多くの論者が、カント、ベンサム、ロールズに至る古典的な哲学理論は、人々が実際に行う選択の道徳的パラメータを歪める理想化に大きく偏っていると指摘している。

10　私は、ここで述べていることが「痛みからの解放」（freedom from pain）という要件を網羅的に規定したものであるというつもりはない。畜産にはまた、例えば怪我をする可能性を予測したり、特に危険な環境や取り扱い方法を是正したりする措置をとることも求められている。私が本書で動物福祉のマニュアルを書いているわけではないことを、読者諸氏にはご理解いただきたい。重要なのは、相対的な幸福の尺度として「五つの自由」がどのように機能するかを示すことだけである。

11　私の原稿を事前に読んでくれた、最も動物愛護的で倫理的菜食主義の読者は、「この段落には多くの疑問がある」とコメントしてくれた。私は一部の読者が同じような疑問を抱くかもしれないと考え、この注記でその疑問の一部に答えたいと思う。

Q.1　「問3に答えるために、動物には権利があると考えるのをやめて、福祉を優先すべきだというのが、あなたの意見でしょうか？」

A.1　いいえ、まったく違います。私はここで、人間以外の動物にある種の権利観が正当化されうるかどうかについては何も主張していません。ただ、「動物の肉体、精神、本性をめぐる」トレードオフは動物福祉《アニマルウェルフェア》の評価に特有のものかもしれないため、この評価基準についての議論から、権利についての議論へと早く移りすぎることには慎重にならざるを得ないと考えています。

Q.2　「人間と人間以外の動物にとって、あらゆる「自由」の重要な部分とは、こういった他の自由をコントロールする能力ではないでしょうか？」

A.2　もちろんその通りです。ですが、ここでその点について深く追及しない二つの理由があります。一つは、自分の自由を完全に制御できる生き物はいないということです。人間を含むすべての動物は、ときには自分のために、ある種の社会的統制を甘受します。私は、「肉体―精神―本性」の評価基準を通じて、私たちが農場と呼ぶ種間システムにおいて、個々の豚や牛、鶏が互いにどれだけ制御力を持つ必要があるかという問題に取り組んでいます。二番目の理由は、問3の非理想主義的な立場と結びついています。私はこの先も畜産場があるだろうと仮定しているだけで、その仮定の正当性は前節で述べた通りです。この仮定には、ある程度の農家の管理が必要であることが示されています。

Q.3 「こういった『過度な一般化』という問題は、五つの自由がヌスバウムのケイパビリティのリストよりも劣っていることを意味しているだけかもしれません。ヌスバウムは、センのケイパビリティ・アプローチ（第4章参照）を人間以外の動物にまで拡大できると主張しています。Nussbaum (2007) を読んでください」

A.3 一般に、ケイパビリティは、権利に基づく倫理と功利主義的倫理を橋渡しする興味深い方法だと言えます。Thompson (2010b) で、私はこれこそがおそらくセンの意図だと論じています。しかし、これ以上、特定の道徳論の詳細に深入りすることは、本書の役割を越えているでしょう。

12 Fraser et al. (1997); Fraser (1999).

13 注釈7を参照のこと。もちろん、本章の冒頭で簡単に触れたように、これを否定したり厳しく制限したりする哲学者や認知科学者もいる。彼らが正しいのであれば、家畜を飼うことは倫理的に困難なことではないだろう。しかし、動物が痛みや恐怖を受けたときの典型的な行動を示しているとき、その動物は何の精神状態も経験していない、という主張を私は農家から聞いたことがない。そのため、より懐疑的な議論については、心の哲学者にお任せしたいと思う。

14 私はこの枠組みを発展させているので、それは人間を含めて、幸福感を持ちうるあらゆる動物にも適用できるだろう。アップルビー（Appleby, 1999）は人間を含めていないが、特に除外しているわけでもない。幸福感を持たない動物がいるかもしれないし（アメーバとか？）、甲殻類や軟体動物もそうなのではないかと主張する者もいる。だが、エビや貝が感情を持っているかどうかは別として、それらは確かにそれらの動物としての幸福感を持つように見えるし、種に特徴的な行動をとる。私は、このような議論を食農倫理学から除外しようとは思わないが、これは食農倫理学の入門書が扱う以上の微妙な問題を含んでいる。より詳細な議論は、Varner et al. (2012) を参照のこと。

15 Appleby (1999).

16 「バタリーケージ」という呼び名から、これらのケージのサイズは平均的な自動車のバッテリーくらいなのだろうと想像するかもしれないが、そういうわけではない［batteryには「一揃いの」という意味がある］。

17 Appleby et al. (2004).

18 合衆国の生産者は通常、世界の他の多くの地域で使用されている茶色の雌鶏よりわずかに小さい白色の品種を使用している。

19 UEPは「殻のままの卵の生産者」を意味し、通常、卵は加工されずに出荷・販売される。一方で、加工食品や商業用および施設用のキッチン（病院、レストラン、ホテル）で使用される液体卵や粉卵の生産者もおり、これらの生産者が、鶏を四八平方インチ以上のケージで飼育していると想定する理由はない。また、二〇〇五年以降、私は利害関係を完全に開示した形で、養鶏業者動物福祉科学合同諮問委員会（United Egg Producers Animal Welfare Science Advisory Committee）の委員を務めている。私はスペース増加の勧告には関わっていない。UEPの改革は、既存のケージ設備により低い密度で鶏を飼う（設備あたりの鶏の数を約25％削減する）ことで達成された。生産者がまったくの支援なしにこれを行うのは、経済的な自殺である。なぜなら、狭い飼育ケージを使用する競争相手は、広めのケージを使用する生産者よりも、ずっと安くコストを抑えられるからである。UEPは、業界として動くことにより、生産者が自発的にケージを広くするための「平等な競争の場」を生み出した。それにもかかわらず、すべてのメンバーが一緒にこの改革に参加したわけではなかった。この措置は、UEPが新しいルールを遵守する生産者に「UEP認証」ラベルを導入し、小売業者が「UEP認証」ラベルのない卵の販売を拒否するようになったことで、部分的に成功した。

20 鶏は生まれながらに鋭いくちばしを持っており、それがペッキングされた鶏を傷つけることがある。ペッキングによる怪我を減らすために、生産者は、雌鶏がまだヒナのうちに、くちばしの鋭い先を切り取る。くちばしのトリミング（「デビーク」とも呼ばれる）もまた、動物福祉の観点から物議を醸している。

21 しかし、肉のために育てられるブロイラー鶏はどうだろうか？ それらは通常、ケージに入れられず、一〇万匹以上の群れで飼育されている。ブロイラーの生産においてペッキングは問題だろうか？ 答えはノーのようである。その理由は、ブロイラーと産卵鶏は実質上異なる動物になるように繁殖させられてきたからである。その違いを探究することは、推測に推測を重ねるようなことにもなる。一つの仮説は、こういった大きなCAFOでは、鶏たちが局所的な支配階層を確立するということである。そうだとしたら、一羽の鳥を取り上げてハウスの反対側に移したとき、その鳥はたちまち突つかれて殺されるだろう。より説得力をもって推測されるのは、ブロイラーは急速な生育を促進するように交配させたことで、未成熟なまま育ち、攻撃性と支配に結び付く特徴も減少したということである。相関的に、産卵率を高める繁殖は逆の効果をもたらした。両者の遺伝的相関は偶然によるところが大きかった。この例は、家畜の倫理に関するあまり入門的ではない議論が、繁殖やバイオテクノロジーに関して何が許されているか、義務づけられているかという疑問と結びつく。鶏の遺伝子を操作してペッキングの問題を「解決」できれば、それは種の典型的な行動の遺伝的基盤を改竄することにより、鶏に「危害を加えた」ことにもなるのだろうか？この議論については、Thompson (2008)を参照のこと。

22　Cavell et al. (2008), p.131.

23　Regan (1983), p.324-327.

24　ヴァーナーら（Varner et al. 2012）は、菜食主義の厳しい要件に異論を唱え続けているが、それは、人間性は最も厳しい道徳的義務の要件であるという彼の見解と、家畜の認知能力に対する彼の評価に基づいている。私はここでは、ヴァーナーらのこの側面を引き合いに出してはいない。

25　Pearce et al. (2007). 私は買い物難民（food desert）がいることを良しとしていないし、貧しい人々がファストフードのレストランで食べることを良しとしているわけでもないことを、どうか読者諸氏に分かっていただきたい。私は彼らがそうしていると言っているだけであり、彼らが生きていく上での制約を考えると、私たちは彼らを道徳的に非難することなどできないであろう。

26　この格言はアウアによるものとされて広まっているが、人類学者のクヌード・ラスムッセン（Rasmussen, 1976）のイグルリック・エスキモーに関する研究では、その文言は「人生の最大の危難は、人間の食物が完全に魂で構成されているという事実にある」と表現されている（ibid. p.56）。ラスムッセンは、この言葉はアウアが民族の宗教的信念についての考えの一部を共有する会話の最中に出てきたものであると報告しているのだが、ラスムッセンは、それがアウアの弟イバルアルジュクによって言われたものであると報告している。ラスムッセンの文章はほぼ間違いなく、この格言のよく知られたバージョンが派生してきたところの決定的な源である。

27　これらは、ヴァーナーら（Varner et al. 2012）によって考察されているタイプの疑問である。

28　特に、豚たちはコルチゾールのレベルの上昇を示さない。ストールと集合畜舎との比較研究では多くの尺度が用いられ、一部のウェルビーイングの尺度でストールのほうが良い結果を得たと、概して結論づけられている。Sorrells et al. (2007); Karlen et al. (2007)を参照。

29　菜食主義を支持する私の読者は次のようなコメントをしてくれた：「しかし、同じような環境で育てられた人間は、このようなケージに入れられれば、動揺するのではないでしょうか？　同じように、捕らえられた野生のブタも、動揺するのではないでしょうか？」。

私は次のように回答した：人間については分かりませんが、野生のブタは、少なくとも、適応してストレスレベルがほとんど元に戻るまで、かなりの時間が必要であることは知られています。通常の条件下では、野生のブタをどんな長さの時間であっても、このようなケージに入れることは非人道的といえます。しかし、もし野生のブタが自然の中で深刻な食物不足を経験していたとしたら、食べ物が定期的に分配される環境にとどまることに、かなり満足するかもしれません。コンクリートの上で育てられたブタは、最初は草や土の上を歩くことを恐れるので、そのブタをケージの外に出すことは、同じ理屈で非人道的だといえるかもしれません。要するに、それぞれの種にとって良い生活については、それぞれの習慣化した選好（preferences）〔あるものを他のものよりも好み、要求すること〕として実現されるべきだと私たちが考えるところの能力や性質に照らして、問わなくてはならないことを意味します。例えばニワトリは個体としてはそれほど適応性がないかもしれません。ニワトリの適応能力は、主に遺伝子の中にあるのかもしれません。以上のことから、私は動物の「肉体—精神—本性」の枠組みにおける本性の部分を非常に真剣に受けとめています（倫理とは選好を満足させることだと見解を持つ人なら誰でも悩みどころでしょう）。ただし本文で主張しているように、私は生理学的ストレスがないことを盾にCAFOを擁護できると言っているのではありません。ここでのポイントは、多くの非専門家がよく口にする、ケージ内のブタは水責めに等しい絶え間ない苦しみに耐えているという仮定への反論です。

30　先述のように、牛肉生産には一部の例外があるかもしれない。かなりの数の小規模な「カウ・カーフ」〔雌牛を飼い子牛を産ませる牧場〕の経営者は、子牛を生産することで生き残り続ける。ほとんどの子牛は最終的に「フィードロット」〔多頭数集団肥育場〕の経営者に売られ、そこで市場に出荷されるまで育てられる。一部の経済学者は、多くのカウ・カーフ経営者は牧場外の収入がなければ生き残れないと考えている。

31　ほとんどすべての農家は、細々とした複雑な労働を組み合わせて行っており、それらの労働の儲けも積算すれば、額面上、農家の平均的な収入はずっと上昇することになるだろう。興味深いことに、私のベジタリアンの読者もこの点には反対し、これは「儲け」（profit）という言葉の通常の使い方ではないと述べている。たしかに、ここでの言葉の使い方は複雑だ。私たちは、昼下がりにレモネードのスタンドを出していた子供（通常は、ママとパパが経費を負担している）に、「どれだけ儲かったの」と尋ねるものである。一方、教師は通常、身銭を切って教材や（大学においては）研究材料を購入することがあるが、私たちは彼らが給料を受け取るときに、これらの支出で儲けを得たかどうかを尋ねることはない。私はここでは本文で述べていることをあくまでもくり返す。倫理学において、単に生活費を含めた経費を回収した売りあげを得ているだけで、その人が儲けを得ていると考えるのは間違いである。利益獲得がいつ行われたかを判断する基準が欲しければ、むしろ経済学者がよく助けてくれることだろう。

32　第4章での論点が十分に明確でないと感じられる場合には、農場の収入と富についての一般論には、特に農業を世界的な規模で考えているとき、多くの例外があることに再び注目されたい。ラテンアメリカの牛と羊の牧場主の一部は、それぞれの社会で最も裕福な人間の一人である。

33　Norwood & Lusk (2012).

34　例えば、裏庭で鶏を飼う状況を考えてほしい。病気や怪我、捕食者により鶏を失う割合は、大規模な養鶏業者では年間平均二%であるが、裏庭で養鶏する生産者が鶏を失う割合はそれよりはるかに高い。経験的データは乏しいが、いくつかの調査結果は、知識豊富な生産者のもとでさえ、鶏の死亡率は施設内飼育の五~一〇倍に至ることを示唆している。Biswasa et al. (2005); Conroy et al. (2005); Kelly et al. (1994).

35　さらに、これらの生産者団体はすべて複数の目的を持っていて、連邦政府に有利な貿易政策と補助金を求めてロビー活動を行っている。したがって、これらの組織がすべて動物福祉について何かをしてはいても、動物の利益のために競争のルールを見直すことは、彼らの最優先事項ではなかったといえるだろう。

36　引用した二〇%という数値は、二〇一〇年から二〇一三年の間に動物福祉の問題に取り組んでいた数人のヨーロッパ人科学者によって、私に報告されたものである。より一般的には、米国農務省外国農業局の世界農業情報ネットワーク（GAIN）の報告書（E60042：二〇一一年七月四日公開）、またはIngenbleek et al. (2012)を参照のこと。

37　Cheng & Muir (2007); Cheng (2010).

38　これらの急進的な技術的アプローチに関する哲学的文献は、畜産における基礎的な変化に関する文献よりもはるかに豊富である。Rollin (1995b); Sandøe et al. (1999); Bovenkerk et al. (2002)を参照。また、ヴァーナー（Varner et al. 2012）は、これらのアプローチを倫理的に支持する主張をしているが、同時にそれらを追究することは消費者の抵抗によりやや非現実的となっていることも認めている。

39　ただし、私は害を減らすことで、人間が人間以外の動物を屠殺したり、道具として使用しているという、より大きな倫理的問題の是正にも大いに役立つとは主張しない。この点については、Lawlor (2007)を参照。

40　しかし、食習慣の倫理におけるもう一つの問題が、ベジタリアンがもっと標準的な食習慣を持つ人々［肉を食べる人々］から受ける試練と苦難に関連して起きる。この問題については、拙著『アグラリアンの洞察』（Thompson, 2010a）の第6章で考察している。

第6章

1　Hobbs et al. (2013), p.58.

2　もちろん、それは、人が「手つかずの」(pristine)という言葉で何を意味するかにもよる。Vale (2002)を参照。

3　Westra (1993).

4　Carson (1962).

5　WCED (1987).

6　対立遺伝子は、同一の遺伝子にいくつかある配列の一つである。目や髪の色の自然な違いは、人間の遺伝子プールの中の色素形成を決定する遺伝子に、いくつかの異なる対立遺伝子が存在することによるものである。生物多様性の保全に関連する理論的根拠と哲学的問題のより詳細な考察については、拙著『倫理的視点から見た食物バイオテクノロジー』（Thompson, 2007）を参照されたい。より徹底的な考察については、Maier (2012) が参考になる。

7 Douglass (1984).

8 この図は、農業がこれら三つの領域すべてにおいて持続可能であることが重要となるだろうというミゲル・アルティエリの主張を支持することを意図したものだった。ダグラスの三つの領域をアルティエリの図とどのように調和させるのかはまったくわからないが、持続可能性について農業の観点からこのように考えることは永続的な影響力を持ってきた。ちなみに、今ではお馴染みとなったこの持続可能性への「三つの柱」または「三つの円」のアプローチを、最初に用いたのはアルティエリである。Altieri (1987) を参照。

9 資源充足性と機能的統合性の観点からのこの分析は、拙著『アグラリアンの洞察』（Thompson, 2010a）で詳細に展開されている。

10 WCED (1987), p.43.

11 IPCC (2013).

12 Dresner (2008).

13 Thompson (2010a).

14 Robson et al. (1963-1991), vol. 10, p. 257.

15 これはアイデンティティ以外の問題については、たしかに機微の足りない説明である。将来の世代の倫理に関心のある読者諸氏には、デレク・パーフィットの『理性と人格』（Parfit, 1984）への応答として生み出された膨大な文献を参照することをお勧めする。

16 もちろん、私は数百ページに及ぶヘーゲルの『歴史哲学』（Hegel, 1956）を、ある程度自由に要約している。

17 Mazoyer & Roudart (2006).

18 アリストテレスは、ポリスには三つの区分、すなわち、富裕層《アガソイ》、貧困層《カコイ》、中流層《メソイ》があると書いている。彼は自分の節度の原則を適用して、この中産者階級によって構成されるポリスが最善であると提言している。アリストテレスの『政治学』（Aristotle, 1943）を参照されたい。

19 Hanson (1999).

20 Ibid.

21 オオシモフリエダシャクがダーウィンの進化論を例示しているという説はずっと論争の種だった。Proffitt (2004) を参照されたい。ただし、この議論は、ここで私が説明している、蛾の色の変化が個体群内の適応の例であるかどうかという問題にとっては重要ではない。

22 Rolston (1999).

23 Hesseltine et al. (1971).

24 T型細胞質の例は、私の見解では、機能的十全性という意味においてさえ、アメリカのトウモロコシの生産が持続不可能であることを証明するには十分ではない。おそらく、インセンティブ構造［特定の行動や決定を促すように人々を動機付ける、報酬や処罰のセット］を綿密に検討すれば、それは特に頑強ではなくても、非常にレジリエントであることがわかるはずだ。結局のところ、農家は、約五〇年後もアイオワ州で大量のトウモロコシを栽培しているだろう。私たちが機能的十全性に関連づけているシステムに、どのように境界を設ける必要があるかを見極めることは容易ではない。この問題に対するさらなる探究は、他の著者の仕事を待たなければならない。

25 ランス・H・ガンダーソンとC・S・ホリングの編著（Gunderson & Holling, 2002）は、境界設定の問題をじっくり考える重要な試みであったと考える。しかし、私はそれが機能的十全性における境界の問題に対する首尾一貫したアプローチであるとは思えない。私は『アグラリアンの洞察』（Thompson, 2010a）で、伝統的な農業哲学の美徳志向には、その価値を認められていない利点があると主張してきた。

26 Vileisis (2008).

27 ラッペの本については、第1章で考察している。さまざまな形態の家畜生産の環境と気候への影響を注意深く分析することをいとわない読者は、サイモン・フェアリー『肉：優しい贅沢』（Fairlie, 2010）を参考にすることをお薦めする。この議論のバリエーションとして、以下を参考にされたい。Dieterle (2008); Dekkers (2009); Ilea (2009); Silva & Webster (2010); Bourgeois (2012); Curry (2011); Leder (2012); Henning (2011); Ferrari (2012)。ステラン・ウェリンは、『新しい肉の導入：その問題と展望』（Welin, 2013）で、この議論を合成肉のケースと結び付けている。その一方で、歴史家のジェームズ・マクウィリアムズ（McWilliams, 2009）は地方産の食材だけを食べる人の倫理に非常に批判的だが、環境および動物福祉の根拠に基づくペスカタリアンの倫理を支持するために、この議論の一つのバージョンを活用している。

28 これまでも度々引用したSteinfeld et al (2006)とFairlie (2010)、そしてPitesky et al. (2009)は、この点の詳細な分析と解釈を提供している。しかし、いつものことながら、物事はそれほど単純ではない。他の研究では、FAOレポートの作成者が草地の炭素隔離を十分に考慮していないことが示唆されている（Soussana et al. 2010）

29 VandeHaar & St-Pierre (2006); Capper (2011,2012).

30 Pirog (2001)。彼らの意図は環境への影響の有効な尺度を提案することではなく、思考を刺激することであったという私の主張の根拠は、アイオワ州の文書の作成者であるリッチ・ピログから個人的に得られた情報である。フードマイルの考え方は、フードシステムに関するマイケル・ポーランの初期の記事で世に広められた（Wagenvoord, 2004）。

31 Pretty et al. (2005); Weber & Matthews (2008); Garnett (2011).

1　遺伝子組換え論争についてはいくつも重要な論文集がある。例えば、社会科学の観点から議論している文献として、M・W・バウアー、G・ガスケル編『バイオテクノロジー：グローバル論争の形成』(Bauer & Gaskell, 2002) があげられる。また、農業科学の観点から議論している文献として、パー・ピンストラップ＝アンダーソン、エベ・ショアラー編『闘争の種：世界飢餓と遺伝子組換え作物をめぐるグローバル論争』（Pinstrup-Andersen & Schiøler, 2000）があげられる。

　また、遺伝子組み換えについての賛否両論を集めた論文集として、マイケル・ルース、デイビッド・キャッスル編『遺伝子組み換え食品：バイオテクノロジー論争』（Ruse & Castle, 2002）があげられる。この論文集には、インサイダーがなすべきことの手本であると私が考えているところの、「ゴールデンライスとグリーンピースのジレンマ」（Potrykus, 2002）など、ゴールデンライスに関する論争についての代表的な論文が多く含まれている。

　リチャード・シャーロック、ジョン・モーリー編『バイオテクノロジーにおける倫理的問題』（Sherlock & Morrey, 2002）はさらに包括的な論文集であり、医療倫理のトピックに関する論文も掲載されている。

2　Zerbe (2004).

3　読者諸氏へ。あなたが第4章から学ばれた教訓が「安い食べ物は常に悪いものである」ということである場合は、立ち戻ってもう一度お読みいただきたい。食べ物のコストを削減することは、食品を購入する人にとっては一般に良いことである。農場レベルの効率性を生み出す（したがって、食品のコストを下げる）技術は、一部の生産者を農業から追い出してしまう可能性がある。しかし、最貧の農民の多く（すべてではない）が、その絶対的な貧困から抜け出そうとするならば、単位労働当たりの生産量を増やす必要があるのだ。

4　Knight (2010).

5　私は、権利に基づくアプローチをとっても同じような見解に到達できると思うが、もうすでに複雑になりすぎている本書の考察を簡略化するために、この議論を功利主義的な枠組みだけで行うことにする。

6　ボーローグの見解は、少なくとも一本のテレビ放送（『Bill Moyers's NOW』、二〇〇二年一〇月）で放映され、多数の媒体で出版された。例えば、論説「世界を食べさせるには、バイオテックが必要だ」(Borlaug, 2000a) や、論文「世界飢餓を終わらせる：バイオテクノロジーの有望性と反科学的狂信の脅威」(Borlaug, 2000b, 2001) などがあり、彼の見解は、二〇〇一年のウィスコンシン科学芸術文学アカデミー紀要の八九巻でも発表された。

7　緑の革命それ自体は、貧困層の技術を改善することによって彼らに利益をもたらそうとする取り組みである。「緑の革命」という用語は、合衆国国際開発庁（USAID）局長だったウィリアム・ゴードによって一九六八年に造られたと思われる（Gaud,

1968）。現在では、発展途上国における工業的な農業技術の展開を指して、この語は広く無差別に使用されている。一九六〇年代のテクノロジーでは、肥料のエネルギーを穀物に変換する能力の高い矮性品種の重要性が強調されていた。緑の革命の第一世代の農作物は、アジアとラテンアメリカ地域全体で広く採用されていた、従来の方法で栽培された小麦と米の矮性品種を中心としたものであった。これらの新しい種子は、国の政府（USAID など）およびロックフェラー財団が資金を提供する国際開発機関を通じて無料で配布された。

しかし、これらの品種が有用であるためには、肥料がすぐに入手できる必要があった。かくして、緑の革命の農家は、毎年の肥料を購入するために、負債で資金調達するパターンに引き込まれた。肥料販売業者もまた、農薬と商業用種子を提供し、小規模農業の全般的な変革をもたらした。農場での意思決定は通常女性によって行われていたため、性別が重要な役割を果たしていたが、貿易と契約（負債や設備購入など）は男性によって支配されていた。簡単に言えば、緑の革命の農作物は、小規模農業全体にわたって社会的・経済的変容を次々と引き起こし、先進国で重大な環境的影響とすでに結び付いていた一連の技術的経験が導入された。これらの影響は、一九八〇年までに、そしてバイオテクノロジーが登場するずっと以前から、開発コミュニティ内で十分に把握されていた。Falcon (1970); Cleaver (1972); Griffin (1974) を参照。

8　Singer (1972).

9　Ibid.

10　Paarlberg (2009). 第8章で、私はパールバーグの擁護はやや熱がこもりすぎていると主張する。上記で引用したノーマン・ボーローグの論文に加えて、ボーローグの仮説は、アンソニー・トレワヴァスの論文「多くの食料、多くの問題」（Trewavas, 1999）や、フローレンス・ワムブグの論文「なぜアフリカには農業バイオテクノロジーが必要か」（Wambugu, 1999）などの論文に見られる。これらの論文は両方とも先述のルースとキャッスルの論文集（Ruse & Castle, 2002）に掲載されている。哲学者グレゴリー・ペンスは、著書『デザイナー遺伝子：突然変異の収穫か、世界の穀倉地帯か』（Pence , 2002）の中で、より長期にわたる、しかし非常に幅広い証拠を挙げてボーローグの仮説を論証している。これらの研究はいずれも、バイオテクノロジーの批評家によって出版された本や記事への言及や、それらに関する論考が少ないことが注目すべき点である。ゲイリー・コムストックは、その著書『厄介な自然：農業バイオテクノロジーに対する倫理的事例』（Comstock, 2000）の中で、ボーローグ仮説が示唆する哲学的に洗練された議論を展開している。彼の議論をより簡潔にまとめた論文「倫理と遺伝子組み換え食品」（Comstock, 2002）も、ルースとキャッスルの論文集に掲載されている。

11　Borlaug (2007); Hesser (2006).

12　農業バイオテクノロジーに対する反論については、私の著書『倫理的観点からみた食品バイオテクノロジー第2版』

（Thompson, 2007）で、ある程度の紙面を割いて論じた。また、より簡潔に、私とウィリアム・ハナーの論文「食品と農業バイオテクノロジー：倫理的懸念の要約と分析」（Thompson & Hannah, 2008）で取り上げている。遺伝子組換え作物に関するリスクを根拠とする懸念の中核にさえ、倫理的議論が存在するという主張に対する実証的な裏付けは、以下の論文で見出すことができる。Sparks et al. (1994); Frewer et al. (1997); Durant et al. (1998); Gaskell & Bauer (2001).

13　Van den Belt (2003); Comstock (2010).

14　Cranor (1993).

15　Vileisis (2008).

16　Cummings (1986).

17　Rosen (1990).

18　Ames & Gold (1989).

19　実際、そのような根拠に基づく、規制当局による生態系の保護は非常に弱い。これは主に、（農薬の使用とは対照的に）農業の利益とリスクを文書化する方法が十分に発達していないためである。Swinton et al. (2007) を参照。

20　おそらく、予防原則の概念的基礎に関する最も優れた総合的な文献は、ジョール・ティックノール、カロライン・ラフェンスペルガー編『公衆衛生と環境の保護：予防原則の実施』（Ticknor & Raffensperger, 1999）であるが、この本では遺伝子組換え作物については論じられていない。この注釈で何回か紹介している、ルースとキャッスルの論文集（Ruse & Castle, 2002）には、フローレンス・ダジクールによる予防的アプローチについての論文「環境の保護：ヌークリオンからヌクレオチドまで」（Dagicour, 2002）が掲載されているが、同じ論文集に所収されているインドゥール・ゴクラニー（Goklany, 2002）や、ヘンリー・ミラーとグレゴリー・コンコ（Miller & Conko, 2002）による論文は、予防的アプローチに批判的である。バイオテクノロジーに関してその利用を提唱している、哲学的に洗練された出版物の中では、Cranor (2003)、Korthals (2004) を参考にされたい。

21　Cochrane (1979).

22　Kloppenburg (1988).

23　Mooney (1983); Juma (1988).

24　Shiva (1991, 1993)。

25　Shiva (1997)。イギリスの「生命倫理に関するナフィールド評議会」の報告書（Nuffield Council on Bioethics, 1999）は、社会正義について詳細に議論しており、報告書「途上国における遺伝子組み換え作物の使用」（Nuffield Council on Bioethics, 2003）は、特に現実問題に直結した内容である。ナフィールド評議会の研究は、社会正義の問題は遺伝子組換え作物への反論というよりも、遺伝子組換え作物の推進に対する制約であると主張して、この論文の分析を支持している。もっと的を絞った具体的な最近の研究に、Magnus (2002) と、Chrispeels (2000) がある。ルースとキャッスルの論文集（Ruse & Castle, 2002）は、ゴールデンライスについての諸論文とロバート・トリップの論文「もう一息：バイオテクノロジーと資源の乏しい農家」（Tripp, 2002）の両方を通じて、このトピックを扱っている。

26　チャールズ皇太子のラジオ演説がルースとキャッスルの本に転載され、論説「GMフードに対する私の10の恐怖」が一九九九年六月一日付の The Daily Mail に掲載された。

27　バイオテクノロジーが「不自然」であるという旨の哲学的声明は、医療倫理の文献に負うところがある。ジョージ・W・ブッシュ大統領の生命倫理に関する諮問グループの会長であるレオン・カスは、「嫌悪の知恵」（Kass, 1997）と題されたクローニング反対の嘆願書を書いた。カスの記事は、人間にだけでなく、幅広く適用できる議論を提供しており、その議論は確かに、メアリー・ミドリーの、「バイオテクノロジーと怪物」（Midgley, 2000）で扱われている遺伝子組み換え食品の事例に具体的に適用されている。同様の、しかし少しトーンダウンされた議論が、ルース・チャドウィックの論文「新奇、自然、栄養豊富：食物哲学に向けて」（Chadwick, 2000）にみられる。おそらく、「植物についてのゲーテ的見解：型破りなアプローチ」（Bockmühl, 2001）は、遺伝子組み換え食品が不自然であるという見解を表明する上で最も過激なもののひとつだろう。バイオテクノロジーを不自然だと考える根拠を見つけたいと思っている人には一読の価値がある。

28　Comstock (1998, 2002), マイケル・J・レイとロジャー・ストローンは、『自然の改善：遺伝子工学の科学と倫理』（Reiss & Straughn, 1996）で、非常に徹底的な議論をしている。バイオテクノロジーが不自然であるかもしれないという主張もまた、バーナード・ローリンの著書『フランケンシュタイン症候群』（Rollin, 1995b）によってひやかされ、反論されている。最も広く読まれている論文の一つは、マーク・サゴフの「バイオテクノロジーと自然」（Sagoff, 2001）である。

29　Thompson (2002).

30　自律性と消費者の権利に関する哲学的議論が以下の文献にみられる：Jackson (2000); Thompson (2002); Streiffer & Rubal (2004); Weirich (2008)。私は、食品選択の問題について古典的な功利主義的な見方をする哲学者を知らないが、表示と選択に関する功利主義的な見方をとる人々は、往々にして自分がそうしていることに気づいてさえいないように思われる人々である。例えば、Vogt (1999) 参照。

31　「還元主義」批判はヴァンダナ・シヴァの批評の重要な要素である。彼女がインガン・モーザーと共に編集した、『生政治：フェミニストでエコロジカルなバイオテクノロジーの読者』（Shiva & Moser, 1995）というタイトルの比較的初期の選集において、特にその傾向が強い。Shiva (2003) も参照。

32　食品バイオテクノロジーへの美徳という側面からの反論が、ブルースター・ニーンの論文「博物学者、農業バイオテクノロジーを見る」（Kneen, 2002）に明らかに読みとれる。そして、そのような主張は、ロナルド・サンドラーの論文「農業バイオテクノロジーへの美徳という側面からの反論」(Sandler, 2004) によって見事に分析されている。彼の著書『性格と環境：環境倫理への美徳志向のアプローチ』(Sandler, 2005) も参照されたい。

33　私がここで述べる「フィードバック・ループ」については、拙書『倫理的観点からみた食品バイオテクノロジー』(Thompson, 2007) の最終章で論じている。シェルドン・クリムスキーの論文、「バイオ食品のリスク評価と規制」(Krimsky, 2002) で、フィードバック・ループの働きをみることができる。さらに広くみれば、リスクと信頼が密接に相関しているという考え方は、いまやリスク研究でかなり確立されている。リスクの認識と政治参加、信頼に関する問題の扱いについては、ダグラス・パウエルとウィリアム・リースの著書『狂牛と母乳』(Powel & Leiss, 1997) を参照されたい。この本には遺伝子組換え食品に関する章があるが、パウエルとリースを手伝った大学院の研究助手により、本文では遺伝子組換え賛成論の視点が過度に受け入れられていると感じたという注釈が付いている。

34　Comstock (2010).

第8章

1　Tuana (2006)。フェミニスト認識論の粗略な要約でさえ、本書の役割を超えている。私は、この作品に精通したいと考える読者諸氏の最初の一冊として、リンダ・オルコフとエリザベス・ポッターによって編集された論文集『フェミニスト認識論』(Alcoff & Potter, 2013) をお勧めする。

2　例えば、Jegede (2007); Kilama (2005); Angell (1997).

3　Shavers et al. (2000).

4　Peterson (1997).

5　フードシステムについて考える際の合理性の基準を開発・適用しうるいくつかの方法について、このテーマに根気よく取り組んでいるヒュー・リーマンの仕事、特に『農業における合理性と倫理』(Lehman, 1995) をうっかり見落とさないようにしよう。リーマンは私より深く合理性について考察しているが、農業における合理性についての多くの結論は私と同じである。

6　Petterson (1988)。このケースは Kasperson et al. (2003) でも議論されている。

7　これらの主張はすべて、ヴァンダナ・シヴァとアフサール・H・ジャフリによる論文「GMバブルの崩壊：インドにおけるGMOの失敗」(Shiva & Jafri, 2003) である程度書かれている。これらの主張がシヴァの反グローバリゼーションの議論にどのように組み込まれているかを示すより良い例は、一九九〇年以降に書かれた彼女の本のほとんどにみられるが、とくに、『アース・デモクラシー：地球と生命の多様性に根ざした民主主義』(Shiva, 2005) を参照されたい。これらのテーマを扱っているもっと最近の新聞掲載の論説としては、「食物戦争の注意書」(Shiva, 2014) があげられる。

8　Bailey & Lappé (2014).

9 Barnett (2000); Ragland & Berman (1990).

10 Kloor (2014).

11 内分泌撹乱の典型的な治療については、Evans (2012) を、その歴史については Krimsky (2000) を参照。

12 Séralini et al. (2012).

13 Snell et al. (2012).

14 Hayes (2014a). セラリーニとその共同研究者は批評家に対して自らの研究を活発に擁護し、撤回に抗議した。ヘイズは、撤回への抗議と、モンサント社が撤回の決定に影響を与えたのではないかという懸念に対して、次のように撤回の根拠を述べた。「誤解がないように言うと、撤回の理由は、この論文が遺伝子組換え作物とがんとの間には決定的なつながりがあると主張しているからです。セラリーニ博士は自分の結論の正しさを強く主張していますが、その結論は論文で提示されたデータからは主張できません」(Hayes, 2014b)。セラリーニは、この回答に対して、そもそも自分の論文は遺伝子組換え作物とがんとの間の決定的な関連性を結論付けていないと主張して(この主張はもっともである)、さらに反論した(Séralini et al. 2014b)。その間に、オリジナルの論文(Séralini et al. 2014a)が再出版された。そして、論争が続いていることに関する論評が、Nature の二〇一四年七月号に掲載された(Woolston, 2014)。

15 Séralini et al. (2009).

16 Mesnage et al. (2012).

17 Mesnage & Séralini (2014).

18 Schwartz (2013).

19 Miller (1997).

20 二人のトンプソンに加えて、本一冊分ほどもある研究に参加したその他の研究者には、ゲイリー・コムストック、ヒュー・レイシー、グレゴリー・ペンス、バーナード・ローリンらの他、重要な論文がマシアス・カイザー、エリック・ミルストーン、マーク・サゴフら、他にもここに掲載するには多すぎる数の研究者によって書かれた。

21 Thompson (2011).

22 Thompson (1997).

23 Thompson (2002).

24 農産物市場サービス公社(Agricultural Market Service)の「USDAの原産地表示」はウェブサイトで情報が得られる。原産国表示は安全性に関係するものではないが、消費者が安全性に関係するものとして解釈しがちなことが研究で示されている(Lewis & Rosenthal, 2011)。ここでのポイントは、行政のある部門が安全性または栄養についての科学的証拠との関連性がないためにラベル[ここでは、原産国表示]を許可しない一方で、別の部門がそのラベルを要求していることである。私がこのことはまったく問題がないと考えていることを、強調しなくてはならない。文脈の違いを考慮すれば、この矛盾は取り除ける。食べものに対する私たちの信念は、この種の矛盾に満ちており、哲学的原則に沿わないからといってそのような矛盾を排除しようとするのはばかげたことだろう。

25 Paarlberg (2009).

26 Uekoetter (2006).

27 Thompson (2010a) の第9章を参照。

28 Guthman (2004).

29 Thompson (2010a).

30 Ronald & Adamchak (2008).

訳注

日本語版序文

＊1：本論に入る前に、食農倫理学におけるトンプソンの基本的立場を概説する。トンプソンは「産業哲学（インダストリアル・フィロソフィ）」と「〈農〉の哲学（アグラリアン・フィロソフィ）」という単純化された二項目を設定する。「産業哲学」は、農業をはじめとする食に関わる多種多様な活動を、あくまでも産業の一分野と見なす観点である。それらの活動は効率的であることが期待され、また、効率性を達成するにあたり、第三者を犠牲にしてはならないというルールに従う。そのため、搾取や汚染などと引き換えでない限り、生産や物流のコストを削減することは良いことだと考えられ、それを実現する技術開発には価値が認められる。一方、「〈農〉の哲学」は、食と農に関わる活動を、日常生活の習慣や文化的な慣行を形成し、それを生態系と結び合わせる営みと見なす観点である。それらの活動は、その土地の気候や土壌に深く結びつくための経路であり、ある種のアイデンティティや倫理観は、私たちが土地と直接関わることによってのみ生じうると考える。そのため、文化的な生き方や規範を育むうえで、実際に農業を営むことや共同体における食の伝統に習うことに価値が見いだされる。

　トンプソンは、「産業哲学」の不十分さを本書で様々な側面から指摘しているが（例えば、安易に小規模農家の離農を促すべきではないという第四章）、だからといって無批判に「〈農〉の哲学」を支持するわけではない（例えば、遺伝子組み換え作物の是非をめぐる第七章）。トンプソン自身の関心は、〈農〉的世界観の意義付けと更新にあるが、より喫緊の課題として、「産業哲学」と「〈農〉の哲学」のあいだの深刻な分断を見出している。両者の交流と対話を妨げ、「悲劇（トラジェディ）」（第7章訳注3）の原因となる、単純な倫理的判断（オーガニックは良い、遺伝子組み換え作物は悪い、飢餓への食料支援はするべき、肉食はすべきでないなど）を「もっと複雑にすることに力を注ぐ」（本書八頁）ことが、本書をはじめとするトンプソンの諸著作の指針となる。

はじめに

＊1：「*Ag-gag* 法」とは、ジャーナリストや動物保護団体のスタッフなどによる畜舎内での許可のない撮影、または従業員の内部告発などを規制する法律の通称。*Ag-gag* 法の支持者は、過激化する動物愛護団体の活動から畜産業を守るために必要な法律であると主張しており、一方で同法は違反報告の障壁となるだけでなく言論の自由の侵害であるという反論と訴訟がなされている。*Ag-gag* 法は一九九〇年代に合衆国のカンザス州やモンタナ州などで施行され、オーストラリアやフランスなどにも広がった。この背

景にある、環境運動と反・環境運動の対立の経緯については、浜野喬士（2009）『エコ・テロリズム：過激化する環境運動とアメリカの内なるテロ』洋泉社を参照。

＊2：食選択は、消費者がもつ購買決定の自由と深く結びついているだけでなく、フードシステム全体にもたらす影響も大きい。いわゆる倫理的消費――例えば、環境負荷や人権に配慮した食品、あるいはそのような経営を行う企業の製品を選んで買うこと（バイコット）や非人道的に飼育された食肉製品を避ける不買運動（ボイコット）など――は、食農倫理学で取り上げられる大きなテーマである。ここでは、消費のあり方が、生産（だけでなく、加工・流通・小売・廃棄にも）影響を与えるという考え方がある。食消費は単なる個人的な営みにとどまるものではなく、生産や廃棄の現場を含む社会のあり方とも関わる営みであるという考え方は、訳者解説にも述べた「フード・シチズンシップ」（食を通じたより良い社会の実現に関心を寄せ、積極的に発言・行動する態度）とも通底している。食選択の倫理的側面についての詳細な解説は、秋津元輝・佐藤洋一郎・竹ノ内裕文編著（2018）『農と食の新しい倫理』昭和堂の各章（特に1章、4章）を参照。10章ではトンプソンの議論も紹介されている。

＊3：CAFOとは、数万から数百万の家畜をひとつの施設で（例えば、八〇万頭の豚や二百万羽の鶏を）ケージや囲いに密集して飼育する大規模かつ高密度な家畜飼養経営体の略称。農場の動物を集中的に管理することで生産コストを削減し、肉、卵、牛乳を大量生産することができる。特に合衆国では、多くの家畜がCAFOで飼育されているが、ゴミや悪臭などの公衆衛生、大気汚染や水質汚染などの環境影響、虐待などの動物福祉が大きな問題となる事例もある。CAFOの内部での非人道的な家畜動物の扱いや（身動きがとれないほど狭いケージに詰め込まれた豚や鶏が、成長ホルモンや抗生物質を必要以上に含む飼料で肥育させられ、機械的に屠殺され、搾乳される）、危険な就労形態を映像などで暴露しようとする運動の出現は、注1のAg-gag法を巡る議論とも関連している。

＊4：「代替的（オルタナティブ）」、という言葉は日本でも浸透しつつあるが、よりくだけた言い方をすれば「従来の食品に代わる」、「新しい」、「第三の」という意味合いとなる。例えば、オルタナティブ・ミートといえば、大豆などの植物性原料から作られた代替肉を指す。

＊5：ethicsの訳出にあたっては、「倫理」と「倫理学」を、品川哲彦が『倫理学の話』（2015、ナカニシヤ出版）の定義に従って緩やかに区別している。品川は、倫理（そして道徳）は、「Xすべきだ／してもよい／してはならない」、「X（することは）よい／悪い」（「〇〇を食べてはいけません」なども含まれる）といった複数の判断からなる体系を指し、倫理学は「なぜ、Xすべきだ／してもよい／してはならないのか？」、「なぜ、X（することは）よい／悪いのか？」とその倫理的判断についての理由を問うことであると述べている（前掲書六頁）。

本書の邦題『食農倫理学の長い旅：〈食べる〉のどこに倫理はあるのか』も、同様の基準に従っている。

＊６：序章で説明される、カント主義、功利主義、徳倫理の区分は、規範倫理学の説明としては一般的なものである（カント主義は義務論とされることが多いが、トンプソンが「権利主義的なアプローチ」と述べ続けているのは、カントによる義務論の延長線上にあるトム・レーガンの「動物の権利」論を意識してのことと考えられる。これについてのトンプソン自身による言及はない）。カント主義、功利主義、徳倫理のそれぞれの立場から、倫理的判断の正当化をどのように導けるかについては、序章注５であげた品川（2015）の他、児玉聡（2020）『実践・倫理学：現代の問題を考えるために』勁草書房がさまざまなケーススタディに則してこれらの枠組みを使った分析を行っている。

また、これは蛇足であるが、序章図１の「制約」（constraints）としての性格や動機に注目するのが徳倫理、「行為」（conduct）やその意図に注目するのが義務論という整理も可能である。

＊７：厚生経済学とは、資源や所得の効率的な配分などを通じて、社会全体の経済的厚生（福祉）向上をテーマとする経済学の一分野。アーサー・セシル・ピグーは主著『厚生経済学』（1920）で、ケインズ経済学に対立し、古典派経済学を擁護し、国民所得の増加、平等、安定が厚生を増大させるとした。幸福や貧困、公共性などのテーマを扱うことから、倫理学と厚生経済学の関係は深い。例えば、第一章に登場する哲学者ジョン・ロールズの正義論と厚生経済学は、かなり近い問題関心を共有している。両者の間の一九七〇年代の議論について、仲正昌樹は『集中講義・アメリカ現代思想：リベラリズムの冒険』（2008、ＮＨＫ出版）で、ロールズが厚生経済学の議論を取り込みながら、その中心にある功利主義の原理と対比する形で、配分的正義（財産や利害をどのように分けるするのが正義にかなっているか）の原理としての「格差原理」（最も不利な立場におかれた人の利益の最大化）を提示と、このロールズの正義論に対する厚生経済学者ケネス・アローの反論、そしてこれらの議論の背景にある「社会的選択理論」の開拓（その社会のあるべき状態についての各人の選好を、合理的かつ公平な仕方で集計し、社会全体にとっての最適な諸政策を導き出そうとする試み）をまとめている（一一〇～一二頁）。仲正の解説は、本書第２章で議論される、アメリカの自由主義（リベラリズム）、自由至上主義（リバタリアニズム）、新自由主義（ネオリベラリズム）の思想的背景を理解する助けにもなるだろう。

第１章

＊１：ナラティブ（narrative）は物語とも訳出されるが、物語内容（ストーリー）よりも、その語られ方に注目する観点を指す。話者によって、異なる連続した出来事がどのように構成されるか、クライマックスやターニングポイントがどのような象徴的な表現や典型的なキャラクターで描写されるか、それらがどのように結

びつけられ、意味を割り当てられるかが注目される。ナラティブを介して、人間は周囲の世界の意味を理解し、自分たちの文化や共同体としての一貫性を強化するだけでなく、過去と現在の経験を利用して、想像された未来を語り、コミュニティの方向性や目標についての呼びかけを行う。トンプソンと同じく、食農倫理学の議論を牽引してきたデビッド・カプランは、望ましい食のあり方についてのナラティブを8つに分類し（①科学と政策決定、②テクノユートピア、③テクノフォビア、④ロマン主義、⑤農者（アグラリアン）、⑥資本主義の矛盾、⑦発展途上国支援、⑧旅行記）、それぞれのナラティブの間の分断の緩和の必要性を指摘している。詳しくは、太田和彦（2020）「食農倫理学：私たちにとっての理想的な食とは」吉永明弘・寺本剛編著『環境倫理学』昭和堂を参照。

＊2：アルバート・ボルグマンは、テクノロジーと消費文化に対する批判者として知られている。ボルグマン（1984）は、現代の私たちの生活は、水、交通、娯楽などの利用可能な商品を生産し、それをいつでもどこにいても、迅速に、容易に、安全に供給することを唯一の機能とする装置（デバイス）に依存していると主張する。その結果として、私たちは環境やお互いの関わりを失っている。そのため、共同体への参加と良い生活を取り戻すためには、ガーデニング、教育、社会活動、自分で作れるものは既製品に頼らずに自作すること（料理など）といった、「焦点となる実践」（focal practice）をより積極的に選択する必要性があると提起した。懐古主義的側面がないとはいえないが、本書五五頁でトンプソンが述べるように、重要なのは「焦点となる実践」を行うことができる場をどのように維持するかという点にある。

＊3：二〇一八年刊行の『ミート・アトラス』（https://www.boell.de/en/meat-atlas）によれば、世界には四億人ほどのベジタリアンが生活していると推計されるが、そのなかでも健康や好き嫌い、宗教以外の理由で菜食主義を選ぶ人を「倫理的ベジタリアン」と呼ぶ。例えば、シンガー（功利主義）であれば人間以外の動物を含む最大多数の最大幸福の実現から、レーガン（権利論）であれば動物の権利（生存権）への配慮から、ラッペであれば環境負荷の高い食肉生産の軽減の必要性から、肉食を控えるべきであるという主張がなされるが、いずれも倫理的菜食主義に含まれる。

＊4：分配的な「正義」（justice）と、共同体的な「善」（virtue/good）のどちらを優先させるかというテーマは、特に一九七〇年代から注目を集めている。ロールズは、価値（善の構想）のあり方が多元化している現代社会において、ある特定の善を正義とすることはできないという立場から、正義と善を区別し、様々な善に対して中立的に制約する規範を正義とした（善より正義を優先）。一方で、マイケル・サンデルらはロールズのこの見解に対して、数ある選択肢から特定のものを選ぶときには内実を持つ一貫性（人生観や価値観など）の後押しが必要であり、その一貫性を形成する善い生き方という規範があるからこそ、抽象的な正義を考えることができるという反論を提起している（正義よりも善

を優先）。ロールズらの立場はリベラリズム、サンデルらの立場は共同体主義と大きく分類される。全体の見取り図については、伊藤恭彦（2012）『政治哲学〈ブックガイドシリーズ基本の30冊〉』人文書院などを参照のこと。

第2章

＊1：「食の砂漠」とは、特に都市圏で、栄養価の高い新鮮な食品を売る小売店が生活する範囲に不足しているために、健康的な食生活を維持することができない危険性のある地域を指す比喩である。ただし、食品へのアクセスのしやすさについては、単に地理的な距離のみならず、交通状況（自家用車や公共交通機関がないために買い物にいけない）、経済的要因（食品は売られているが高くて買えない）、時間的要因（連日の長時間労働で買い物に行く暇がない）などの条件も大きく関連している。日本では特に高齢世帯・単身世帯の割合増加との関係が深い。日本での食の砂漠の問題状況については、薬師寺哲郎編著（2015）『超高齢社会における食料品アクセス問題：買い物難民，買い物弱者，フードデザート問題の解決に向けて』ハーベスト社を参照。

＊2：環境正義とは、資源の枯渇や汚染のような負担・リスクが特定の社会的属性（低所得者、アフリカ系アメリカ人、危険な仕事に従事する労働者、発展途上国に住む先住民族など）に集中することを是正しようという提言を指す。公正な手続き、説明を受け納得したうえでの同意、世代間の平等、正当な補償の実現などが求められる。吉永明弘・福永真弓編著（2018）『未来の環境倫理学』勁草書房は、主にリスクを扱った論文集であるが、第四章「環境正義がつなぐ未来」では、環境正義の基礎的な論点のほかに、本書第1章注1で扱ったナラティブや、第4章で登場するアマルティア・センのケイパビリティと環境正義との関連性にもふれており、食とは別の観点から環境正義についての理解を深めることができる。

＊3：一般的に、同じルールの下でも、初期条件が不平等であれば、豊かなグループはより豊かに、貧しいグループはより貧しくなるため、適切な介入がなければ経済格差は拡大していく（「持つ者は与えられていよいよ豊かになるが、持たざる者は、持っているものまでも取り上げられる」というマタイによる福音書の一節から、マタイ効果とも呼ばれる）。「小さな政府」とは、政府の経済政策・社会政策の規模、市場への介入を最小限にすることで、市場原理に基づく自由な競争によって経済成長を促進させようとする考え方であるが、結果的に「金持ちはより金持ちに、貧乏はより貧乏に」という傾向が生じやすいことが知られている。詳細は、トマ・ピケティ（山形浩生・守岡桜・森本正史訳，2014）『21世紀の資本』みすず書房などを参照。

＊4：食用に用いられない屑肉などを粉砕して、粉末肥料、飼料、洗剤などの原料となる動物油脂などを作るタンク。もちろん、シンクレアの告発した時代と比べれば、ほとんどの食肉加工の現場

は大きく改善されている。しかし、私たちの多くは、食肉加工の現場や、社会、環境、文化との様々な結びつきを知る機会を依然としてほとんど持たない。以下の映像作品はそれを補ってくれるだろう：ニコラウス・ゲイハルター監督（2005）『いのちの食べかた』ドイツ・オーストリア、リチャード・リンクレイター監督（2006）『ファーストフード・ネイション』アメリカ、纐纈あや監督（2013）『ある精肉店のはなし』日本。

＊5：呪術的思考、魔術的思考とは、ある出来事を理解するにあたって、理性と観察においては因果関係が正当化できない場合、世界のすべての要素が自然な相互作用のなかで結びついている認識のもとで、神秘的・超自然的な力にその原因を求める思考を指す。モーガンが指摘するように、食には「人々を集める力」（convening power）がある。食は様々な分野や要素（農業、文化、医療、伝統、観光、社交、福祉、アイデンティティなど）と結びつき、それまで馴染みがなかった様々な分野や観点への入り口になるとともに、それらについての注意を喚起する。それは人々を結集させる積極的な側面を持つ一方で、複雑で曖昧な現実の因果関係について（例えば、第3章で論じられる肥満が社会に与える負の影響）問わないようにさせる効果も併せ持つ。Morgan. K. (2015). Nourishing the city: The rise of the urban food question in the Global North. Urban Studies, 52(8), 1379-1394. などを参照。

＊6：自由主義（リベラリズム）、自由至上主義（リバタリアニズム）、新自由主義（ネオリベラリズム）の相違点について、大澤真幸・吉見俊哉・鷲田清一編集委員・見田宗介編集顧問（2012）『現代社会学事典』弘文堂の「リバタリアニズム」（森村進）、「ネオリベラリズム」（飯田文雄）の項目をもとに、簡単に整理する。

　自由至上主義（リバタリアニズム）とは、「人身の自由や思想の自由などのいわゆる人格的自由（個人的自由）と経済的自由のいずれをも最大限に尊重し、それに対する介入・干渉に反対し、現代の大きな政府を批判する思想」を指す。ジョン・ロック、アダム・スミス、J・S・ミルに代表されるこの思想は、もともと「自由主義（リベラリズム）」と呼ばれていたが、一九七〇年代以降、リベラリズムの語が社会民主主義や福祉国家思想を指すようになったため（ジョン・ロールズの『正義論』が代表的な文献）、混同を避けるために、古典的自由主義をリバタリアニズムと呼ぶようになった（今日ではロバート・ノージックに代表される）。

　新自由主義（ネオリベラリズム）は、「一九八〇年代以降の先進諸国において、福祉国家論の危機に対応して台頭した、市場万能主義的な自由主義」を指す。主張は次の三点に要約される：①福祉国家に代わる新たな成長戦略としての市場活性化。市場の擁護は自由至上主義（リバタリアニズム）にもみられるが、その理由が異なる（自由至上主義の場合は、個人権の確保のための市場の擁護）。②国際市場との連続性の強調。グローバル化した市場が国際社会のルールであるからこそ、その受容が不可欠だと主張する。③伝統的文化の意義の強調。福祉国家の文化的帰結として共同体の軽視が生じたと批判し、文化的伝統の再生を求める。

第3章

＊1：合成の誤謬とは、「個人（もしくは部分）にとって真実であることは，集団（もしくは全体）にとっても真実であると誤って認識すること」（ブリタニカ国際大百科事典「合成の誤謬」より）を指す。経済学上の用語としては、個々の主体の選択としては合理的な行為が、全体として見たときに非合理的になる現象として定義づけられる。

第4章

＊1：ケイパビリティ（「潜在能力」とも訳される）への論考は、経済学者アマルティア・センの最も重要な仕事の一つであり、本章で用いられる「行為主体性（エージェンシー）」や「開発」という概念の用いられ方に大きな影響を与えている。ケイパビリティとは、人間が所有する財とその特性を用いて行う諸活動の選択可能性の大きさを示す概念である。ここには、人間は諸活動の組み合わせの選択を通じて、その潜在能力を顕在化させ、より良い生活を追求していくという観点がある。詳しくは、アマルティア・セン（1988）『福祉の経済学――財と潜在能力』鈴村興太郎訳、岩波書店を参照。

＊2：トレッドミルは、ルームランナーも意味するが、ここでは同じ場所に留まるために一生懸命働かなければならない状態に陥っていることを指す。例えば、トンプソンは『〈土〉という精神』（太田和彦訳、農林統計出版、2017）の第二章「農業に対する環境批評家の批判」で、「農薬の踏車（トレッドミル）」という言葉で、農薬を使うと害虫と一緒に害虫の天敵となる捕食者や寄生生物も全滅させてしまうので、生き残った害虫があっという間に増え、農薬の継続散布が必要となる仕組みを紹介している。

＊3：パレート改善とは、社会全体の経済的厚生（福祉）向上のための資源の十分な活用・配分がまだなされておらず、誰の効用も犠牲にすることなく、少なくとも一人の効用を高めることができるような改善の余地がある状態を指す（トンプソンが本文で述べるような、企業の廃業・撤退によってなされる資源活用の変更については「潜在的なパレート改善」という緩い表現が妥当）。パレート改善がなされて、これ以上ないほど資源の十全な活用・配分がなされている状態は、「パレート最適」（または「パレート限界」）と呼ばれる。序章訳注8で紹介されている厚生経済学において、パレート改善やパレート最適は重要な概念である。

＊4：アマルティア・センは「ケイパビリティ」（第4章訳注1参照）の考え方をもとに、人間を福祉や効用を追及するだけの存在ではなく、自分自身の価値を形成していく主体として捉える。この、自分にとっての目的を追求したり、価値ある行為をする能力や、実際に目的を達成したり価値ある状態になる能力を持つ主体

は、行為主体（agent）と呼ばれる。自分にとっての最適な活動や活動の組み合わせを発見していくプロセスは、個々人の自律的決定のプロセスとして尊重される（「行為主体的な自由」と呼ばれる）。ケイパビリティと行為主体性（エージェンシー）は、本文で議論されるような、小規模農家を廃業させ、日々の自助と自立の手段を獲得するスキルを奪うことに対する反論の根拠となっている。先のセン（1988）の他、アマルティア・セン（1999）『不平等の再検討：潜在能力と自由』池本幸生・野上裕生・佐藤仁訳、岩波書店を参照。

第5章

＊1：本書では主に、肉食の是非と家畜にとっての動物福祉（アニマル・ウェルフェア）が論じられているが、動物倫理は他にも多くのトピック――伴侶動物の扱い、外来種、野生動物の保護と駆除、動物園での飼育方法、動物実験や捕鯨の是非――を議論する広い領域である。伊勢田哲治・なつたか（2015）『マンガで学ぶ動物倫理：わたしたちは動物とどうつきあえばよいのか』（化学同人）は、網羅的な説明だけでなく、その歴史的背景や（イギリスの動物虐待防止運動）、ブックガイド（映画や小説なども含む）も充実しており、第5章で扱われるトピックの周辺事情を知る入門書として最適。

＊2：肉食を避けるベジタリアンには、いろいろ種類がある。例えば、植物と魚介類を食べる「ペスコベジタリアン」、植物と乳製品を食べる「ラクトベジタリアン」、植物と鶏卵を食べる「オボベジタリアン」、そして動物性食品を、ハチミツなども含めて一切食べない「ヴィーガン」などがある。また、植物性食品を中心に食べるがときには肉・魚も食べる「フレキシタリアン」（柔軟なベジタリアン）や、肉食を量や回数を減らすための「ミートレスマンデー」（毎週月曜日は肉を食べないことに挑戦する）キャンペーン、ベジタリアン向けのレシピ本や、レストランでのベジタリアン・メニューの充実など、菜食主義（ベジタリアニズム）は様々な形で広まりを見せている。

第6章

＊1：環境倫理学がなぜ農場と手つかずの自然を区別することにこだわり、手つかずの自然により大きな価値を見出すかについては、環境倫理学が「保全（conservation）」と、「保存（preservation）」を厳密に区別してきた経緯がある。「保全」は、人間が将来的に消費する天然資源の持続可能な管理を意味し、「保存」は特定の生物種や原生自然を人間の諸活動を規制・制限して守ることを意味する。特に一九七〇年代、八〇年代の環境倫理学は（「保全」に比べると多くの人々の賛同を得にくい）「保存」を法的・倫理学的に正当化するために、自然物そのものの権利や内在的な価値の基礎づけを主要な目的の一つとしてきた。こ

れらの環境倫理学の展開については、第1章注1で言及されている吉永・寺本（2020）をはじめ、多くのわかりやすい概説書がある。本書で語られる「保存」の正当化を目指すタイプのアメリカの環境倫理について詳細に知りたい場合は、ロデリック・ナッシュ（松野弘訳、2011）『自然の権利：環境論理の文明史』ミネルヴァ書房などを参照。また、トンプソンの立場は、環境倫理学が陥りがちであった二項対立（「個体主義／全体主義」、「道具的価値／内在的価値」、「多元論／一元論」……のどちらが正しい側なのかという討論）を乗り越え、より公共政策に資する議論を目指す環境プラグマティズムに類する。環境プラグマティズムの詳細については、アンドリュー・ライト、エリック・カッツ（岡本裕一郎・田中朋弘監訳、2019）『哲学は環境問題に使えるのか：環境プラグマティズムの挑戦』慶應義塾大学出版会を参照。

＊2：日本では、農耕地を深く耕し、有機物を施肥することが一般的だが、合衆国の大平原で同じ農法を（トラクターなどを使ってより工業的に）行うと、乾燥期には表土が塵状になって強風で飛ばされてしまう。実際に、一九三〇年代には合衆国中西部でダストボウルと呼ばれる巨大な砂嵐が生じ、三五〇万人もの人々が耕作地を手放して移住を余儀なくされた（この様子を描いたのが、本書でも言及されるスタインベックの『怒りの葡萄』である）。この歴史的背景もあり、土壌保全施策や不耕起栽培の検討は連邦政府から個々の農家に至るまで、様々なレベルで行われている。デイビッド・モントゴメリーの『土の文明史：ローマ帝国、マヤ文明を滅ぼし、米国、中国を衰退させる土の話』（片岡夏実訳、2010、築地書館）、『土・牛・微生物：文明の衰退を食い止める土の話』（片岡夏実訳、2018、築地書館）は、土壌についての基礎知識と歴史や社会との深い関わりを知ることができる。

第7章

＊1：ここでは、種苗会社などが販売するF1品種（人工交配種）をめぐる様々な議論を総称していると考えられる。例えば、種苗会社がなかった時代、農家は作物の種を採取し、翌年栽培することを続けてきた（自家採取と呼ぶ）。この自家採取をF1品種で行おうとしても、F1個体から採取した後代種子（F2）は、F1個体より生産性が落ちるなどの遺伝的特性があったり、そもそもF1個体が不稔であったりするため、大抵は失敗する。そもそも多くのF1品種は、種苗法などで権利が保護されており、勝手に種子を増やすことは禁止されている。そのため、農家は毎年、種子種苗会社から購入する必要があるが、それが零細農家にとっての負担増や種苗会社による品種権の独占と見なされ、何が守られるべき公益であるかの議論がなされている。タガート・シーゲル、ジョン・ベッツ監督（2016）『シード：生命の糧』アメリカでは、その懸念の詳細を知ることができる。

＊2：付随制約（side constraints）は、行われるべき活動に対する制約を指す。この付随制約を犯さないように、自分に可能な行為

の選択肢のなかから、自分の目的を最大限叶えるような行為をすることが含意される。ここでは「貧しく空腹な人々を不当に傷つけることなく支援する」という制約のもとでバイオテクノロジーを含む農業研究を行うことが意味される。

＊3：トンプソンの諸著作では次の二つの注意喚起がよく見られる。一つは、理念的な目的と実践的な目標は原理的に一致しないこと（理念は現実の諸制約の外側に構築されるが、目標の達成のためにはその諸制約の内側に入らなければならないため）であり、もう一つは問題を解決しようという善意の取り組みが近視眼的に行われることでかえって状況を悪化させてしまうこと（重大な副作用を無視したり、反対意見を持つ相手を罵倒して分断を招いたりなど）である。例えば、『〈土〉という精神』の最後では、前者は「皮肉（アイロニー）」、後者は「悲劇（トラジェディ）」として記述されている。本書第7章の、遺伝子組み換え作物をめぐる部外者（アウトサイダー）と内部関係者（インサイダー）の一連の議論は、この「皮肉」と「悲劇」についてのトンプソンの見解のもとで語られている。

第8章

＊1：これはジョークではなく、実際にカナダに同姓同名の哲学者、ポール・トンプソンが存在する。本書の著者の方のトンプソンは、カナダのトンプソンよりも、技術が人間の世界観を構成するという側面に強く注目する。技術は、資源の枯渇や公害、遺伝子組み換え、気候変動などとともに論じられやすいが、技術革新は教育や政治をはじめとする社会制度を変化させ、私たちの世界観にも影響を与える。この技術観は、本書のさまざまな箇所に反映されている。

訳者解説

本書は、Paul B. Thompson (2015) *From Field to Fork: Food Ethics for Everyone.* Oxford University Press の全訳である。食農倫理学についての中・上級者向けの包括的な解説書であり、北米社会哲学協会の選定する「ブック・オブ・ザ・イヤー」を受賞した、英語圏の食農倫理学の講義に使われる定番の教科書の一冊でもある。英語圏で広く読まれているのはもちろん、現在、中国においても翻訳が進められている。トンプソンは本書で遺伝子組換え作物やベジタリアニズムなどの物議を醸しているテーマに対してもためらうことなく探究を進め、関連する主要な文献を網羅している。訳出にあたっては、日本語としての読みやすさを重視した。もちろん、文意を損うことのないように注意を払っているが、原文とは異なる表現とした箇所もある。訳者としては、本書が、食に関連するあらゆる分野の研究者に資するものであることを信じている。

ただし残念ながら、本書は二つの点で、決してすらすら読める本ではない。著者のポール・B・トンプソンは、ミシガン州立大学のW・K・ケロッグ農業・食品・地域倫理学講座で教鞭をとりつづけてきた博覧強記の哲学者であり、参照される文献は執筆年代と分野を越えて多岐にわたる。トンプソンの基本的なスタンス――「［食に関する］政策変更や個人的選択について助言するよりも、むしろ現代のフードシステムについて行われている倫理学的分析を、もっと複雑にすることにこそ力を注ぐ」（本文八頁）——は、本書の長所でもあり、短所でもある。そのため、訳者解説の前半では、本書の構成と論旨を紹介する【本書の構成】。本書の各章は、賛同者を得るために過度に単純化された現状理解（「〇〇は健康に良く、環境や社会に配慮している、だから〇〇を食べるべきだ」）や、食の関わる現場の複雑さを見ようともせずに既存の理論や知見に当てはめようとする態度（「この問題についてはすでに××が答えを出している」）に対する強い抵抗と、なぜそのような単純化や抽象化に抗しているかという背景事情の説明という二段構えからなる。トンプソン自身の各章の要約は七—八頁にあるが、この二段構えを頭に入れておくと全体の見取り図を得やすくなるだろう。

また本書は、これ一冊だけ読めば食農倫理学のすべてがわかる、という本でもない。トンプソンが序論で述べているように、すでに食と社会、政策、持続可能性との密接な結びつきについて論じた文献は大量に刊行されており、大学・大学院では専門のコースが数多く存在している。本書は、これらの先行研究や教育状況多種多様な立場や主張を横断した連携や、そのための対話と議論の場を創出することを企図して書かれており（これはトンプソンの全著作に共通した企図である）、日本ではそれほどなじみのない、いくつかの主張や見解を前提としている。そのため、訳者解説の後半では、本書を読むうえで参考になるかもしれない事前知識【食農倫理学の基礎概念】、そして日本語で読むことができる関連文献を紹介する【ブックガイド】。

【本書の構成】

本書は9章構成である。それぞれの章で論じられるテーマは次のとおり：

「はじめに——倫理学についての概略を添えて」では、食農倫理学についてのよくある誤解の払拭（「何を食べたら良いかを提示する意図はない」七頁）と、倫理学の基本的なアプローチ（功利主義、義務論、徳倫理）、そしてトンプソンがとる「探究」という方法の説明がなされる。私たちは何かしらの具体的な制約条件のもとで考え、行為し、結果を出す（図1）。また、「何が正しい思考と正しい行動とされるかは、私たちが探究プロセスのどの地点にいるかによる」（二三頁）という前提は、先述の二段構えの構図とも関わっている（だから過度の単純化や抽象化は過ちにつながりやすい）。

「1．あなたはあなたの食べる物では決まらない」では、一九七〇年代以降に論じられるようになった食農倫理学と、古代からある食べものについての倫理的考察の相違点について説明がなされる。前者は、食が社会と環境に与える影響に焦点を当てており、後者は何をどのように食べたらよいかという選択について焦点が当てられている。社会的公正、環境保全、リスク、文化的アイデンティティ、自由主義社会といった食農倫理学のいくつかの大きなテーマが紹介される。これらのテーマのどれかが食農倫理学の中心というわけではない。本書の原題を直訳すると「農場から食卓まで」であるが、〈食べる〉についての倫理（food ethics）は生産の場から食べる瞬間まで、それを越えて偏在している。

「2．食農倫理学と社会的不公正」では、フードシステムにおける社会的不公正が論じられる。社会的不公正は、哲学的問題として長らく議論がなされてきたが、そこで用いられる概念的な枠組み（例えば、ロールズの「無知のヴェール」）を、食が関わる社会的公正のケーススタディに当てはめるだけで事足りるわけがない、という提起がなされる。2章のキーワードは社会運動であるが、「食が非常に多くの、異なる、しかし区別しにくいいくつもの争いを横断する性質をもつこと」（九七頁）への着目は後述する「フードシチズンシップ」の概念とも結びついている。

「3．食生活の倫理と肥満」では、飲食論と健康が論じられる。古代社会と中世社会における飲食論と、現代の飲食論の相違点についての説明、そして節制の徳から現代社会における肥満というリスクに至るまでの説明がなされる。肥満によって健康を損ない、社会福祉を圧迫した場合に、個人は社会的責任を負わなければならないのだろうか。この問いを考察するために有効な語彙を、私たちは未だ持っていない（一二七頁）。因果関係は入りくんでおり、線形で問題を記述する試みはすぐに限界を迎える。

「4．食農倫理学の根本問題」では、発展途上国の貧しい農家の利益と、都心部の空腹な大衆とのあいだのギャップが論じられる。貧困や飢餓、飢饉の解決方法についての多くの論点は二種類の解決策（魚を与えるか、魚の釣り方を教えるか）のどちらかの提示としてなされるが、トンプソンはアマルティア・センのケイパビリティについての論考を参照し、より制度的な側面への注目を促す。貧困や飢餓に対して富裕層が食料援助を行えば万事が解決するわけではない。4章のキーワードは開発であるが、食はその中心的な問題ではなくなりつつある。しかし、「生産者と消費者の間の緊張関係は、近代化とともに過ぎ去った問題ではない」（一五六頁）。

「5．家畜福祉と食肉生産の倫理」では、家畜生産と菜食主義が論じられる。古来より検討されてきた、肉を食べることについての是非についての議論をふまえ、トンプソンは、検討すべき三つの問いを提起する：①肉食や、動物の飼育／屠畜行為は倫理的に正当化されるか、②現在の畜産業における家畜の飼育方法は倫理的に正当化されるか、③動物の福祉の向上のためには、現在の畜産業における生産方法をどのように改善すればよいか（一六二頁）。これらのうち、②と③は畜産業の工業化以降に特に論じられるようになった問いである。トンプソンは③を重要視するが、この観点はあまり哲学的検討がなされていない。多くの哲学者や倫理学者は、そもそも肉食のために動物を殺すべきではないと結論づける（一七八頁）ためだ。しかし、人類全員を菜食主義者に変える「魔法の杖」（一六五頁）は存在しない。制約のあるなかでの倫理という本書の前提が、ここでクローズアップされる。

「6．フードシステムと環境への影響――地場産の魅惑」では、工業化されたフードシステムが、生態系、経済、社会の持続可能性に与える影響について論じられる。食を扱う環境哲学の立場は多様である。例えば、フードシステムが文明や生活様式の諸機能の統合であるとする立場の人々や、次世代の食料安全保障を実現するために持続可能な資源の利用方法を考えることに関心を持つ人々がいる。農業についての産業的《インダストリアル》な観点と、農者的《アグラリアン》な観点もある。どちらがより良いというものではなく、両者の対称をトンプソンは求める。異なる観点の間にある境界線をなくすのは「私たちを生み出した社会的・文化的環境は、本当に子どもや孫が望むものなのかどうか」（二三〇頁）という問いであるとトンプソンは述べる。

「7．緑の革命型の食品技術とその満たされなさ」では、発展途上国における「緑の革命」型開発プロジェクトを倫理的な観点からどのように評価するべきかについて論じられる。リスク管理の問題、社会正義、自然原則に反すること、個人の食選択の自主権と道徳の問題が取り上げられ、遺伝子組換え技術の是否が論じられる。ここでもトンプソンは自らを農業研究や開発支援に関わっている内部関係者《インサイダー》として位置づけたうえで（二六四頁）、部外者《アウトサイダー》たちのバイオテクノロジーへの懸念に向き合うべきこと、さもなければ不信感は急速に深まることとなる（二五七頁、図5）。

「8．再考、今度は想いを添えて――倫理、リスク、そして食の未来」では、同姓同名のカナダの哲学者、R・ポール・トンプソンと自らを対比させながら、科学的な理性、専門知識とリスク管理の観点から、第7章での遺伝子組換え技術の検討が続く。産業界の哲学と自由主義の哲学のもとに、食べものが商品の一種にすぎないと見なされていることが指摘される。トンプソンはこの産業主義を相対化するために、農業はさまざまな技術の組みあわせであるとともに、自己実現と社会関係の基礎であり、さらに生態系と文明系との媒介でもあるとする農者《アグラリアン》の哲学を提唱する。そして、産業界の哲学と農者の哲学の創造的な対話を通して、人間が社会正義、持続可能な開発、食料主権に相応しいフードシステムを発展させることに期待を寄せて本書は締めくくられる。

【食農倫理学の基礎概念】

◇三つの基礎的な観点：フードシステム、フードシチズンシップ、厄介な問題

まず、そもそも食農倫理学とはどのような分野なのか？　トンプソンが本書の最初に述べる通り、食農倫理学は、人々が何を食べるべきか、あるいは何を食べたらよいかという食選択の単純な教導に尽きる分野ではない。私たちがすでに何らかの意味で曖昧に理解しているところの「良い食」や「私たちに相応しい食」と、その規範的次元がどのように発生するかについて、調査と考察を行う分野である。今日、食農倫理学を論じるうえで、ほぼ前提となっている基礎的な観点として、「フードシステム」、「フードシチズンシップ」、「厄介な問題」の三つを紹介したい。

「フードシステム」（food system）とは、食のあり方についてサプライチェーンの段階ごとに分割して考察するのではなく、それらは生産、流通、加工、消費、廃棄などの職種や、政治、教育、文化などと相互に関わるシステムの一部として把握する見方である（図7）。私たちは、生産（農林水産）と消費（食）の現場のあり方のみに注目して食を議論しがちだが、より広く、社会のあり方として食を議論することをこの観点は促す。トンプソンがさまざまな主張や立場を横断する対話と議論の場として食に注目しているのはそのためである。

「フードシチズンシップ」（food citizenship）とは、フードシステムの考え方をふまえて描写される私たちのありようである。私たちは単なる消費者《コンシューマー》ではなく、食を通じて社会をより良くしていこうとする市民《シチズン》であるというコンセプトは、例えば「コモンズとしての食べもの」（Food as a Commons）、「買い物は投票だ」（Shopping is the voting）、「独りで食べている人なんていない」（No One Eats Alone）という標語とともに、例えば二〇〇〇年代後半から急速に拡大したフードポリシー・カウンシルや、二〇一五年に「都市食料政策ミラノ協定」などの国際協定を通じて広く共有されつつある。本書の7章でトンプソンは、遺伝子組換え作物の是非についての議論において、内部関係者《インサイダー》と部外者《アウトサイダー》のあいだの、お互いに敬意をもった議論の必要性を指摘しているが、この背景にはこのような時流がある。

ただし、議論はきっと紛糾するだろう。フードシステムにおける諸課題は、刑事罰の対象となるようなあからさまに非倫理的な行為（本書の「はじめに」で言及されている、二〇〇八年に中国で生じたメラミン混入粉ミルク事件など）を除いて、ほとんどが厄介な問題と呼ばれるものに類する。「厄介な問題」（wicked problem）とは、一九七〇年代から特に政策学の領域で議論されるようになった言葉で、関係者

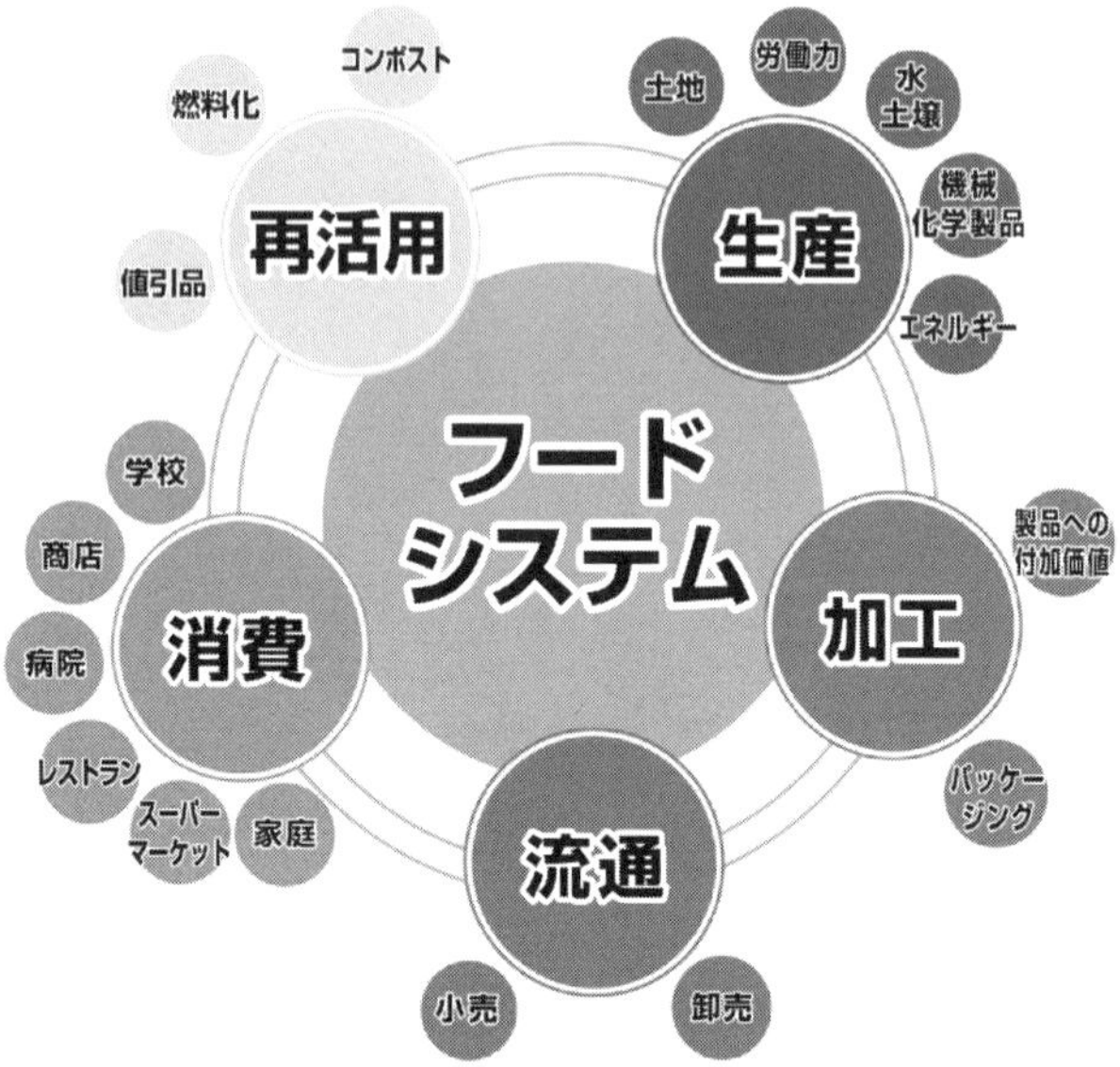

図７　フードシステム

全員が納得するような落としどころも、何がいま喫緊の問題なのかという現状認識も、どのようにその問題に取り組んでいくかというアプローチも確定せず、ケース・バイ・ケースで個々の状況と事柄に即して取り組んでいく必要がある問題を指す。本書の第２章でトンプソンは、過去の哲学者や社会学者が提起した意見や枠組みを、あるいは自然科学の枠組みを、単純に当てはめて事の良しあしを判断することを慎むべきであることを主張しているが、これは厄介な問題に取り組むうえでの基本的な姿勢だ。状況を改善しようとしてかえって悪化させてしまう陥穽について、トンプソンは「悲劇《トラジディ》」という言葉で警戒を促す（一九九五年に原著が刊行された『〈土〉という精神』の最終章で詳述されている）。

　以上の背景をふまえて、食農倫理学は、私たちが何をすべきか、何をすべきでないか迷うような、食が関わる個々の状況（本書の「はじめに」で言及されている、ドリー、ウォーカー、カミーユの事例など）で、その厄介な状況をどのように認識できるか、どのような袋小路がありうるか、私たちがとりうる選択と生じうる帰結として何が考えられるか、だから何をするべきではないのか、といった分析をサポートする理論的枠組みを提供する。その分析のためのアングルは――個人の美意識（何をどのように食べればよいのか）から社会正義（食料はどのように生産され、分配されるべきか）、認識論（リスクをどのように評価するか）から形而上学（「食」とは何か）に至るまで――非常に多様である。

◇本書の内容が難しすぎると思ったら

本書は、食農倫理学の議論でたびたび見られる単純な前提（肉食をすべきではない、遺伝子組み換え食品は使用しないに越したことはない、飢餓と貧困に対して富裕層は支援すべきだ、オルタナティブな食のあり方を模索する運動は好ましい……）についての検討と反駁から成る。あまり快適ではないこのプロセスを通じて、私たちは異なる前提に立つ相手にも敬意を払い、事情をよく聴き、よく議論し、自分たちに課せられた具体的な制約と向き合い、「私たちを生み出した社会的・文化的環境は、本当に自分の子どもや孫が望むものなのか」という難しい問いに共同で取り組む素地を作ることができる。

しかし、そもそも食農倫理学のよくある議論について不案内な読者に対して、本書はそれほど親切ではない。本書の内容に関心はあるが、トンプソンが何を言っているのかわからなくなったら、別の入門書を併読されることをお勧めしたい。**ロナルド・サンドラー著、馬渕浩二訳『食物倫理入門：食べることの倫理学』**（2015［2019］）**ナカニシヤ出版**は、その恰好の一冊といえる。原著が刊行されたのは本書と同年で、扱われているトピックも類似している。例えば、フードシステムという言葉をあなたが初めて（この訳者解説で）目にしたのであるならば、同書の第1章「フードシステム」を一読されたい。飢餓や貧困を巡る議論（本書4章）については第2章「食料安全保障と援助の倫理学」を、動物福祉《アニマルウェルフェア》や菜食主義《ベジタリアニズム》を巡る議論（本書5章）については第3章「私たちは動物を食べるべきか」を、遺伝子組み換え食品の是非を巡る議論（本書7、8章）については第4章「生物工学」を、肥満や食のリスクを巡る議論（本書1、3章）については第5章「食べ物と健康」を、食選択とアイデンティティの密接な結びつき（本書1、6章）については第6章「食べ物と文化」を参照することで、本書からより豊かな見識を引き出すことができるだろう。

もちろん、サンドラーとトンプソンは類似したトピックを扱いながらも、同じ結論にたどり着いているわけではない。特に、トンプソンの内部関係者《インサイダー》としての視点——参与者たちの複雑な利害関係、現場ごとに異なる事情、善意でなされたことがいかに反対の結果をもたらしうるかなど——については、サンドラーと比較することで再確認できるはずだ。

【ブックガイド】

本書は膨大な知見や文献との連鎖のなかで読まれるべきものである。巻末には三五〇以上の参考文献が示されているが、それらのすべてにアクセスすることは困難だろう（邦訳があるものはごく一部である）。簡単ながら、本書で論じられたさまざまな事柄の理解を深めるに資する、日本語の参考文献を六冊紹介したい。

▼倫理学概説

本書に出てくる哲学者や社会学者の名前や論じられているトピックがわからない場合には、規範倫理学の代表的な学説と応用倫理学の各トピックを確認することが必要となるだろう。**品川哲彦（2015）『倫理学の話』ナカニシヤ出版、児玉聡（2020）『実践・倫理学：現代の問題を考えるために』勁草書房**は、ブックガイドも充実しており、恰好の手引書となる。『倫理学の話』は倫理学史を一通りおさえるのに適している。本書「はじめに」で紹介されるカント主義と功利主義の比較についていまいち分からないときなどにお勧めしたい。『実践』も本書で頻出する概念を整理する上で活用できる。ちなみに、『実践』の6章ではベジタリアニズムが、主にピーター・シンガーの主張の紹介とあわせて論じられている。児玉の整理に対して、トンプソンならどのような反論をするかを考えれば、食肉をめぐる問題の「厄介さ」を実感できるだろう。

なお、個別に詳しく知りたい項目については、哲学専門のオンライン百科事典「**スタンフォード哲学百科事典**」（**Stanford Encyclopedia of Philosophy**）を活用されたい。英語であるが、無料で検索・閲覧できるうえ、参考文献リストも豊富だ。それを読む暇もないほど忙しい方や、哲学・倫理学・社会学の予備知識がほとんどない方には、**田中正人、斎藤哲也（2015）『哲学用語図鑑』プレジデント社、田中正人、斎藤哲也（2019）『社会学用語図鑑』プレジデント社**をお勧めしたい。

▼食農社会学

環境倫理学が環境社会学の研究蓄積と密接な関わりを持つように、食農倫理学もまた、食農社会学の研究蓄積から多くを学んでいる。次の三冊はいずれも今日のフードシステムが抱える課題について、包括的に扱っている（そしていずれも秀でたブックガイドである）。

安井大輔（2019）『**フードスタディーズ・ガイドブック**』**ナカニシヤ出版**は、食に関わる主要文献四九冊を「第Ⅰ章　食と文化・社会」、「第Ⅱ章　食の歴史」、「第Ⅲ章　食の思想」、「第Ⅳ章　食をめぐる危機」に分け、二四人の書評者が読みどころをまとめている。冒頭から順番に頁を捲っていくよりも、目次を見て気になる書籍の紹介文を読み、実際に書店や図書館などでその書籍と周囲の類書を立ち読みすることをお勧めしたい。例えば、フォイエルバッハやレヴィ＝ストロースにひかれたなら、哲学や文化人類学の棚を。米や肉や砂糖をめぐる権力の動きにひかれたなら、歴史学や地理学や政治学の棚を。拒食症や過食にひかれれば、精神医学の棚を、それぞれ探訪されたい。ちなみに、本書も紹介されている。

グプティル、E．他、伊藤茂訳（2013＝2016）『**食の社会学：パラドクスから考える**』**NTT出版**は、グローバル化した複雑極まりない今日のフードシステムに関わる諸問題を、パラドクスという視点から整理し、まとめたものである。豪華なディナーと過酷な労働、消費者主権と企業の影響力、食料の余剰と不足が同時に生じている現状など、そこに至るまでの社会学的、歴史的、地理的、経済的要因を、豊富なケーススタディとサイドストーリーによって、親しみやすいものにしている（ただ、アメリカの事例が中心なので戸惑うところもあるかもしれない）。

秋津元輝、佐藤洋一郎、竹之内裕文編著（2018）『**農と食の新しい倫理**』**ナカニシヤ出版**は、日本で食農倫理学を論じる際の導入となる論文集である。国内の農学者や社会学者による研究成果と、トンプソンの議論を中心とした枠組みの紹介が中心であり、各章ごとに内容に応じたディスカッションテーマがついているため、ゼミやワークショップなどでも使いやすい。先述のとおり、食の問題は国や地域によって一様ではない。そのため、日本において食農倫理学を論ずる上で欠かせない基礎情報（解決が望まれている課題、その経緯、主な当事者など）、隠れた前提として参照されることが多い主要なケース스タディ、様々な当事者の立場や重視するポイントの違い（経済効率、安全性、環境負荷など）を概観できる本書は、日本で議論を始める前の知識共有に大変役に立つ。『**食と農の社会学**』（2014、**ミネルヴァ書房**）、『**食と農を学ぶ人のために**』（2010、**世界思想社**）などを併せて読めば、日本の状況を一通り把握することができるだろう。

▼公共政策と哲学

先述のとおり、フードシステムは非常に複雑で、多数の利害関係者が関与しており、彼らの現状認識と問題関心はほとんどの場合において一致していない。そのため、食農倫理学が取り扱うことが期待されている諸問題の多くは、課題や解決策を明確化することが難しく、矛盾やトレードオフが生じ、取り組むべき事柄を課題ごとに定位し、共有することから始めなければならない。

ウルフ・J、大澤津、原田健二朗訳（2011=2016）『「**正しい政策**」**がないならどうすべきか：政策のための哲学**』**勁草書房**は、哲学的観点から公共政策における中心的な問題や論争を紹介し、分析と評価を試みている。もちろんそれは高みの見物ではなく、哲学的探究が公共政策の議論にどのような形で資するか（あるいは役に立たないか）についての分析と評価と併せて行われる。道徳的および政治的意見の不一致があるトピック——例えば、人間の利益のための科学的実験で動物が被る苦痛をなくすことができるか、法律でギャンブルを制限できるか、予防接種をしないことを罰することはできるかなど——に対して、哲学者の多くは「社会の最良の形態は何か？」という問いの立て方をするが、公共政策においてより実践的な問いの立て方は「現状からスタートして、私たちが到達することができる社会の最良の形態は何か？」である。ウルフが紹介する様々な事例は、哲学とは新しい知識や〝正解〟を与える営為ではなく、問いそのものを吟味し、知らず知らずのうちに私たちが陥る経路依存性を発見するためのレンズを提供する営為であることを再確認させる。

以上、本解説が、本書の理解に何らかの形で資することがあれば幸甚である。最後となってしまったが、本書の訳出にあたっては多くの方から大変なご助力をいただいた。本書の下訳に携わっていただいた、安里早起氏。全ての訳稿を丹念に読み、わかりにくい箇所をこなれた日本語に直して下さった、藤枝侑夏氏。読書会や勉強会を通じて訳稿へのコメントをいただいた、寺本剛氏、竹中真也氏、齋藤宜之氏、板井広明氏、鶴田想人氏、立川雅司氏、田村典江氏。素晴らしい邦題を案出して下さった、塩谷賢氏、誤訳箇所をご指摘くださった、浅野幸治氏、亀山純生氏、吉永明弘氏、そして刊行に携わっていただいた勁草書房の渡邊光氏、橋本晶子氏に厚く御礼申し上げる。本書の訳出にあたっては、総合地球環境学研究所 ＦＥＡＳＴプロジェクト「持続可能な食の消費と生産を実現するライフワールドの構築――食農体系の転換にむけて」(14200116)、JSPS科研費若手研究「持続可能な地域づくりに資する〝思考の補助線〟としての風土概念の有効性の検討」(19K20513)、JSPS科研費基盤研究(B)「工学の学際的発展に対応する新たな工学倫理フレームワークの構築」(20H01179:藤木篤)の支援を受けた。記して謝意を表する。

二〇二〇年一一月

太田和彦

●著者
ポール・B・トンプソン（Paul B. Thompson）
1951年生。ミシガン州立大学哲学科教授。農業におけるバイオテクノロジーや食に関する倫理学・哲学的な考察を行った15冊の単著と編著、200以上の査読付き論文の著者・共著者である。『食農倫理学百科事典』（*Encyclopedia of Food and Agricultural Ethics,* 2014 未邦訳）を編纂・執筆。また、本書の原著である *From Field to Fork : Food Ethics for Everyone*（2015）は、北米社会哲学協会が選出する2015年の「今年の1冊」となった。2017年にWilliam J. Beal 賞を受賞。

●訳者
太田和彦（おおたかずひこ）
1985年生。総合地球環境学研究所助教。東京農工大学連合農学研究科修了。博士（農学）。訳書にポール・B・トンプソン『〈土〉という精神：アメリカの環境倫理と農業』農林統計出版、2017年など。

事項索引

＊各行事項のあとに書名を並べています

欧　文

あ　行

さ　行

た 行

な 行

は 行

ま　行

や　行

ら　行

わ 行

人名索引

さ 行

た　行

な　行

は　行

ま 行

や 行

ら 行

わ 行

参考文献一覧

Agrawal, Bina. *A Field of One's Own: Gender and Land Rights in South Asia*. Cambridge, UK: Cambridge University Press, 1994.

Alcoff. Linda, and Potter. Elizabeth, eds. *Feminist Epistemologies*. New York: Routledge, 2013.

Altieri, Miguel. *Agroecology: The Scientific Basis of Sustainable Agriculture*. Boulder, CO: Westview Press, 1987.

Altieri, Miguel. "Agroecology, Small Farms and Food Sovereignty." *Monthly Review* 61, No. 3 (2009) : 102–113.

Ames, Bruce N., and Gold.Lois Swarsky "Pesticides, Risk and Applesauce." *Science* 244 (1989) : 755–757.

Angell, Marcia. "The Ethics of Clinical Research in the Third World. *New England Journal of Medicine* 337 (1997) : 847–849.

Appleby, Michael C. *What Should We Do about Animal Welfare?* Oxford, UK: Blackwell Science, 1999.

Appleby, Michael C., Joy A. Mench, and Barry O. Hughes. *Poultry Behaviour and Welfare*. Cambridge, MA: CABI, 2004.

Aristotle. *Aristotle's Politics*. Translated by Benjamin Jowett. New York: Modern Library, 1943.〔内山勝利・神崎繁・中畑正志・相澤康隆・瀬口昌久訳『政治学・家政論（新版アリストテレス全集 第 17 巻)』岩波書店、2018 年〕

Ashford, Elizabeth. "The Duties Imposed by the Human Right to Basic Necessities." In *Freedom from Poverty as a Human Right: Who Owes What to the Very Poor?* Edited by T. Pogge, 183–218. Cambridge, UK: Polity Press, 2007.

Avotins, Ivars. "Training and Frugality in Seneca and Epicurus." *Phoenix* 31 (1977) : 214–217.

Bailey, Britt, and Marc Lappé. "Engineered Crops Struggle in West Texas." *Environmental Commons*. http://environmentalcommons.org/texasbrew.html. Accessed July 29, 2014.

Barnett, Barry J. "The US Farm Financial Crisis of the 1980s." *Agricultural History* 74 (2000) : 366–380.

Bauer, Martin W., John Durant, and George Gaskell, eds. *Biotechnology in the Public Sphere: A European Sourcebook*. London: NMSI Trading Ltd, 1998.

Bauer, M. W., and G. Gaskell, eds. *Biotechnology: The Making of a Global Controversy*. Cambridge, UK: Cambridge University Press, 2002.

Beekman, Volkert. "You Are What You Eat: Meat, Novel Protein Foods, and Consumptive

Freedom." *Journal of Agricultural and Environmental Ethics* 12, no. 2 (2000) : 185-196.

Belasco, Warren. *Meals to Come: The History of the Future of Food*. Berkeley: University of California Press, 2006.

Belasco, Warren. *Appetite for Change: How the Counter Culture Took On the Food Industry. 2nd updated ed.* Ithaca, NY: Cornell University Press, 2007.

Bernhardt, Annette, Ruth Milkman, Nik Theodore, Douglas Heckathorn, Mirabai Auer, James DeFilippis, Ana Luz González, Victor Narro, Jason Perelshteyn, Diana Polson, and Michael Spiller. *Broken Laws, Unprotected Workers: Violations of Labor and Employment Laws in American Cities*. New York: National Employment Law Project, 2009.

Binkley, J. K., J. Eales, and M. Jekanowski. "The Relation between Dietary Change and Rising US Obesity." *The Journal of Obesity* 24 (2000) : 1032-1039.

Biswasa, P. K., D. Biswasa, S. Ahmeda, A. Rahmanb, and N. C. Debnathc. "A Longitudinal Study of the Incidence of Major Endemic and Epidemic Diseases Affecting Semi-scavenging Chickens Reared under the Participatory Livestock Development Project Areas in Bangladesh." *Avian Pathology* 34 (2005) : 303-312.

Bockmühl, Jochen. "A Goethean View of Plants: Unconventional Approaches." In *Intrinsic Value and Integrity of Plants in the Context of Genetic Engineering*. Edited by D. Heaf and J. Wirz. Llanystumdwy, 26-31. Llanstumdwy, UK: International Forum for Genetic Engineering, 2001.

Bordo, Susan. *Unbearable Weight: Feminism, Western Culture, and the Body*. Berkeley: University of California Press, 1993.

Borgmann, Albert. *Real American Ethics: Taking Responsibility for Our Country*. Chicago: University of Chicago Press, 2006.

Borlaug, Norman E. "We Need Biotech to Feed the World." *Wall Street Journal*, December 6, 2000, A22.

Borlaug, Norman E. "Ending World Hunger. The Promise of Biotechnology and the Threat of Antiscience Zealotry." *Plant Physiology* 124 (2000) : 487-490.

Borlaug, Norman E. "Ending World Hunger. The Promise of Biotechnology and the Threat of Antiscience Zealotry." *Transactions* 89 (2001) : 1-13.

Borlaug, Norman E. "Sixty-two Years of Fighting Hunger: Personal Recollections." *Euphytica* 157, no. 3 (2007) : 287-297.

Bourgeois, Leanne. "A Discounted Threat: Environmental Impacts of the Livestock Industry." *Earth Common Journal* 2 (2012) , no page numbering.

Bovenkerk, Bernice, Frans WA Brom, and Babs J. Van den Bergh. "Brave New Birds: The Use of 'Animal Integrity' in Animal Ethics." *Hastings Center Report* 32, no. 1 (2002) : 16-22.

Boynton-Jarrett, Reneé, Tracy N. Thomas, Karen E. Peterson, Jean Wiecha, Arthur M. Sobol, and Steven L. Gortmaker. "Impact of Television Viewing Patterns on Fruit and Vegetable Consumption Among Adolescents." *Pediatrics* 112, no. 6 (2003) : 1321–1326.

Brülde, Bengdt, and J. Sandberg. *Hur bör vi handla? Filosofiska tankar om rättvisemärkt, ve-getariskt och ekologiskt*. Stockholm: Thales, 2012.

Butler, Judith, and Joan Wallach Scott. *Feminists Theorize the Political*. New York: Routledge, 1992.

Caballero, Benjamin. "The Global Epidemic of Obesity: An Overview." *Epidemiologic reviews* 29, no. 1 (2007) : 1–5.

Capper, Judith L. "The Environmental Impact of Beef Production in the United States: 1977 Compared with 2007." *Journal of Animal Science* 89, no. 12 (2011) : 4249–4261.

Capper, Judith L. "Is the Grass Always Greener? Comparing the Environmental Impact of Conventional, Natural and Grass-Fed Beef Production Systems." *Animals* 2 (2012) : 127–143.

Carson, Rachel. *Silent Spring*. Boston: Houghton Mifflin, 1962.〔青樹簗一訳『沈黙の春』新潮社、2001 年〕

Cartwright, Michael S., Francis O. Walker, Jill N. Blocker, Mark R. Schulz, Thomas A. Arcury, Joseph G. Grzywacz, Dana Mora, Haiying Chen, Antonio J. Marín, and Sara A. Quandt. "The Prevalence of Carpal Tunnel Syndrome in Latino Poultry Processing Workers and Other Latino Manual Workers." *Journal of Occupational and Environmental Medicine* 54, no. 2 (2012) : 198–201.

Cavell, Stanley, Cora Diamond, John McDowell, and Ian Hacking. *Philosophy and Animal Life*. New York: Columbia University Press, 2008.〔中川雄一訳『〈動物のいのち〉と哲学』春秋社、2010 年〕

Chadwick, Ruth. "Novel, Natural, Nutritious: Towards a Philosophy of Food." *Proceedings of the Aristotelian Society* (2000) : 193–208.

Charles, the Prince of Wales. "Reith Lecture 2000." In *Genetically Modified Foods: Debating Biotechnology*. Edited by Michael Ruse and David Castle, 11–15. Amherst, NY: Prometheus Press, 2002.

Charles, the Prince of Wales. "My 10 Fears for GM Food." The Daily Mail, June 1, 1999.

Cheng, Heng Wei, and W. M. Muir. "Mechanisms of Aggression and Production in Chickens: Genetic Variations in the Functions of Serotonin, Catecholamine, and Corticosterone." *World's Poultry Science Journal* 63, no. 2 (2007) : 233–254.

Cheng, Heng Wei. "Breeding of Tomorrow's Chickens to Improve Well-being." *Poultry Science* 89, no. 4 (2010) : 805–813.

Chrispeels, Maarten J. "Biotechnology and the Poor." Plant Physiology 124 (2000) : 3–6.

Cleaver, Harry M. "The Contradictions of the Green Revolution." *The American Economic Review* 62, no. 1/2 (1972) : 177–186.

Cochrane, Willard. *The Development of American Agriculture: A Historical Analysis*. Minneapolis: University of Minnesota Press, 1979.

Coleman-Jensen, Alisha, Mark Nord, and Anita Singh. Household Food Security in the United States in 2012. *Economic Research Report* No. (ERR-155) 41 September 2013. Washington, DC: Government Printing Office, 2013.

Comstock, Gary. "Is it Unnatural to Genetically Engineer Plants?" *Weed Science* 46 (1998) : 647–651.

Comstock, Gary. *Vexing Nature: On the Ethical Case Against Agricultural Biotechnology*. Boston: Kluwer Academic Publishers, 2000.

Comstock, Gary. "Ethics and Genetically Modified Foods." In *Genetically Modified Foods: Debating Biotechnology*. Edited by Michael Ruse and David Castle, 88–108. Amherst, NY: Prometheus Press, 2002.

Comstock, Gary. "Ethics and Genetically Modified Foods." In *Food Ethics*. Edited by F-T Gottwald, H. W. Ingensiep, and M. Meinhardt, 49–66. New York: Springer, 2010.

Conroy, Czech, Nick Sparks, D. Chandrasekaran, Anshu Sharma, Dinesh Shindey, L. R. Singh, A. Natarajan, K. Anitha. "Improving Backyard Poultry-Keeping: A Case Study from India." *AG-REN Network Paper* No. 146. UK Department for International Development: The Agricultural Research and Extension Network, 2005.

Conway, Gordon. "Open Letter to Greenpeace." In *Genetically Modified Foods: Debating Biotechnology*. Edited by Michael Ruse and David Castle, 63–64. Amherst, NY: Prometheus Press, 2002.

Cranor, Carl F. *Regulating Toxic Substances: A Philosophy of Science and the Law*. New York: Oxford University Press, 1993.

Cranor, Carl F. "How Should Society Approach the Real and Potential Risks Posed by New Technologies?" *Plant Physiology* 133 (2003) : 3–9.

Crocker, David A. *Ethics of Global Development: Agency, Capability and Deliberative Democracy*. Cambridge, UK: Cambridge University Press, 2008.

Crocker, David and Ingrid Robeyns. "Capability and Agency." In *Amartya Sen*. Edited by C. Morris, 60–90. New York: Cambridge University Press, 2010.

Crocker, Jennifer. "Social Stigma and Self-esteem: Situational Construction of Self-worth." *Journal of Experimental Social Psychology* 35, no. 1 (1999) : 89–107.

Cummings, Linda C. "The Political Reality of Artificial Sweeteners." In *Consuming Fears: The Politics of Product Risks*. Edited by H. M. Sapolsky, 116–140. New York: Basic Books, 1986.

Curry, Patrick. *Ecological Ethics: An Introduction*. 2nd ed. Cambridge, UK: Polity Press, 2011.

Dagicour, Florence. "Protecting the Environment: from Nucleons to Nucleotides." In *Genetically Modified Foods: Debating Biotechnology*. Edited by Michael Ruse and

David Castle, 251-264. Amherst, NY: Prometheus Press, 2002.
Dekkers, Jan. "Vegetarianism: Sentimental or Ethical?" *Journal of Agricultural and Environmental Ethics* 22 (2009) : 573-597.
Dewey, John. "The Reflex Arc Concept in Psychology." *Psychological Review* 3, no. 4 (1896) : 357-370.
Dewey, John. *Human Nature and Conduct: An Introduction to Social Psychology*. New York: Henry Holt and Company, 1922.〔河村望訳『デューイ＝ミード著作集 3 人間性と行為』人間の科学新社、2017 年〕
Dewey, John. *Logic: The Theory of Inquiry*. New York: Henry Holt and Company, 1938.〔河村望訳『行動の論理学：探求の理論』人間の科学新社、2017 年〕
Dieterle, Jill M. "Unnecessary Suffering." *Environmental Ethics* 30, no.1 (2008) : 51-67.
Douglass, Gordon. "The Meanings of Agricultural Sustainability." In *Agricultural Sustainability in a Changing World Order*. Edited by G. K. Douglass, 3-30. Boulder, CO: Westview Press, 1984.
Dresner, Simon. *The Principles of Sustainability 2nd Ed*. New York: Earthscan Press, 2008.
Drèze, Jean, and Amartya Sen. *Hunger and Public Action*. New York: Oxford University Press, 1989.
Duffey, Kiyah J., and Popkin, Barry M.. "Shifts in Patterns and Consumption of Beverages between 1965 and 2002." *Obesity* 15 (2007) : 2739-2747.
Durant, John, Martin W. Bauer, and George Gaskell, eds. *Biotechnology in the Public Sphere*. London: The Science Museum, 1998.
Ehrlich, Paul R. *The Population Bomb*. New York: Ballantine Books, 1968.〔宮川毅訳『人口爆弾』河出書房新社、197 年〕
Ehrlich, Paul R., and Anne H. Ehrlich. "The Population Bomb Revisited." *The Electronic Journal of Sustainable Development* 1, no. 3 (2009) ,
Eichenwald, Kurt, et al. "Biotechnology Food: From the Label to a Debacle." In *Genetically Modified Foods: Debating Biotechnology*. Edited by Michael Ruse and David Castle, 31-40. Amherst, NY: Prometheus Press, 2002.
Esterbrook, Barry. *Tomatoland: How Modern Industrial Agriculture Destroyed Our Most Alluring Fruit*. Kansas City, MO: Andrews McMeel Publishing, 2012.
Evans, Tim J. "Reproductive Toxicity and Endocrine Disruption." In *Veterinary Toxicology: Basic and Clinical Principles. 2nd ed*. Edited by Ramesh Chandra Gupt, 278-318. Waltham, MA: Academic Press, 2012.
Fairlie, Simon. *Meat: A Benign Extravagance*. White River Junction, VT: Chelsea Green Publishing, 2010.
Falcon, Walter P. "The Green Revolution: Generations of Problems." *American Journal of Agricultural Economics* 52, no. 5 (1970) : 698-710.
Ferrari, Arianna. "Animal Disenhancement for Animal Welfare: The Apparent

Philosophical Conundrums and the Real Exploitation of Animals. A Response to Thompson and Palmer." *NanoEthics* 6, no. 1 (2012) : 65–76.

Figueroa, Robert, and Mills, Claudia. "Environmental Justice." In A *Companion to Environmental Philosophy*. Edited by D. Jamison, 426–438. Oxford, UK: Basil Blackwell, 2001.

Fink, Deborah. *Cutting into the Meatpacking Line: Workers and Change in the Rural Midwest*. Chapel Hill: University of North Carolina Press, 1998.

Foucault, Michel. *The History of Sexuality*. New York: Vintage Books, 1990.〔渡辺守章訳『知への意志（性の歴史）』新潮社、1986 年〕

Foucault, Michel. *Abnormal: Lectures at the Collège de France, 1974–1975*. London: Verso, 2003.〔慎改康之訳『ミシェル・フーコー講義集成〈5〉異常者たち』筑摩書房、2002 年〕

Fraser, David. "Animal Ethics and Animal Welfare Science: Bridging the Two Cultures." *Applied Animal Behaviour Science* 65, no. 3 (1999) : 171–189.

Fraser, David, Dan M. Weary, Edward A. Pajor, and Barry N. Milligan. "A Scientific Conception of Animal Welfare that Reflects Ethical Concerns." *Animal Welfare* 6 (1997) : 187–205.

Frewer, Lynn J., Roger Shepherd, and Paul Sparks. "Public Concerns in the United Kingdom about General and Specific Aspects of Genetic Engineering: Risk, Benefit and Ethics." *Science, Technology & Human Values* 22 (1997) : 98–124.

Garnett, Tara. "Where Are the Best Opportunities for reducing Greenhouse Gas Emissions in the Food System (Including the Food Chain) ?" *Food Policy* 36 (2011) : S23–S32.

Gaskell, George, and Martin W. Bauer, eds. *Biotechnology: The Years of Controversy*, London: The Science Museum, 2001.

Gaud, William S. "The Green Revolution: Accomplishments and Apprehensions." *AgBioWorld*. 2011 [1968]. http://www.agbioworld.org/biotech-info/topics/borlaug/borlaug-green.html.

Giddens, Anthony. *Modernity and Self-identity: Self and Society in the Late Modern Age*. Palo Alto, CA: Stanford University Press, 1991.〔秋吉美都・安藤太郎・筒井淳也訳『モダニティと自己アイデンティティ—後期近代における自己と社会』ハーベスト社、2005 年〕

Giménez, Eric Holt, and Shattuck, Annie. "Food Crises, Food Regimes and Food Movements: Rumblings of Reform or Tides of Transformation?" *Journal of Peasant Studies* 38 (2011) : 109–144.

Glacken, Clarence J. *Traces on the Rhodian Shore: Nature and Culture in Western Thought from Ancient Times to the End of the Eighteenth Century*. Berkeley: University of California Press, 1973.

Godlovitch, Stanley, Roslind Godlovitch, and John Harris, eds. *Animals, Men, and Morals:*

An Enquiry into the Maltreatment of Non-Humans. New York: Taplinger Publishing Company, 1972.

Goklany, Indur. "Applying the Precautionary Principle to Genetically Modiefied Crops." In *Genetically Modified Foods: Debating Biotechnology*. Edited by Michael Ruse and David Castle, 265-291. Amherst, NY: Prometheus Press, 2002.

Greenpeace. "Genetically Engineered 'Golden Rice' Is Fool's Gold." In *Genetically Modified Foods: Debating Biotechnology*. Edited by Michael Ruse and David Castle, 52-54. Amherst, NY: Prometheus Press, 2002.

Griffin, Keith. *The Political Economy of Agrarian Change, An Essay on the Green Revolution*. London: Macmillan, 1974.

Guerinot, Mary Lou. "The Green Revolution Strikes Gold." In *Genetically Modified Foods: Debating Biotechnology*. Edited by Michael Ruse and David Castle, 41-44. Amherst, NY: Prometheus Press, 2002.

Gunderson, Lance H., and C. S. Holling, eds. *Panarchy: Understanding Transformations in Human and Natural Systems*. Washington, DC: Island Press, 2002.

Gussow, Joan Dye. "Improving the American Diet," *Journal of Home Economics* 65, no. 8 (1973) : 6-10.

Gussow, Joan Dye. *The Feeding Web: Issues in Nutritional Ecology*. Palo Alto, CA: Bull Publishing Co., 1978.

Guthman, Julie. *Agrarian Dreams: The Paradox of Organic Farming in California*. Berkeley: University Press of California, 2004.

Guthman, Julie. "Commentary on Teaching Food: Why I Am Fed Up with Michael Pollan et al." *Agriculture and Human Values* 24 (2007) : 261-264.

Habermas, Jürgen. *Moral Consciousness and Communicative Action*. Cambridge, MA: MIT Press, 1999.〔三島憲一・木前利秋・中野敏男訳『道徳意識とコミュニケーション行為』岩波書店、2000年〕

Hanson, Victor Davis. *The Other Greeks: The Family Farm and the Roots of Western Civilization. 2nd ed*. Berkeley: University of California Press, 1999.

Hardin, Garrett. "The Tragedy of the Commons." Science 162 (1968) : 1243-1248.

Hardin, Garrett. "Lifeboat Ethics: The Case against Helping the Poor." *Psychology Today Magazine* 8 (September, 1974) : 38-43, 123-126.

Hardin, Garrett. "Carrying Capacity as an Ethical Concept." *Soundings* 58 (1976) : 120-137.

Hardin, Garrett. *The Limits of Altruism: An Ecologist's View of Survival*. Bloomington: University of Indiana Press, 1976.

Harrington, James A. *The Common-Wealth of Oceana*. London: J. Streater for Livewell Chapman, 1656.

Harrison, Ruth. *Animal Machines: The New Factory Farming Industry*. Stuart & J.M. Warkins, 1964.〔橋本明子訳『アニマル・マシーン―近代畜産にみる悲劇の主役たち』

講談社、1979 年〕

Hausman, Daniel, and Michael McPherson. "Economics, Rationality, and Ethics." In *The Philosophy of Economics: An Anthology. 2nd ed*. Edited by Daniel Hausman, 252–277. New York: Cambridge University Press, 1994.

Hayes, A. Wallace. "Retraction Notice to 'Long Term Toxicity of a Roundup Herbicide and a Roundup-tolerant Genetically Modified Maize.'" *Food and Chemical Toxicity* 63 (2014) : 244.

Hayes, Wallace. "Reply to Letter to the Editor." *Food and Chemical Toxicology* 65 (2014) : 394–395.

Haynes, Richard P. "The Myth of Happy Meat." In *The Philosophy of Food*. Edited by D. Kaplan, 161–168. Berkeley, CA: University of California Press, 2012.

Hegel, G. W. F. *Philosophy of History*. Translated by J. Sibree. Mineola, NY: Dover, 1956.

Henning, Brian G. "Standing in Livestock's 'Long Shadow': The Ethics of Eating Meat on a Small Planet." *Ethics & the Environment* 16, no. 2 (2011) : 63–93.

Hesseltine, Clifford W., John J. Ellis, and Odette L. Shotwell. "Helminthosporium: Secondary Metabolites, Southern Leaf Blight of Corn, and Biology." *Journal of Agricultural and Food Chemistry* 19 (1971) : 707–717.

Hesser, Leon F. *The Man Who Fed the World: Nobel Peace Prize Laureate Norman Borlaug and His Battle to End World Hunger: An Authorized Biography*. Dallas: Durban House Publishing Company, 2006.

Hobbs, Richard J., Eric S. Higgs, and Carol M. Hall. "Defining Novel Ecosystems." In *Novel Ecosystems: Intervening in the New Ecological World Order*. Edited by R. J. Hobbs, E. S. Higgs, and C. M. Hall, 58. Hoboken, NJ: John Wiley and Sons, 2013.

Holm, Søren. "Parental Responsibility and Obesity in Children." *Public Health Ethics* 1, no. 1 (2008) : 21–29.

Hurt, R. Douglas. *American Agriculture: A Brief History*. Rev. ed. West Lafayette, IN: Purdue University Press, 2002.

Ilea, Ramona Cristina. "Intensive Livestock Farming: Global Trends, Increased Environmental Concerns, and Ethical Solutions." *Journal of Agricultural and Environmental Ethics* 22, no 2 (2009) : 153–167.

Ingenbleek, Paul, Victor M. Immink, Hans AM Spoolder, Martien H. Bokma, and Linda J. Keeling. "EU Animal Welfare Policy: Developing a Comprehensive Policy Framework." *Food Policy* 37, no. 6 (2012) : 690–699.

Intergovernmental Panel on Climate Change. *Climate Change 2013: The Physical Science Basis*. Cambridge, UK: Cambridge University Press, 2013.

Jackson, Debra. "Labeling Products of Biotechnology: Towards Communication and Consent." *Journal of Agricultural and Environmental Ethics* 12 (2000) : 319–330.

Jefferson, Thomas. *Notes on the State of Virginia*. Originally published 1784. http://www.

learnnc.org/lp/editions/nchist-newnation/4478. Accessed December 16, 2013.
Jegede, Ayodele Samuel. "What Led to the Nigerian Boycott of the Polio Vaccination Campaign?" *PLoS Medicine* 4, no. 3 (2007) : e73.
Juma, Calestus. *The Gene Hunters: Biotechnology and the Scramble for Seeds*. Princeton, NJ: Princeton University Press, 1988.
Karlen, Guillermo A.M., Paul H. Hemsworth, Harold W. Gonyou, Emma Fabrega, A. David Strom, and Robert J. Smits. "The Welfare of Gestating Sows in Conventional Stalls and Large Groups on Deep Litter." *Applied Animal Behaviour Science* 105 (2007) : 87–101.
Kasperson, Jeanne X., Roger E. Kasperson, Nick Pidgeon, and Paul Slovic. "The Social Amplification of Risk: Assessing Fifteen Years of Research and Theory." In *The Social Amplification of Risk*. Edited by N. Pidgeon, R. E. Kasperson, and P. Slovic, 13–46. New York: Cambridge University Press, 2003.
Kass, Leon. "The Wisdom of Repugnance." *The New Republic*, June 2, 1997, 17–26.
Kelly, Patrick J., Daniel Chitauro, Christopher Rohde, John Rukwava, Aggrey Majok, Frans Davelaar, and Peter R. Mason. "Diseases and Management of Backyard Chicken Flocks in Chitungwiza, Zimbabwe." *Avian Diseases* 38, no. 3 (1994) : 626–629.
Kessler, David A. *The End of Overeating: Taking Control of the Insatiable American Appetite*. New York: Rodale Books, 2009.
Kilama, Wen L. "Ethical Perspective on Malaria Research for Africa." *Acta tropica* 95, no. 3 (2005) : 276–284.
Kloor, Keith. "The GMO-Suicide Myth." *Issues in Science and Technology* 30, no. 2 (2014) : 65–70.
Kloppenburg, Jack, Jr. *First the Seed: The Political Economy of Plant Biotechnology, 1492–2000*. Cambridge, UK: Cambridge University Press, 1988.
Kneen, Brewster. "A Naturalist Looks at Agricultural Biotechnology." In *Engineering the Farm: Ethical and Social Aspects of Agricultural Biotechnology*. Edited by B. Bailey and M. Lappé, 45–60. Washington, DC: Island Press, 2002.
Knight, Louise W. *Jane Addams: Spirit in Action*. New York: W.W. Norton, 2010.
Kolb, David A. *Experiential Learning: Experience as the Source of Learning and Development. Vol. 1*. Englewood Cliffs, NJ: Prentice-Hall, 1984.
Kolb, David A., Richard E. Boyatzis, and Charalampos Mainemelis. "Experiential Learning Theory: Previous Research and New Directions." In *Perspectives on Thinking, Learning, and Cognitive Styles*. Edited by Robert J. Sternberg and Li-Fang Zhang, 227–247. Mahwah, NJ: Lawrence Erlbaum Associates, 2001.
Korsmeyer, Caroline. *Making Sense of Taste: Food and Philosophy*. Ithaca, NY: Cornell University Press, 1999.
Korthals, Michiel. "Ethics of Differences in Risk Perception and Views on Food Safety." *Food Protection Trends* 24, no. 7 (2004) : 30–35.

Korthals, Michiel. "Obesity Genomics: Struggle over Responsibilities." In *Genomics, Obesity, and the Struggle over Responsibilities*. Edited by M. Korthals, 77–94. Dordrecht, NL: Springer, 2011.

Korthals, Michiel. "Prevention of Obesity and Personalized Nutrition: Public and Private Health." In *Genomics, Obesity, and the Struggle over Responsibilities*. Edited by M. Korthals, 191–205. Dordrecht, NL: Springer, 2011.

Korthals, Michiel. "Three Main Areas of Concern, Four Trends in Genomics, and Existing Deficiencies in Academic Ethics." In *Genomics, Obesity, and the Struggle over Responsibilities*. Edited by M. Korthals, 59–76. Dordrecht, NL: Springer, 2011.

Krimsky, Sheldon. *Hormonal Chaos: The Scientific and Social Origins of the Environmental Endocrine Hypothesis*. Baltimore: Johns Hopkins University Press, 2000.

Krimsky, Sheldon. "Risk Assessment and Regulation of Bioengineered Food Products." *International Journal of Biotechnology* 2 (2002) : 231–238.

Kunkel, Harriet O. "Nutritional Science at Texas A&M University, 1888–1984." *Texas Agricultural Experiment Station Bulletin* No. 1490, College Station, TX. June 1985.

Kwan, Samantha. "Individual versus Corporate Responsibility: Market Choice, the Food Industry, and the Pervasiveness of Moral Models of Fatness." Food, Culture and Society: *An International Journal of Multidisciplinary Research* 12, no. 4 (2009) : 477–495.

Landecker, Hannah. "Food as Exposure: Nutritional Epigenetics and the New Metabolism." *BioSocieties* 2 (2011) : 167–194.

Landlahr, Victor H. *You Are What You Eat*. New York: National Nutrition Society, 1942.

Lappé, Frances Moore. *Diet for a Small Planet*. New York: Ballantine Books, 1975. 〔奥沢喜久栄訳『小さな惑星の緑の食卓—現代人のライフ・スタイルをかえる新食物読本』講談社、1982 年〕

Lawlor, Leonard. *This Is Not Sufficient: An Essay on Animality and Human Nature in Derrida*. New York: Columbia University Press, 2007.

LeBesco, Kathleen. "Neoliberalism, Public Health, and the Moral Perils of Fatness." *Critical Public Health* 21, no. 2 (2011) : 153–164.

Leder, Drew. "Old McDonald's Had a Farm: The Metaphysics of Factory Farming." *Journal of Animal Ethics* 2 (2012) : 73–86.

Lee, Albert, and Gibbs, Susannah E.. "Neurobiology of Food Addiction and Adolescent Obesity Prevention in Low- and Middle-Income Countries." *Journal of Adolescent Health* 52, no.2 (2013) : S39–S42.

Lehman, Hugh. *Rationality and Ethics in Agriculture*. Moscow: University of Idaho Press, 1995.

Lewis, Kristina H., and Rosenthal, Meredith B.. "Individual Responsibility or a Policy

Solution — Cap and Trade for the U.S. Diet?" *New England Journal of Medicine* 365, no. 17 (2011) : 1561–1563.

Loureiro, Maria L., and Wendy J. Umberger. "A Choice Experiment Model for Beef: What US Consumer Responses Tell Us about Relative Preferences for Food Safety, Country-of-Origin Labeling and Traceability." *Food Policy* 32 (2007) : 496–514.

Magnus, David. "Intellectual Property and Agricultural Biotechnology: Bioprospecting or Biopiracy?" In *Who Owns Life?* Edited by D. Magnus and G. McGee, 265–276. Amherst, NY: Prometheus Books, 2002.

Maier, Donald S. *What's So Good about Biodiversity? A Call for Better Reasoning about Nature's Value*. Dordrecht, NL: Springer, 2012.

Mazoyer, Marcel, and Lawrence Roudart. *A History of World Agriculture from the Neolithic to the Present Age*. Translated by James H. Membrez. London: Earthscan, 2006.

McMichael, Anthony, and Ainslie J. Butler. "Environmentally Sustainable and Equitable Meat Consumption in a Climate Change World." In *The Meat Crisis: Developing More Sustainable Production and Consumption*. Edited by Joyce D'Silva and John Webster, 173–189. London: Earthscan, 2010.

McWilliams, James E. *Just Food: How Locavores Are Endangering the Future of Food and How We Can Eat Responsibly*. New York: Little Brown, 2009.

Mello, Michelle M., and Meredith B. Rosenthal. "Wellness Programs and Lifestyle Discrimination — The Legal Limits." *New England Journal of Medicine* 359, no. 2 (2008) : 192–199.

Mesnage, Robin, Christian Moesch, Rozenn Le Grand Grand, Guillaume Lauthier, Joël Spiroux de Vendômois, Steeve Gress, and Gilles-Éric Séralini. "Glyphosate Exposure in a Farmer's Family." *Journal of Environmental Protection* 3 (2012) : 1001–1003.

Mesnage, Robin, and Gilles-Éric Séralini. The Need for a Closer Look at Pesticide Toxicity during GMO Assessment, in *Practical Food Safety: Contemporary Issues and Future Directions*. Edited by R. Bhat and V. M. Gómez-López. Chichester, UK: John Wiley & Sons, 2014.

Midgley, Mary. "Biotechnology and Monstrosity: Why We Should Pay Attention to the 'Yuk Factor.'" *Hastings Center Report* 30, no. 5 (2000) : 7–15.

Mill, John Stuart. *On Liberty*. New York: Library of Liberal Arts, 1956 [1859]. 〔関口正司訳『自由論』岩波書店、2020 年〕

Miller, Henry I. *Policy Controversy in Biotechnology: An Insider's View*. San Diego: Academic Press, 1997.

Miller, Henry, and Gregory Conko. "Precaution without Principle." In *Genetically Modified Foods: Debating Biotechnology*. Edited by Michael Ruse and David Castle, 292–298. Amherst, NY: Prometheus Press, 2002.

Minkler, Meredith. "Personal Responsibility for Health? A Review of the Arguments and the Evidence at Century's End." *Health Education & Behavior* 26, no. 1 (1999) : 121–141.

Mintz, Sidney. *Sweetness and Power: The Place of Sugar in Modern History*. New York: Penguin Books, 1985.〔川北稔・和田弘光訳『甘さと権力：砂糖が語る近代史』平凡社、1988 年〕

Mishan, Ezra J. "The Futility of Pareto-Efficient Distributions." *The American Economic Review* (1972) : 971–976.

Mitchell, Greg. *The Campaign of the Century: Upton Sinclair's Race for Governor of California and the Birth of Media Politics*. Sausalito, CA: Polipoint Press, 2010.

Mohai, P., D. Pellow, and J. T. Roberts. "Environmental Justice." *Annual Review of Environment and Resources* 34 (2009) : 405–430.

Mooney, Pat Roy. *The Law of the Seed: Another Development and Plant Genetic Resources*. Uppsala, SE: Dag Hammarskjold Foundation, 1983.

Nagel, Thomas. "What Is It Like to Be a Bat?" *The Philosophical Review* 83, no. 4 (1974) : 435–450.

Nagel, Thomas. "Poverty and Food: Why Charity Is Not Enough." In *Food Policy: The Responsibility of the United States in Life and Death Choices*. Edited by P. Brown and H. Shue, 54–62. Boston: The Free Press, 1977.

Nagel, Thomas. *The View from Nowhere*. New York: Oxford University Press, 1989.〔中村昇・鈴木保早・山田雅大・岡山敬二・齋藤宜之・新海太郎訳『どこでもないところからの眺め』春秋社、2009 年〕

Nagel, Thomas, and Sterba, James. "Agent-Relative Morality." In *The Ethics of War and Nuclear Deterrence*. Belmont, CA: Wadsworth, 1985.

Norgaard, Kari Marie, Ron Reed, and Carolina Van Horn. "A Continuing Legacy: Institutional Racism, Hunger and Nutritional Justice in the Klamath." In *Cultivating Food Justice: Race, Class and Sustainability*. Edited by A. H. Alkon and J. Agyeman, 32–46. Cambridge, MA: MIT Press, 2011.

Norwood, Bailey, and Jayson Lusk. *Compassion by the Pound: The Economics of Animal Welfare*. New York: Oxford University Press, 2012.

Nuffield Council on Bioethics (UK) . *Genetically Modified Crops: The Ethical and Social Issues*. London: Nuffield Council 1999.

Nuffield Council on Bioethics (UK) . *The Use of Genetically Modified Crops in Developing Countries: A Follow-up Discussion Paper*. London: Nuffield Council, 2003.

Nussbaum, Martha. *The Therapy of Desire: Theory and Practice in Hellenistic Ethics*. Princeton, NJ: Princeton University Press, 1994.

Nussbaum, Martha. *Women and Human Development: The Capabilities Approach*. Cambridge, UK: Cambridge University Press, 2000.

Nussbaum, Martha C. *Frontiers of Justice: Disability, Nationality and Species Membership.* Cambridge, MA: Harvard University Press, 2007.〔神島裕子訳『正義のフロンティア：障碍者・外国人・動物という境界を越えて』法政大学出版局、2012 年〕

Okie, Susan. "The Employer as Health Coach." *New England Journal of Medicine* 357, no. 15 (2007) : 1465.

Oliver, Kelly. *Animal Lessons: How They Teach Us to Be Human.* New York: Columbia University Press, 2009.

O'Neill, Onora. *Faces of Hunger.* London: G. Allen & Unwin, 1986.

Paarlberg, Robert. *Starved for Science: How Biotechnology Is Being Kept Out of Africa.* Cambridge, MA: Harvard University Press, 2009.

Parfit, Derek. *Reasons and Persons.* New York: Oxford University Press, 1984.〔森村進訳『理由と人格：非人格性の倫理へ』勁草書房、1998 年〕

Patel, Raj. *Stuffed and Starved: Markets, Power, and the Hidden Battle for the World Food System.* London: Portobello Books, 2007.

Patel, Raj. "What Does Food Sovereignty Look Like?" *Journal of Peasant Studies* 36 (2009) : 663–673.

Pearce, Jamie, Tony Blakely, Karen Witten, and Phil Bartie. "Neighborhood Deprivation and Access to Fast-food Retailing: A National Study." *American Journal of Preventive Medicine* 35 (2007) : 375–382.

Pence, Gregory. *Designer Genes: Mutant Harvest or Breadbasket of the World?* Lanham, MD: Rowman & Littlefield, 2002.

Peterson, Tarla Rae. *Sharing the Earth: The Rhetoric of Sustainable Development.* Columbia: University of South Carolina Press, 1997.

Petterson, J. S. "Perception vs. Reality of Radiological Impact: The Goiânia Model." *Nuclear News* 31, no 14 (1988) : 84–90.

Pinstrup-Andersen, Per, and Ebbe Schiøler, eds. *Seeds of Contention: World Hunger and the Global Controversy Over GM Crops.* Baltimore: Johns Hopkins University Press, 2000.

Pirog, Rich, Timothy Van Pelt, Kanmar Enshayan, and Ellen Cook. *Food, Fuel, and Freeways: An Iowa Perspective on How Far Food Travels, Fuel Usage, and Greenhouse Gas Emissions.* Ames, IA: The Leopold Center for Sustainable Agriculture, 2001. http://www.leopold.iastate.edu/pubs-and-papers/2001-06-food-fuelfreeways#sthash.ORJYKcKN.dpuf. Accessed August 25, 2013.

Pitesky, Maurice E., Kimberly R. Stackhouse, and Frank M. Mitloehner. "Clearing the Air: Livestock's Contribution to Climate Change." *Advances in Agronomy* 103 (2009) : 1–40.

Place, Sara E., and Frank M. Mitloehner. "Contemporary Environmental Issues: A Review of the Dairy Industry's Role in Climate Change and Air Quality and the Potential of Mitigation through Improved Production Efficiency." *Journal of Dairy Science* 93, no. 8

(2010)：3407–3416.

Place, Sara E., and Frank M. Mitloehner. "Beef Production in Balance: Considerations for Life Cycle Analyses." *Meat Science* 92, no. 3 (2012)：179–181.

Pogge, Thomas. *World Poverty and Human Rights*. Cambridge, UK: Polity Press, 2007.〔立岩真也訳『なぜ遠くの貧しい人への義務があるのか：世界的貧困と人権』生活書院、2010〕

Pollan, Michael. *The Omnivore's Dilemma: A Natural History of Four Meals*. New York: Penguin Press, 2004.〔ラッセル秀子訳『雑食動物のジレンマ：ある4つの食事の自然史〈上・下〉』東洋経済新報社、2009年〕

Pollan, Michael. "Farmer in Chief." *New York Times Magazine*, October 12, 2008.

Pollan, Michael. *In Defense of Food: An Eater's Manifesto*. New York: Penguin Books, 2008.〔高井由紀子訳『ヘルシーな加工食品はかなりヤバい―本当に安全なのは「自然のままの食品」だ』青志社、2009年〕

Pollan, Michael. "The Food Movement, Rising." *The New York Review of Books* 10 (2010)：31–33.

Potrykus, Ingo. "Golden Rice and the Greenpeace Dilemma." In *Genetically Modified Foods: Debating Biotechnology*. Edited by Michael Ruse and David Castle, 55–57. Amherst, NY: Prometheus Press, 2002.

Powell, Douglas, and William Leiss. *Mad Cows and Mother's Milk: The Perils of Poor Risk Communication. Montreal*: McGill-Queens University Press, 1997.

Pretty, Jules N., Andy S. Ball, Tim Lang, and James IL Morison. "Farm Costs and Food miles: An Assessment of the Full Cost of the UK Weekly Food Basket." *Food Policy* 30, no. 1 (2005)：1–19.

Priest, Susanna. *A Grain of Truth*. Lanham, MD: Rowman and Littlefield, 2001.

Proffitt, Fiona. "In Defense of Darwin and a Former Icon of Evolution." *Science* 304 (2004)：1894–1895.

Ragland, John D., and Alan L. Berman. "Farm Crisis and Suicide: Dying on the Vine?" *OMEGA — The Journal of Death and Dying* 22, no. 3 (1990)：173–185.

Rasmussen, Knud. *Intellectual Culture of the Iglulik Eskimos: Report of the Fifth Thule Expedition, Vol. VII. No. 1*. Copenhagen: Gylendalske Boghandel, Nordisk Forlag, 1929. From a reprint published in New York: AMS Press, 1976.

Rawls, John. *The Theory of Justice*. Cambridge, MA: Harvard University Press, 1972.〔川本隆史・福間聡・神島裕子訳『正義論』紀伊國屋書店、2010年〕

Rawls, John. *Political Liberalism*. New York: Columbia University Press, 1993.

Regan, Tom. *The Case for Animal Rights*. Berkeley: University of California Press, 1983.

Reiss, Michael J., and Roger Straughn. *Improving Nature: The Science and Ethics of Genetic Engineering*. Cambridge, UK: Cambridge University Press, 1996.

Robson, J. M. et al., eds. *Collected Works of John Stuart Mill*. Toronto/London: University

of Toronto Press, 1963-1991.〔オンラインで公開 https://oll.libertyfund.org/titles/mill-collected-works-of-john-stuart-mill-in-33-vols〕

Rollin, Bernard E. *Farm Animal Welfare: Social, Bioethical and Research Issues*. Ames: Iowa State University Press, 1995.

Rollin, Bernard E. *The Frankenstein Syndrome: Ethical and Social Issues in the Genetic Engineering of Animals*. New York: Cambridge University Press, 1995.

Rolston, Holmes, III. *Genes, Genesis, and God: Values and their Origins in Natural and Human History*. Cambridge, UK: Cambridge University Press, 1999.

Ronald, Pamela C., and Raoul W. *Adamchak. Tomorrow's Table: Organic Farming, Genetics, and the Future of Food*. New York: Oxford University Press, 2008.

Rosen, Joseph D. "Much Ado about Alar." *Issues in Science and Technology* 7, no. 1 (1990) : 85–90.

Rozin, Paul, Linda Millman, and Carol Nemeroff. "Operation of the Laws of Sympathetic Magic in Disgust and Other Domains." *Journal of Personality and Social Psychology* 50 (1986) : 703–712.

Rozin, Paul, Claude Fischler, Sumio Imada, Alison Sarubin, and Amy Wrzesniewski. "Attitudes to Food and the Role of Food in Life in the U.S.A., Japan, Flemish Belgium and France: Possible Implications for the Diet-Health Debate." *Appetite* 33 (1999) : 163–180.

Ruse, Michael, and David Castle, eds. *Genetically Modified Foods: Debating Biotechnology*. Amherst, NY: Prometheus Press, 2002.

Sachs, Carolyn. *Gendered Fields: Rural Women, Agriculture, and Environment*. Boulder, CO: Westview Press, 1996.

Sachs, Jeffrey. *The End of Poverty: Economic Possibilities for Our Time*. New York: Penguin Press, 2006.〔鈴木主税・野中邦子訳『貧困の終焉―2025年までに世界を変える』早川書房、2006年〕

Sagoff, Mark. "Values and Preferences." *Ethics* (1986) : 301–316.

Sagoff, Mark. "Biotechnology and the Natural," *Philosophy and Public Policy Quarterly* 21 (2001) : 1–5.

Sandler, Ronald. "An Aretaic Objection to Agricultural Biotechnology." *Journal of Agricultural and Environmental Ethics* 17 (2004) : 301–317.

Sandler, Ronald. *Character and Environment: A Virtue-oriented Approach to Environmental Ethics*. New York: Columbia University Press, 2005.

Sandøe, Peter, Birte Lindstrøm Nielsen, Lars Gjøl Christensen, and P. Sorensen. "Staying Good while Playing God: The Ethics of Breeding Farm Animals." *Animal Welfare* 8, no. 4 (1999) : 313–328.

Schanbacher, William D. *The Politics of Food: The Global Conflict Between Food Security and Food Sovereignty*. Santa Barbara, CA: ABC-CLIO, 2010.

Schermer, Maartje. "Genomics, Obesity and Enhancement." In *Genomics, Obesity, and the Struggle over Responsibilities*. Edited by M. Korthals, 131–148. Dordrecht, NL: Springer, 2010.

Schlosser, Eric. *Fast Food Nation: The Dark Side of the American Meal*. Boston: Houghton-Mifflin, 2001.〔楡井浩一訳『ファストフードが世界を食いつくす』草思社、2013 年〕

Schultz, Theodore W. "Impact and Implications of Foreign Surplus Disposal on Underdeveloped Economies: Value of U.S. Farm Surpluses to Underdeveloped Countries." *American Journal of Agricultural Economics* 42 (1960) : 1019–1030.

Schwartz, Stephan A. "The Great Experiment: Genetically Modified Organisms, Scientific Integrity, and National Wellness." EXPLORE: *The Journal of Science and Healing* 9, no. 1 (January–February 2013) : 12–16.

Scrinis, Gyorgy. "Nutritionism and Functional Foods." In *The Philosophy of Food*. Edited by D. Kaplan, 269–291. Berkeley: University of California Press, 2012.

Sen, Amartya. *Poverty and Famine: An Essay on Entitlement and Deprivation*. New York: Oxford University Press, 1981.

Séralini, Gilles-Éric, Joël Spiroux De Vendômois, Dominique Cellier, Charles Sultan, Marcello Buiatti, Lou Gallagher, Michael Antoniou, and Krishna R. Dronamraju. "How Subchronic and Chronic Health Effects Can Be Neglected for GMOs, Pesticides or Chemicals." *International Journal of Biological Sciences* 5 (2009) : 438–443.

Séralini, Gilles-Éric, Emilie Clair, Robin Mesnage, Steeve Gress, Nicolas Defarge, Manuela Malatestab, Didier Hennequinc, and Joël Spiroux de Vendômois. "Long Term Toxicity of a Roundup Herbicide and a Roundup-tolerant Genetically Modified Maize." *Food and Chemical Toxicology* 50 (2012) : 4221–4231.

Séralini, Gilles-Éric, Emilie Clair, Robin Mesnage, Steeve Gress, Nicolas Defarge, Manuela Malatestab, Didier Hennequinc, and Joël Spiroux de Vendômois. "Republished Study: Long-Term Toxicity of a Roundup Herbicide and a Roundup-tolerant Genetically Modified Maize." *Environmental Sciences Europe* 26, no. 1 (2014) : 14.

Séralini, Gilles-Éric, Robin Mesnage, Nicolas Defarge, and Joël Spiroux de Vendômois. "Conclusiveness of Toxicity Data and Double Standards." *Food and Chemical Toxicology* 69 (2014) : 357–359.

Shapin, Stephen. *Never Pure: Historical Studies of Science as if It Was Produced by People with Bodies, Situated in Time, Space, Culture and Society, and Struggling for Credibility and Authority*. Baltimore: Johns Hopkins University Press, 2010.

Sharma, Kirti and Paradakar, Manish."The Melamine Adulteration Scandal," *Food Security* 2, no. 1 (2010) : 97–107.

Shavers, Vickie L., Charles F. Lynch, and Leon F. Burmeister."Knowledge of the Tuskegee Study and Its Impact on the Willingness to Participate in Medical Research Studies." *Journal of the National Medical Association* 92, no. 12 (2000) : 563–572.

Sherlock, Richard, and John Morrey, eds. *Ethical Issues in Biotechnology*. Lanham, MA: Rowman and Allenheld, 2002.

Shipley, Orby. *A Theory about Sin in Relation to Some Facts about Daily Life*. London: Macmillan, 1875.

Shiva, Vandana. *The Violence of Green Revolution: Third World Agriculture, Ecology and Politics*. London: Zed Books, 1991.〔浜谷喜美子訳『緑の革命とその暴力』日本経済評論社、1997 年〕

Shiva, Vandana. *Monocultures of the Mind: Perspectives on Biodiversity and Biotechnology*. London: Palgrave Macmillan, 1993.〔高橋由紀・戸田清訳『生物多様性の危機：精神のモノカルチャー』明石書店、2003 年〕

Shiva, Vandana. *Biopiracy: The Plunder of Nature and Knowledge*. Cambridge, MA: South End Press, 1997.〔松本丈二訳『バイオパイラシー：グローバル化による生命と文化の略奪』緑風出版、2002 年〕

Shiva, Vandana. "Golden Rice Hoax: When Public Relations Replace Science." In *Genetically Modified Foods: Debating Biotechnology*. Edited by Michael Ruse and David Castle, 58–62. Amherst, NY: Prometheus Press, 2002.

Shiva, Vandana. "Beyond Reductionism." In *Science, Seeds and Cyborgs: Biotechnology and the Appropriation of Life*. Edited by Finn Bowring. London: Verso Press, 2003.

Shiva, Vandana. *Earth Democracy: Justice, Sustainability and Peace*. Cambridge, MA: South End Press, 2005.〔山本規雄訳『アース・デモクラシー：地球と生命の多様性に根ざした民主主義』明石書店、2007 年〕

Shiva, Vandana. "The Fine Print of the Food Wars." *The Asian Age*, July 16, 2014, http://www.asianage.com/columnists/fine-print-food-wars-538, accessed July 29, 2014.

Shiva, Vandana, and Ingunn Moser. *Biopolitics: A Feminist and Ecological Reader on Biotechnology*. London: Zed Books, 1995.

Shiva, Vandana, and Afsar H. Jafri. "Bursting the GM Bubble: The Failure of GMOs in India." *The Ecologist Asia* 11 (2003) : 6–14.

Shrader-Frechette, Kristin. *Environmental Justice: Creating Equality, Reclaiming Democracy*. New York: Oxford University Press, 2005.

Shue, Henry. *Basic Rights: Subsistence, Affluence, and US Foreign Policy*. Princeton, NJ: Princeton University Press, 1980.

Singer, Peter. "Famine, Affluence and Morality." *Philosophy and Public Affairs* 1 (1972) : 229–243.

Singer, Peter. *Practical Ethics. 2nd ed.* New York: Cambridge University Press, 1993.〔山内友三郎・塚崎智監訳, 『実践の倫理　新版』昭和堂、1999〕

Singer, Peter. *The Life You Can Save: How to Do Your Part to End World Poverty*. New York: Random House, 2010.〔児玉聡・石川涼子訳『あなたが救える命：世界の貧困を終わらせるために今すぐできること』勁草書房、2014 年〕

Sinnott-Armstrong, Walter. "It's Not My Fault: Global Warming and Individual Moral Obligations." *Advances in the Economics of Environmental Research* 5 (2005) : 285-307.

Snell, Chelsea, Aude Bernheim, Jean-Baptiste Bergé, Marcel Kuntz, Gérard Pascal, Alain Paris, and Agnès E. Ricroch. "Assessment of the Health Impact of GM Plant Diets in Long-Term and Multigenerational Animal Feeding Trials: A Literature Review." *Food and Chemical Toxicology* 50 (2012) : 1134-1148.

Sorabji, Richard. *Animal Minds and Human Morals: The Origins of the Western Debate*. Ithaca, NY: Cornell University Press, 1993.

Sorrells, A. D., S. D. Eicher, M. J. Harris, E. A. Pajor, and B. T. Richert. "Periparturient Cortisol, Acute Phase Cytokine, and Acute Phase Protein Profiles of Gilts Housed in Groups or Stalls during Gestation." *Journal of Animal Science* 85 (2007) : 1750-1757.

Sparks, Paul, Roger Shepherd, and Lynn Frewer. "Gene Technology, Food Production and Public Opinion: A U.K. Study." *Agriculture & Human Values* 11 (1994) : 19-28.

Steinfeld, Henning, Pierre Gerber, Tom Wassenaar, Vincent Castel, Mauricio Rosales, and Cees de Haan. *Livestock's Long Shadow: Environmental Issues and Options*. Rome: Food and Agriculture Organization, 2006.Streiffer, Robert, and Alan Rubel. "Democratic Principles and Mandatory Labeling of Genetically Engineered Food." *Public Affairs Quarterly* 18 (2004) : 205-222.

Stuart, Tristram. *The Bloodless Revolution: A Cultural History of Vegetarianism From 1600 to Modern Times*. New York: W. W. Norton, 2007.

Soussana, J. F., T. Allec, and V. Blanfort, "Mitigating the Greenhouse Gas Balance of Ruminant Production Systems through Carbon Sequestration in Grassland," *Animal* 4 (2010) : 334-340.

Swierstra, Tsjalling. "Behavior, Environment or Body: Three Discourses on Obesity." In *Genomics, Obesity, and the Struggle over Responsibilities*. Edited by M. Korthals, 27-38. Dordrecht, NL: Springer, 2011.

Swinton, Scott M., Frank Lupi, G. Philip Robertson, and Stephen K. Hamilton. "Ecosystem Services and Agriculture: Cultivating Agricultural Ecosystems for Diverse Benefits." *Ecological Economics* 64 (2007) : 245-252.

Thomas Aquinas. *The "Summa Theologica" of St. Thomas Aquinas*. London: Burnes, Oates & Washborne, 1913.

Thompson, Paul B. *The Ethics of Aid and Trade: US Food Policy, Foreign Competition, and the Social Contract*. New York: Cambridge University Press, 1992.

Thompson, Paul B. "Food Biotechnology's Challenge to Cultural Integrity and Individual Consent." *Hastings Center Report* 27, no. 4 (July-August 1997) : 34-38

Thompson, Paul B. "Why Food Biotechnology Needs an Opt Out." In *Engineering the Farm: Ethical and Social Aspects of Agricultural Biotechnology*. Edited by B. Bailey

and M. Lappé, 27–44. Washington, DC: Island Press, 2002.

Thompson, Paul B. *Food Biotechnology in Ethical Perspective. 2nd ed.* Dordrecht, NL: Springer, 2007.

Thompson, Paul B. "The Opposite of Human Enhancement: Nanotechnology and the Blind Chicken Problem." *NanoEthics* 2 (2008) : 305–316.

Thompson, Paul B. *The Agrarian Vision: Sustainability and Environmental Ethics.* Lexington: University Press of Kentucky, 2010.

Thompson, Paul B. "Capabilities, Consequentialism and Critical Consciousness." In *Capabilities, Power, and Institutions: Toward a More Critical Development Ethics.* Edited by Stephen L. Esquith and Fred Gifford, 163–170. University Park: Pennsylvania State University Press, 2010.

Thompson, Paul B. "Food Aid and the Famine Relief Argument (Brief Return) ." *Journal of Agricultural and Environmental Ethics* 23 (2010) : 209–227.

Thompson, Paul B., and William Hannah. "Food and Agricultural Biotechnology: A Summary and Analysis of Ethical Concerns." *Advances in Biochemical Engineering and Biotechnology* 111 (2008) : 229–264.

Thompson, R. Paul. *Agro-Technology: A Philosophical Introduction.* Cambridge, UK: Cambridge University Press, 2011.

Ticknor, Joel, and Carolyn Raffensperger, eds. *Protecting Public Health and the Environment: Implementing the Precautionary Principle.* Washington, DC: Island Press, 1999.

Trewavas, Anthony. "Much Food, Many Problems." *Nature* 17 (1999) : 231–232.

Trewavas, Anthony. "Much Food, Many Problems." In *Genetically Modified Foods: Debating Biotechnology.* Edited by Michael Ruse and David Castle, 335–342. Amherst, NY: Prometheus Press, 2002.

Tripp, Robert. "Twixt Cup and Lip: Biotechnology and Resource Poor Farmers." In *Genetically Modified Foods: Debating Biotechnology.* Edited by Michael Ruse and David Castle, 301–303. Amherst, NY: Prometheus Press, 2002.

Trosko, James. "Pre-Natal Epigenetic Influences on Acute and Chronic Diseases Later in Life, Such as Cancer: Global Health Crises Resulting from a Collision of Biological and Cultural Evolution." *Journal of Food Science and Nutrition* 16 (2011) : 394–407.

Tuana, Nancy. "The Speculum of Ignorance: The Women's Health Movement and Epistemologies of Ignorance." *Hypatia* 21, no. 3 (2006) : 1–19.

Uekoetter, Frank. "Know Your Soil: Transitions in Farmers' and Scientists' Knowledge in Germany." In *Soils and Societies: Perspectives from Environmental History.* Edited by J. R. McNeill and V. Winiwarter, 322–340. Isle of Harris, UK: White Horse Press, 2006.

Unger, Peter. *Living High and Letting Die: Our Illusion of Innocence.* New York: Oxford University Press, 1996.

Vale, Thomas R. "The Pre-European Landscape of the United States: Pristine or Humanized?" In *Fire, Native Peoples, and the Natural Landscape*. Edited by Thomas R. Vale, 1–40. Washington, DC: Island Press, 2002.

Van den Belt, Henk. "Debating the Precautionary Principle: 'Guilty until Proven Innocent' or 'Innocent until Proven Guilty'?" *Plant Physiology* 132, no. 3 (2003) : 1122–1126.

Van den Belt, Henk. "Contesting the Obesity 'Epidemic': Elements of a Counter Discourse." In *Genomics, Obesity, and the Struggle over Responsibilities*. Edited by M. Korthals, 39–57. Dordrecht, NL: 2011, Springer.

VandeHaar, Michael J., and Norman St-Pierre. "Major Advances in Nutrition: Relevance to the Sustainability of the Dairy Industry." *Journal of Dairy Science* 89, no. 4 (2006) : 1280–1291.

Varner, Gary E. Personhood, *Ethics, and Animal Cognition: Situating Animals in Hare's Two-Level Utilitarianism*. New York: Oxford University Press, 2012.

Vileisis, Ann. *Kitchen Literacy: How We Lost the Knowledge of Where Our Food Comes From, and Why We Need to Get It Back*. Washington, DC: Island Press, 2008.

Vogt, Donna U. *Food Biotechnology in the United States: Science Regulation, and Issues*. Washington, DC: Congressional Research Service, 1999. Order Code RL30198.

Wagenvoord, Helen C. "The High Price of Cheap Food." *San Francisco Chronicle Magazine*, May 2, 2004. http://michaelpollan.com/profiles/the-high-price-of-cheap-food-mealpolitik-over-lunch-withmichael-pollan/. Accessed August 25, 2011.

Wambugu, Florence. "Why Africa Needs Agricultural Biotech." *Nature* 400 (1999) : 15–16.

Wambugu, Florence. "Why Africa Needs Agricultural Biotech." In *Genetically Modified Foods: Debating Biotechnology*. Edited by Michael Rues and David Castle, 304–308. Amherst, NY: Prometheus Press, 2002.

Weber, Christopher L., and H. Scott Matthews. "Food-Miles and the Relative Climate Impacts of Food Choices in the United States." *Environmental Science and Toxicology* 42 (2008) : 3508–3513.

Weirich, Paul, ed. *Labeling Genetically Modified Food: The Philosophical and Legal Debate*. New York: Oxford University Press, 2008.

Welin, Stellan. "Introducing the New Meat. Problems and Prospects." *Etikk i praksis* 1, no. 1 (2013) : 24–37.

Wenzel, Siegfried. "The Seven Deadly Sins: Some Problems of Research," *Speculum* 43 (1968) : 1–22.

Westra, Laura. "A Transgenic Dinner: Social and Ethical Issues in Biotechnology and Agriculture." *Journal of Social Philosophy* 24 (1993) : 213–232.

Wollenberg, Charles. Introduction to *The Harvest Gypsies*, by John Steinbeck. Berkeley, CA: Haydey Press, 1998.

Woolston, Chris. "Republished Paper Draws Fire." *Nature* 511, no. 7508 (2014) : 129–129.

World Commission on Environment and Development. *Our Common Future*. New York: Oxford University Press, 1987.

Ye, Xudong et al. "Engineering the Provitamin A (ß-Carotene) Biosynthetic Pathway into (Carotenoid Free) Rice Endosperm." In *Genetically Modified Foods: Debating Biotechnology*. Edited by Michael Ruse and David Castle, 45–51. Amherst, NY: Prometheus Press, 2002.

Yeager, R. F. "Aspects of Gluttony in Chaucer and Gower." *Studies in Philology* 81, No. 1 (Winter 1984) : 42–55.

Zerbe, Noah. "Feeding the Famine? American Food Aid and the GMO Debate in Southern Africa." *Food Policy* 29 (2004) : 593–608.

Žižek, Slavoj. *First as Tragedy, Then as Farce*. London: Verso, 2009.〔栗原百代訳『ポストモダンの共産主義 はじめは悲劇として、二度めは笑劇として』筑摩書房、2010〕

Žižek, Slavoj. "Cultural Capitalism." https://www.youtube.com/ watch?v=GRvRm19UKdA. Accessed June 19, 2014.

Zwart, Hub. "A Short History of Food Ethics." *Journal of Agricultural and Environmental Ethics* 12, no. 2 (2000) : 113–126.

食農倫理学の長い旅
〈食べる〉のどこに倫理はあるのか

2021年3月25日　第1版第1刷発行
2022年4月20日　第1版第2刷発行

著　者　ポール・B・トンプソン
訳　者　太《おお》田《た》和《かず》彦《ひこ》
発行者　井村寿人

発行所　株式会社　勁《けい》草《そう》書房
112-0005 東京都文京区水道2-1-1　振替 00150-2-175253
（編集）電話 03-3815-5277／FAX 03-3814-6968
（営業）電話 03-3814-6861／FAX 03-3814-6854
三秀舎・松岳社

ISBN978-4-326-15468-5　Printed in Japan